高等职业教育新业态新职业新岗位系列教材

传感器与检测技术

主　编　曹蕊蕊　王巧巧　张中华

副主编　黄　辉

U0282587

电子工业出版社.

Publishing House of Electronics Industry

北京·BEIJING

内 容 简 介

本书主要介绍传感器的基本知识，包括电阻应变式传感器、电感式传感器、电容式传感器、电涡流式传感器、压电式传感器、霍尔传感器、温度传感器、光学传感器、现代新型传感器等常见传感器的工作原理、基本结构、测量电路及典型应用。

本书以传感器的工作原理为主线，将相关知识讲解贯穿于"项目引入""项目目标""知识准备""项目小结""项目实施""项目训练"6 个模块。通过项目实施和项目训练，旨在帮助学生在实践中学习和掌握传感器与检测技术的相关知识，从而提升学生的动手能力和解决问题的能力。

本书配有丰富的教学资源，读者可登录华信教育资源网免费注册后下载。

本书可作为电气自动化、机电一体化、安全智能监测、工业机器人等专业的教材，也可作为相近专业的教学用书，还可作为从事传感器应用的技术人员的参考资料。

图书在版编目（CIP）数据

传感器与检测技术 / 曹蕊蕊，王巧巧，张中华主编．
北京 ： 电子工业出版社，2025．1． -- ISBN 978-7-121
-49583-0

Ⅰ．TP212

中国国家版本馆 CIP 数据核字第 20257JD014 号

责任编辑：王昭松

印　　刷：三河市龙林印务有限公司
装　　订：三河市龙林印务有限公司
出版发行：电子工业出版社
　　　　　北京市海淀区万寿路 173 信箱　　邮编：100036
开　　本：787×1 092　1/16　印张：14.5　字数：351 千字
版　　次：2025 年 1 月第 1 版
印　　次：2025 年 1 月第 1 次印刷
定　　价：52.00 元

凡所购买电子工业出版社图书有缺损问题，请向购买书店调换。若书店售缺，请与本社发行部联系，联系及邮购电话：(010) 88254888，88258888。
质量投诉请发邮件至 zlts@phei.com.cn，盗版侵权举报请发邮件至 dbqq@phei.com.cn。
本书咨询联系方式：(010) 88254015，wangzs@phei.com.cn。

PREFACE
前言

随着时代的发展，无论是航空航天、深海深地探测、量子技术等硬科技，还是制造强国、航天强国、交通强国等未来发展重心，都出现了传感器的身影。传感器让无处不在的"信息"得以更便捷地传输、处理、存储、显示、记录和控制，从而推动了现代化产业体系的建立和发展。为助推国家高质量发展，培养具备科技报国志向和大国工匠精神的新质生产力人才，满足电子信息、工业自动化、人工智能等岗位的人才需求，我们编写了这本书。

本书在编写过程中对接职业标准和岗位要求，根据当前高职高专学生特点和教学环境现状，遵循职业成长和学习规律，深入贯彻党的二十大报告提出的"加快建设制造强国、质量强国、航天强国、交通强国、网络强国、数字中国"精神，采用项目引领的课程教学模式，开发了10个项目，项目内容注重吸收行业发展的新知识、新技术、新工艺、新方法。其中：项目一介绍了传感器和检测技术的基本理论知识；项目二至项目九分别介绍了电阻应变式传感器、电感式传感器、电容式传感器、电涡流式传感器、压电式传感器、霍尔传感器、温度传感器、光学传感器等常见传感器的基本知识和典型应用；结合当下传感技术的发展趋势，项目十介绍了一些现代新型传感器及其应用。项目二至项目九的后面都有项目实施环节，供学生实操训练，从而提高学生的动手能力和解决问题的能力。

本书将知识、能力、素质教育融于一体，着重培养学生的专业能力、方法能力和社会能力。主要特色和创新点如下。

（1）采用项目式教学法构建内容体系。本书在编写过程中，理论内容以"必需、够用"为度，淡化公式推导，尽量做到理论内容少而精，体现"学以致用"的教学理念。注重实用技术，将理论知识与项目实施相结合，降低抽象知识的理解难度。

（2）内容组织和结构编排科学合理。全书共分为10个项目，每个项目的内容丰富全面，层次结构清晰，由浅入深，理实结合，充分体现高职教学特色。

（3）注重新颖性。每个项目加入了知识点延伸、科普小知识等，激发学生的学习兴趣。

（4）大部分项目配有微课二维码，学生可通过扫码观看重难点内容，方便学习和巩固。

（5）本书配有丰富的教学资源，包括电子课件、教案及习题答案，读者可登录华信教育资源网（www.hxedu.com.cn）免费注册后下载使用。

本书由重庆安全技术职业学院的曹蕊蕊、王巧巧、张中华担任主编，黄辉担任副主编。其中项目一～项目三由曹蕊蕊编写，项目四～项目六由张中华编写，项目七～项目九由王巧巧编写，项目十由曹蕊蕊、黄辉编写。全书由曹蕊蕊统稿。

本书由编写团队结合多年教学经验编写，其间参考了大量的同类书籍和行业相关资料，并得到了重庆恒泽安智能科技有限公司安文斗博士的大力支持及Z212055项目的帮助，在此谨表谢意。

由于技术发展日新月异，同时编者水平有限，书中若有不足之处，请各位读者批评指正。

编　者

CONTENTS
目录

项目九

光学传感器 /158

项目十

现代新型传感器 /192

项目一

绪论

项目引入

本项目主要介绍传感器与检测技术的基本知识和传感器的一般特性。

项目目标

（一）知识目标

1. 掌握传感器的结构组成。
2. 掌握自动检测系统的结构组成。
3. 了解检测技术在人们生活、生产、科研等方面的重要性。
4. 了解传感器的发展趋势。
5. 了解测量误差的概念，掌握误差的表达方式。

（二）技能目标

能正确选择仪表进行测量。

（三）思政目标

培养学生精益求精的工匠精神。

知识准备

1.1 传感器的基本知识

传感器位于研究对象与测控系统之间的接口位置，是感知、获取与检测信息的窗口。一切科学实验和生产实践，特别是自动控制系统中要获取的信息，都要首先通过传感器获取并转换为容易传输和处理的电信号。

传感器技术是现代科技的关键领域之一，对于在校大学生，通过学习这门课程，能够深入了解传感器的工作原理、类型和应用，提升对科技的认知和理解。这不仅有助于培养专业技能和实践能力，还能为未来的职业发展打下坚实基础。在各个行业中，传感器都发挥着重要作用，通过学习传感器课程，学生能够更好地适应未来工作的需求，为推动科技进步和社会发展贡献力量。同时，这也有助于激发学生的创新思维，让学生在科技领域有更多的探索和发现。

1.1.1 传感器的定义及组成

根据我国国家标准（GB/T 7665—2005），传感器（transducer/sensor）被定义为能够感受规定的被测量并按照一定规律将其转换成可用输出信号的器件或装置，通常由敏感元件和转换元件组成。其中，敏感元件是指传感器中能直接感受和响应被测量的部分；转换元件是指传感器中能将敏感元件感受的或响应的被测量转换成适合传输和处理的电信号的部分。

传感器的共性就是利用物理定律或物质的物理、化学或生物特性，将非电量（如位移、速度、加速度、力等）输入转换成电量（电压、电流、频率、电荷、电容、电阻等）输出。

根据传感器的定义，传感器的基本组成分为敏感元件和转换元件两部分，它们分别完成检测和转换两个基本功能。

传感器的典型组成如图 1-1 所示。

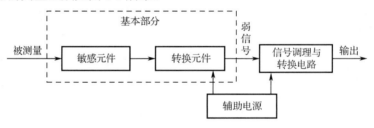

图 1-1　传感器的典型组成

敏感元件是传感器的核心，它在传感器中直接感受被测量，并将被测量转换成与其自身有确定关系、更易于转换的非电量。图 1-2 中的弹簧管就属于敏感元件。当被测压力 P 增大时，弹簧管拉直，齿条带动齿轮转动，从而带动电位器的电刷产生角位移。

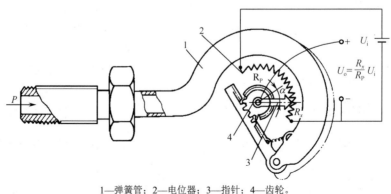

1—弹簧管；2—电位器；3—指针；4—齿轮。

图 1-2　测量压力的电位器式压力传感器

被测量通过敏感元件转换后，再经转换元件转换成电参量。图 1-2 中的电位器通过机械传动结构将角位移转化成电阻的变化。

测量转换电路的作用是将转换元件输出的电参量转换成易于处理的电压、电流或频率量。在图 1-2 中，当电位器的两端加上电源后，电位器就组成分压电路，它的输出量是与压力成一定关系的电压 U。

1.1.2　传感器的分类

传感器的分类方法有很多，具体如下。

（1）按被测量分类：传感器可分为位移传感器、力传感器、力矩传感器、转速传感器、振动传感器、加速度传感器、温度传感器、压力传感器、流量传感器、流速传感器等。这种分类方法表明了传感器的用途，便于使用者选用。

（2）按测量原理分类：传感器可分为电阻应变式传感器、电容式传感器、电感式传感器、光栅传感器、热电偶传感器、超声波传感器、激光传感器、红外传感器、光导纤维传感器等。这种分类方法表明了传感器的工作原理。

（3）按传感器的转换能量供给形式分类：传感器可分为能量变换型（发电型）传感器和能量控制型（参量型）传感器。

能量变换型传感器又称有源传感器。此类传感器在进行信号转换时无须另外提供能量，就可以将输入信号能量变换为另一种形式的能量输出，如热电偶传感器。

能量控制型传感器又称无源传感器。此类传感器需要从外部获得能量才能工作，由被测量的变化控制外部供给能量的变化，如霍尔传感器。这类传感器必须由外部提供激励源。

（4）按传感器的工作机理分类：传感器可分为结构型传感器和物性型传感器。

结构型传感器是指被测量变化时引起传感器结构发生了改变，从而引起输出电量变化，如电容式压力传感器就属于这种传感器，外加压力变化时，电容极板发生位移，结构改变引起电容值变化，输出电压也发生变化。

物性型传感器是利用物质的物理特性或化学特性随被测量变化的原理构成的传感器，一般没有可动结构部分，易小型化，如物性型光电管等半导体传感器。

1.1.3　传感器的命名和代号

（1）传感器的命名。传感器的命名由主题词+四级修饰语构成。

主题词——传感器。

第一级修饰语——被测量，包括修饰被测量的定语。

第二级修饰语——转换原理，一般可后加"式"字。

第三级修饰语——特征描述，指必须强调的传感器结构、性能、材料特征、敏感元件及其他必要的性能特征，一般可后加"型"字。

第四级修饰语——主要技术指标（量程、精确度、灵敏度等）。

（2）传感器的代号。传感器的代号依次为主题词（传感器）—被测量—转换原理—序号。

主题词——传感器，代号 C。

学习笔记

被测量——用一个或两个汉语拼音的第一个大写字母标记。

转换原理——用一个或两个汉语拼音的第一个大写字母标记。

序号——用一个阿拉伯数字标记，厂家自定，用来表征产品的设计特性、性能参数、产品系列等。

例如，CWY—YB—20 传感器，其中，C 代表传感器；WY 代表被测量是位移；YB 代表转换原理是应变式；20 代表传感器序号。

1.2 传感器检测技术

所谓检测就是人们借助仪器和设备，利用各种物理效应，采用一定的方法，将客观世界的有关信息通过检查与测量获取定性或定量信息的认识过程。检测包含检查与测量两个方面，检查往往是获取定性信息，而测量则是获取定量信息。用于检测的仪器和设备的核心部件就是传感器，由传感器感知被测量（多为非电量）并将其转换为电量。

自动检测系统的结构如图 1-3 所示。

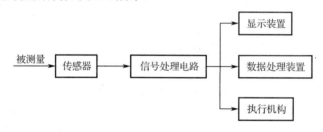

图 1-3　自动检测系统的结构

自动检测系统常以信息流的过程来划分各个组成部分，一般可分为信息的获得、信息的转换、信息的处理和信息的输出 4 个部分。一个完整的自动检测系统首先应获得被测量的信息，并通过信息的转换把获得的信息转换为电量，然后进行一系列的处理，最后用指示仪或显示仪将信息输出，或由计算机对数据进行处理等。

1.3 测量的基本知识

测量是人们借助专门的技术和设备，通过实验的方法，将被测量与标准量进行比较，以确定被测量是标准量的多少倍的过程，所得的倍数就是测量值。测量结果可用一定的数值表示，也可用一条曲线或某种图形表示。但无论其表现形式如何，测量结果都应该包括两部分：比值和测量单位。

1.3.1 测量方法

实现被测量与标准量比较以得出比值的方法称为测量方法。针对不同测量任务进行具体分析以找出切实可行的测量方法，对测量工作至关重要。

测量方法可以从不同的角度进行分类，下面介绍几种常用的分类方法。

1．按测量值获取方法分类

按测量值获取方法分类，可分为直接测量、间接测量和组合测量。

（1）直接测量。直接测量就是用预先标定好的测量仪表直接读取被测量的测量结果。例如，用万用表测量电压、电流、电阻等。这种测量方法的优点是简单而迅速，缺点是精度一般不高，但这种测量方法在工程上被广泛采用。

（2）间接测量。间接测量就是利用被测量与某中间量的函数关系，先测出中间量，然后通过相应的函数关系计算出被测量的数值。例如，导线电阻率的测量就是间接测量，$\rho = R\pi d^2/4l$，其中 R、l、d 分别表示导线的阻值、长度和直径。这时，需要先经过直接测量，得到导线的 R、l、d 以后，再代入 ρ 的表达式，经计算得到最后所需要的结果。在这种测量过程中，手续较多，花费时间较长，有时可以得到较高的测量精度。间接测量多用于科学实验中的实验室测量。

（3）组合测量。如果被测量有多个，而被测量又与其他量存在一定的函数关系，那么可以先测量这几个量，再求解由函数关系组成的联立方程组，从而得到多个被测量的数值。显然，它是一种兼用直接测量和间接测量的方式。

2．按测量时是否与被测对象接触分类

按测量时是否与被测对象接触分类，可分为接触式测量和非接触式测量。

（1）接触式测量。传感器直接与被测对象接触，承受被测参数的作用，感受其变化，从而获得信号并测量信号大小的方法称为接触式测量。例如，用体温计测体温等。

（2）非接触式测量。传感器不与被测对象直接接触，而是间接承受被测参数的作用，感受其变化，从而获得信号并测量信号大小的方法称为非接触式测量。例如，用辐射式温度计测量温度，用光电转速表测量转速等。非接触式测量不干扰被测对象，既可对局部点进行检测，又可对整体进行扫描，特别是对于运动对象、腐蚀性介质及危险场合的参数检测，它更方便、安全和准确。

3．按被测信号的变化情况分类

按被测信号的变化情况分类，可分为静态测量和动态测量。

（1）静态测量。静态测量测量的是那些不随时间变化或变化很缓慢的物理量。例如，超市中物品的称重属于静态测量，温度计测气温也属于静态测量。

（2）动态测量。动态测量测量的是那些随时间变化而变化的物理量。例如，地震仪测量振动波形就属于动态测量。

4．按输出信号的性质分类

按输出信号的性质分类，可分为模拟式测量和数字式测量。

（1）模拟式测量。模拟式测量是指测量结果可根据仪表指针在标尺上的定位进行连续读取的测量方式，如指针式电压表测电压。

（2）数字式测量。数字式测量是指以数字的形式直接给出测量结果的测量方式，如数字式万用表的测量。

5．按测量方式分类

按测量方式分类，可分为偏差式测量、零位式测量与微差式测量。

（1）偏差式测量。用仪表指针的位移（偏差）来确定被测量的数值的方法称为偏差式测量。应用这种方法测量时，仪表刻度需要事先用标准器具标定。在测量时，输入被测量，按照仪表指针在标尺上的示值，确定被测量的数值。例如，指针式电压表测电压，指针式电流表测电流。这种方法的测量过程比较简单、迅速，但测量结果精度较低。

（2）零位式测量。用指零仪表的零位指示检测测量系统的平衡状态，并在测量系统平衡时用已知的标准量确定被测量的量值的方法称为零位式测量。在测量时，已知标准量直接与被测量相比较，已知标准量应连续可调，指零仪表指零时，被测量与已知标准量相等，如物理天平、电位差计等。零位式测量的优点是可以获得比较高的测量精度，但测量过程比较复杂且耗时较长，不适合测量迅速变化的信号。

（3）微差式测量。微差式测量是综合了偏差式测量与零位式测量的优点的一种测量方法。它将被测量与已知的标准量相比较，取得差值后，再用偏差式测量测得此差值。应用这种方法测量时，不需要调整标准量，而只需要测量两者的差值。例如，设 N 为标准量，x 为被测量，Δx 为二者之差，则 $x = N + \Delta x$。由于 N 是标准量，其误差很小，因此可选用高灵敏度的偏差式仪表测量 Δx，即使测量 Δx 的精度较低，但因 Δx 值较小，它对总测量值的影响较小，故总的测量精度仍很高。微差式测量的优点是反应快，而且测量精度高，特别适用于在线控制参数的测量。

1.3.2　测量误差

在一定条件下，被测物理量客观存在的实际值称为真值，真值是个理想的概念。在实际测量时，实验方法和实验设备的不完善、周围环境的影响及人们认识能力所限等因素，使得测量值与其真值之间不可避免地存在着差异，这种差异称为测量误差。

测量误差可以用绝对误差表示，也可以用相对误差表示。

1．绝对误差

绝对误差是指测量值与真值之间的差值，它反映了测量值偏离真值的程度，即

$$\Delta x = A_x - A_0 \tag{1-1}$$

式（1-1）中，A_0 为真值；A_x 为测量值。

由于真值的不可知性，在实际应用时，常用实际真值（或约定真值）A 代替，即将被测量多次测量的平均值或上一级标准仪器测得的示值作为实际真值，故有

$$\Delta x = A_x - A \tag{1-2}$$

2．相对误差

相对误差能够反映测量值偏离真值的程度，用相对误差通常比用绝对误差能更好地说明不同测量的精确程度。相对误差有以下 3 种常用形式。

（1）实际相对误差。实际相对误差是指绝对误差 Δx 与被测量真值 A_0 的百分比，

用 γ_A 表示，即

$$\gamma_A = \frac{\Delta x}{A_0} \times 100\% \qquad (1\text{-}3)$$

（2）示值（标称）相对误差。示值相对误差是指绝对误差 Δx 与测量值 A_x 的百分比，用 γ_x 表示，即

$$\gamma_x = \frac{\Delta x}{A_x} \times 100\% \qquad (1\text{-}4)$$

（3）引用（满度）相对误差。引用相对误差是指绝对误差 Δx 与仪表满度值 A_m 的百分比，用 γ_m 表示，即

$$\gamma_m = \frac{\Delta x}{A_m} \times 100\% \qquad (1\text{-}5)$$

由于 γ_m 是用绝对误差 Δx 与一个常量 A_m （量程上限）的比值所表示的，因此实际上给出的是绝对误差，这也是应用最多的测量误差表示方法。

1.3.3 测量误差的分类

1. 按误差表现的规律划分

根据测量数据中的误差所呈现的规律，将误差分为 3 种，即系统误差、随机误差和粗大误差。这种分类方法便于对测量数据进行处理。

（1）系统误差。对同一个被测量进行多次重复测量时，若误差固定不变或者按照一定规律变化，则将这种误差称为系统误差。

系统误差是有规律性的，按其表现的特点可分为固定不变的恒值系差和遵循一定规律变化的变值系差。系统误差一般可通过实验或分析的方法查明其变化规律和产生原因，因此它是可以预测和消除的。例如，标准量值的不准确或仪表刻度的不准确都会引起系统误差。

（2）随机误差。对同一个被测量进行多次重复测量时，若误差的大小随机变化、不可预知，则将这种误差称为随机误差。随机误差是测量过程中由许多独立的、微小的、偶然的因素引起的综合结果。

对随机误差来说，每个单独的误差值均没有规律、不可预料。然而，从多次测量的总体来看，随机误差往往遵从一定的统计规律，通常符合正态分布规律。因此，可以用概率论和数理统计的方法，从理论上估计其对测量结果的影响。

（3）粗大误差。测量结果明显偏离其实际值所对应的误差称为粗大误差或疏忽误差，又称过失误差。这类误差是由测量者疏忽大意或环境条件的突然变化而引起的。例如，测量人员工作时疏忽大意，出现了读数错误、记录错误、计算错误或操作不当等。另外，测量方法不恰当或测量条件意外的突然变化也可能造成粗大误差。

含有粗大误差的测量值称为坏值或异常值。测量结果中的坏值应被剔除。

2. 按被测量与时间的关系划分

（1）静态误差。被测量稳定不变时所产生的测量误差称为静态误差。

（2）动态误差。被测量随时间迅速变化时，系统的输出量在时间上却跟不上输

学习笔记

入量的变化，这时所产生的误差称为动态误差。

此外，按测量仪表的使用条件分类，可将误差分为基本误差和附加误差；按测量技能和手段分类，误差又可分为工具误差和方法误差等。

1.3.4 测量精度与分辨率

1. 测量精度

在衡量仪表测量能力的指标中，遇到较多的是精确度（简称精度）这一概念。精度是反映测量系统中系统误差和随机误差的综合评定指标。与精度有关的指标有精密度和准确度。

描述测量仪表指示值不一致程度的量称为精密度，即对于某一个稳定的被测量，在相同的工作条件下，由同一个测量者使用同一个仪表，在相当短的时间内按同一方向连续重复测量，获得测量结果（仪表指示值）不一致的程度。例如，某温度计的精密度为 0.5K，表明该温度计测量温度时，不一致程度不会大于 0.5K。不一致程度越小，说明仪表越精密。有时表面上看不一致程度为零，但并不能说明该仪表精密度高。例如，某距离的真值是 1.426m，经某仪表多次测量的结果均为 1.4m，这只能说明该仪表显示的有效位数太少。显然能读出的有效位数越多，仪表的精密度才有可能越高。

描述仪表指示值有规律地偏离真值程度的量称为准确度。准确度是由系统误差产生的，产生系统误差的原因包括仪表工作原理所利用的物理规律不完善，仪表本身材质、零部件、制造工艺有缺陷，测量环境有变化，测量中使用仪表的方法不正确，测量工作人员不良的读数习惯等。总之，这些误差的出现是有规律（如定值、线性、多项式、周期性等函数规律）的，产生的原因是可知的。因此，应尽可能了解各种误差的成因，并设法消除其影响，或者在不能消除其影响时，确定或估计出其误差值。例如，某电压的真值是 10.00mV，经某电压表多次测量的结果是 10.03mV、10.04mV、10.06mV、10.04mV，则该电压表指示值偏离真值的数值为 0.06mV，所以该电压表的准确度为 0.06mV。

精度包括精密度和准确度两个方面，表征仪表在测量性能上的综合优良程度。仪表的精密度和准确度都高，其精度才能高。精度最终是以测量误差的相对值来表示的，一般用仪表精度等级表示。

仪表精度等级用 A 表示，即仪表在规定工作条件下，其最大允许绝对误差相对于仪表测量范围的百分数。

$$A\% = \frac{\Delta g_{max}}{x_{max} - x_{min}} \times 100\% \qquad (1\text{-}6)$$

式中　Δg_{max} ——最大允许绝对误差；

　　　x_{max}、x_{min} ——测量范围的上、下限值；

　　　A ——精度等级。

为统一和方便使用，省略掉百分号，国家标准 GB 13283—2008《工业过程测量和控制用检测仪表和显示仪表精确度等级》规定，测量指示仪表的精度等级 A 分为 0.01、0.02、0.05、0.1、0.2、0.5、1.0、1.5、2.5、4.0、5.0 等一系列等级，这也是工业检测仪器（系统）常用的精度等级。例如，用 5.0 级的仪表测量时，其绝对误差的绝对值不会超过仪表量程的 5%。

精度是反映测量仪表优良程度的综合指标。在实际测量中，精密度高，准确度不一定高，因仪表本身可以存在较大的系统误差。反之，准确度高，精密度也不一定高。精密度和准确度的区别，可以用图 1-4 所示的射击举例来说明。图 1-4（a）表示弹着点很分散，相当于精密度差；图 1-4（b）表示精密度虽好，但准确度差；图 1-4（c）表示精密度和准确度都很好。

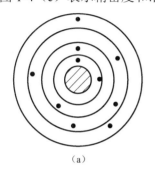 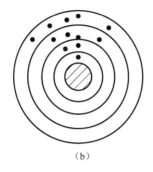 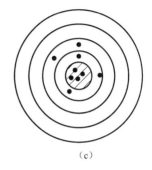

（a）　　　　　　　　　（b）　　　　　　　　　（c）

图 1-4　射击举例

【例 1.1】 某温度计的量程为 0～500℃，校验时该仪表的最大绝对误差为 6℃，试确定该仪表的精度等级。

解：根据题意知 $|\Delta x|_m = 6℃$，$A_m = 500℃$，代入式（1-5）中可得

$$\frac{|\Delta x|_m}{A_m} \times 100\% = \frac{6}{500} \times 100\% = 1.2\%$$

该温度计的基本误差介于 1.0% 与 1.5% 之间，因此该仪表的精度等级应定为 1.5 级。

【例 1.2】现有 0.5 级的 0～300℃ 和 1.0 级的 0～100℃ 的两个温度计，欲测量 80℃ 的温度，试问选用哪个温度计好？为什么？

解：0.5 级温度计在测量时可能出现的最大绝对误差和测量 80℃ 可能出现的最大示值相对误差分别为

$$|\Delta x|_{m1} = \gamma_{m1} \cdot A_{m1} = 0.5\% \times (300 - 0) = 1.5(℃)$$

$$\gamma_{x1} = \frac{|\Delta x|_{m1}}{A_x} \times 100\% = \frac{1.5}{80} \times 100\% = 1.875\%$$

1.0 级温度计在测量时可能出现的最大绝对误差和测量 80℃ 时可能出现的最大示值相对误差分别为

$$|\Delta x|_{m2} = \gamma_{m2} \cdot A_{m2} = 1.0\% \times (100 - 0) = 1(℃)$$

$$\gamma_{x2} = \frac{|\Delta x|_{m2}}{A_x} \times 100\% = \frac{1}{80} \times 100\% = 1.25\%$$

计算结果显示，显然 1.0 级温度计比 0.5 级温度计测量时的示值相对误差小，因此在选用仪表时，不能单纯追求高精度，而应兼顾精度等级和量程。

2．分辨率

如果某仪表的输入量从某个任意非零值缓慢地变化（增大或减小），那么在输入

变化值 Δ 没有超过某个数值以前，该仪表的指示值不会变化，但当输入变化值 Δ 超过某个数值后，该仪表指示值将发生变化。这个使指示值发生变化的最小输入变化值称为仪表的分辨率。分辨率显示仪表具有能够检测到被测量最小变化量的本领。一般规定模拟式仪表的分辨率为最小刻度分格数值的一半，数字式仪表的分辨率为最后一位的数字。

1.4 传感器的基本特性

传感器的基本特性是指传感器的输入-输出关系特性，是传感器的内部结构参数作用关系的外部特性表现。不同的传感器具有不同的内部结构参数，决定了它们具有不同的外部特性。

传感器所测量的物理量基本上有两种形式：稳态（静态或准静态）和动态（周期变化或瞬态）。前者的信号不随时间的变化而变化（或变化很缓慢）；后者的信号随时间变化而变化。传感器所表现出来的输入-输出特性存在静态特性和动态特性。

1.4.1 传感器的静态特性

传感器的静态特性是指它在稳态信号作用下的输入-输出关系。静态特性所描述的传感器的输入-输出关系式中不含时间变量。

衡量传感器静态特性的主要指标有线性度、灵敏度、迟滞、重复性和漂移。

（1）线性度。线性度是指传感器的输出与输入间呈线性关系的程度。传感器的实际输入-输出特性大都具有一定程度的非线性，在输入量变化范围不大的条件下，可以用切线或割线拟合、过零旋转拟合、端点平移拟合等来近似地代表实际曲线的一段，这就是传感器非线性特性的"线性化"，所采用的直线称为拟合直线。实际特性曲线与拟合直线间的偏差称为传感器的非线性误差，取其最大值与输出满刻度值（Full Scale，FS，也称满量程）之比作为评价非线性误差（或线性度）的指标。

（2）灵敏度。灵敏度是传感器在稳态下的输出量变化与输入量变化的比值。对于线性传感器，它的灵敏度就是它的静态特性曲线的斜率；非线性传感器的灵敏度为一个变量。

（3）迟滞。迟滞也称回程误差，是指在相同测量条件下，对应于同一个大小的输入信号，传感器正（输入量由小增大）、反（输入量由大减小）行程的输出信号大小不相等的现象。产生迟滞的主要原因是传感器机械部分存在不可避免的摩擦、间隙、松动、积尘等，这些因素引起能量被吸收和消耗。

迟滞特性表明传感器在正、反行程期间输入-输出特性曲线不重合的程度。迟滞的大小通常由实验方法来确定，计算方法是用正反行程间的最大输出差值 ΔH_{max} 与满量程输出 Y_{FS} 的百分比来表示。

（4）重复性。重复性表示传感器在输入量按同一方向进行全量程多次测试时所得输入-输出特性曲线的一致程度。实际特性曲线不重复的原因与迟滞产生的原因相同。重复性指标一般采用输出最大不重复误差 ΔR_{max} 与满量程输出 Y_{FS} 的百分比表示。

（5）漂移。漂移是指传感器在输入量不变的情况下，输出量随时间变化的现象。

漂移将影响传感器的稳定性和可靠性。产生漂移的原因主要有两个：一是传感器自身结构参数发生变化，如零点漂移（简称零漂）；二是在测试过程中周围环境条件（如温度、湿度、压力等）发生变化，其中最常见的是温度漂移（简称温漂）。

1.4.2 传感器的动态特性

传感器的动态特性是指传感器对动态激励（输入）的响应（输出）特性，即其输出对随时间变化的输入的响应特性。一个动态特性好的传感器，其输出随时间变化的规律（输出变化曲线）将能再现输入随时间变化的规律（输入变化曲线），即输出与输入具有相同的时间函数。但实际上由于制作传感器的敏感材料对不同的变化会表现出一定程度的惯性（如温度测量中的热惯性），因此输出信号与输入信号并不具有完全相同的时间函数，这种输入与输出间的差异称为动态误差，动态误差反映的是惯性延迟所引起的附加误差。

传感器的动态特性可以从时域和频域两个方面分别采用瞬态响应法和频率响应法来分析。在时域内研究传感器的响应特性时，一般采用阶跃函数；在频域内研究动态特性时，一般采用正弦函数。相应的传感器动态特性指标分为两类，即与阶跃响应特性有关的指标和与频率响应特性有关的指标。

（1）在采用阶跃输入研究传感器的时域动态特性时，常用延迟时间、上升时间、响应时间、超调量等来表征传感器的动态特性。

（2）在采用正弦输入研究传感器的频域动态特性时，常用幅频特性和相频特性来描述传感器的动态特性。

1. 传感器的数学模型

通常，可以使用线性时不变系统理论来描述传感器的动态特性。从数学上可以用常系数线性微分方程（线性定常系统）表示传感器输出 $y(t)$ 与输入 $x(t)$ 的关系：

$$a_n \frac{\mathrm{d}^n y}{\mathrm{d}t^n} + a_{n-1} \frac{\mathrm{d}^{n-1} y}{\mathrm{d}t^{n-1}} + \cdots + a_1 \frac{\mathrm{d}y}{\mathrm{d}t} + a_0 y = b_m \frac{\mathrm{d}^m x}{\mathrm{d}t^m} + b_{m-1} \frac{\mathrm{d}^{m-1} x}{\mathrm{d}t^{m-1}} + \cdots + b_1 \frac{\mathrm{d}x}{\mathrm{d}t} + b_0 x \tag{1-7}$$

式中，$a_n, \cdots, a_0$ 和 $b_m, \cdots, b_0$ 是与系统结构参数有关的常数。

线性时不变系统有两个重要的性质：叠加性和频率保持特性。

2. 传递函数

对式（1-7）作拉普拉斯变换，并假设输入 $x(t)$、输出 $y(t)$ 及它们的各阶时间导数的初始值（$t=0$ 时）为 0，则得

$$H(s) = \frac{\mathcal{L}[y(t)]}{\mathcal{L}[x(t)]} = \frac{Y(s)}{X(s)} = \frac{b_m s^m + b_{m-1} s^{m-1} + \cdots + b_1 s + b_0}{a_n s^n + a_{n-1} s^{n-1} + \cdots + a_1 s + a_0} \tag{1-8}$$

式中，$s = \beta + \mathrm{j}\omega$。

式（1-8）的右边是一个与输入 $x(t)$ 无关的表达式，它只与系统结构参数 (a,b) 有关，正如前文所言，传感器的输入-输出关系特性是传感器内部结构参数作用关系的外部特性表现。

3. 频率响应函数

对于稳定的常系数线性系统，可用傅里叶变换代替拉普拉斯变换，相应地有

$$H(\mathrm{j}\omega) = A(\omega)e^{\mathrm{j}\varphi(\omega)} \tag{1-9}$$

模（称为传感器的幅频特性）为

$$A(\omega) = \left|H(\mathrm{j}\omega)\right| = \sqrt{\left[H_R(\omega)\right]^2 + \left[H_I(\omega)\right]^2} \tag{1-10}$$

相角（称为传感器的相频特性）为

$$\varphi(\omega) = \arctan\frac{H_I(\omega)}{H_R(\omega)} \tag{1-11}$$

4．传感器的动态特性分析

一般可以将人多数传感器简化为一阶或二阶系统。

（1）一阶传感器的频率响应。一阶传感器的微分方程为

$$\tau \cdot \frac{\mathrm{d}y(t)}{\mathrm{d}t} + y(t) = x(t) \tag{1-12}$$

式中，$x(t)$、$y(t)$ 分别表示传感器的输入和输出（均为时间常数）；τ 表示传感器的时间常数，具有时间"秒"的量纲。

一阶传感器的传递函数为

$$H(s) = \frac{Y(s)}{X(s)} = \frac{1}{\tau s + 1} \tag{1-13}$$

一阶传感器的传递函数中的 s 用 $\mathrm{j}\omega$ 代替后，可得到频率特性表达式，即

$$H(\mathrm{j}\omega) = \frac{1}{\tau(\mathrm{j}\omega) + 1} \tag{1-14}$$

幅频特性：

$$A(\omega) = 1/\sqrt{1 + (\omega\tau)^2} \tag{1-15}$$

相频特性：

$$\varphi(\omega) = -\arctan(\omega\tau) \tag{1-16}$$

图 1-5 所示为一阶传感器的频率响应特性曲线。由式（1-15）、式（1-16）和图 1-5 可以看出，时间常数 τ 越小，此时 $A(\omega)$ 越接近常数 1，$\varphi(\omega)$ 越接近 0，因此，频率响应特性越好。当 $\omega\tau \ll 1$ 时，$A(\omega) \approx 1$，$\varphi(\omega) \approx 0°$，输出与输入的幅值几乎相等，它表明传感器的输出与输入为线性关系。

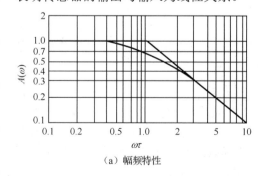 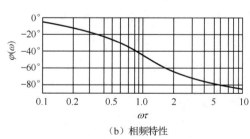

（a）幅频特性　　　　　　　　　　　　　　（b）相频特性

图 1-5　一阶传感器的频率响应特性曲线

（2）二阶传感器的频率响应。典型的二阶传感器的微分方程：

$$\frac{\mathrm{d}^2 y(t)}{\mathrm{d}t^2} + 2\zeta\omega_n\frac{\mathrm{d}y(t)}{\mathrm{d}t} + \omega_n^2 y(t) = \omega_n^2 x(t) \tag{1-17}$$

因此，幅频特性：

$$A(\omega) = \left\{ \left[1 - \left(\frac{\omega}{\omega_n} \right)^2 \right]^2 + 4\zeta^2 \left(\frac{\omega}{\omega_n} \right)^2 \right\}^{-\frac{1}{2}} \qquad （1-18）$$

相频特性：

$$\varphi(\omega) = -\arctan \frac{2\zeta \left(\dfrac{\omega}{\omega_n} \right)}{1 - \left(\dfrac{\omega}{\omega_n} \right)^2} \qquad （1-19）$$

式中，$\omega_n = \sqrt{\dfrac{a_0}{a_2}}$（传感器的固有角频率）；$\zeta = \dfrac{a_1}{2\sqrt{a_0 a_2}}$（传感器的阻尼系数）。

图 1-6 所示为二阶传感器的频率响应特性曲线。由式（1-18）、式（1-19）和图 1-6 可以看出，传感器的频率响应特性好坏主要取决于传感器的固有角频率 ω_n 和阻尼系数 ζ。当 $0 < \zeta < 1$，$\omega_n \gg \omega$ 时，$A(\omega) \approx 1$（常数），$\varphi(\omega)$ 很小，$\varphi(\omega) \approx -2\zeta \dfrac{\omega}{\omega_n}$，即相位差与频率 ω 呈线性关系，此时，系统的输出 $y(t)$ 真实准确地再现输入 $x(t)$ 的波形。

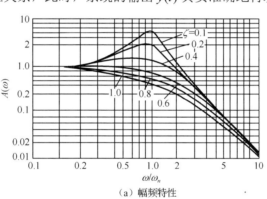

（a）幅频特性

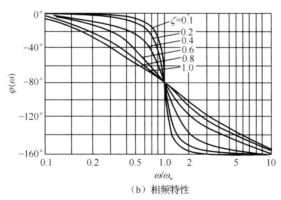

（b）相频特性

图 1-6　二阶传感器的频率响应特性曲线

在 $\omega = \omega_n$ 附近，系统发生共振，幅频特性受阻尼系数影响极大，实际测量时应避免此情况。

通过上面的分析，可得出结论：为了使测量结果能精确地再现被测信号的波形，在设计传感器时，必须使其阻尼系数 $\zeta<1$，固有角频率 ω_n 大于或等于被测信号频率 ω 的 3～5 倍，即 $\omega_n \geq (3～5)\omega$。在实际测试中，被测量为非周期信号时，选用和设计传感器时，保证传感器固有角频率 ω_n 不低于被测信号基频 ω 的 10 倍即可。

（3）一阶传感器和二阶传感器的动态特性参数。一阶传感器和二阶传感器的时域动态特性分别如图 1-7 和图 1-8 所示（$S_n=1$，$A_0=1$）。其时域动态特性参数描述如下。

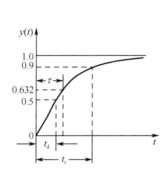 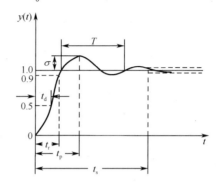

图 1-7　一阶传感器的时域动态特性　　图 1-8　二阶传感器（$\zeta<1$）的时域动态特性

时间常数 τ：一阶传感器输出上升到稳态值的 63.2% 所需的时间。

延迟时间 t_d：传感器输出达到稳态值的 50% 所需的时间。

上升时间 t_r：传感器输出达到稳态值的 90% 所需的时间。

峰值时间 t_p：二阶传感器输出响应曲线达到第一个峰值所需的时间。

响应时间 t_s：二阶传感器从输入量开始起作用到输出指示值进入稳态值所规定的范围内所需的时间。

超调量 σ：二阶传感器输出第一次达到稳态值后又超出稳态值而出现的最大偏差，即二阶传感器输出超过稳态值的最大值。

【项目小结】

本项目主要学习有关传感器的概念、基本特性、检测技术的相关概念及误差理论等内容。重点包括传感器的结构组成、基本特性及相对误差的概念。

1．传感器是一种能够感受规定的被测量并按照一定规律将其转换成可用输出信号的器件或装置，通常由敏感元件和转换元件组成。

2．自动检测系统包括信息的获得、信息的转换、信息的处理和信息的输出 4 个部分。

3．测量是指通过专门的技术和设备将被测量与同性质的标准量进行比较，获得被测量相对于该标准量的倍数，从而在量值上给出被测量的大小和符号。标准量的单位越小，测量精度越高。表示测量结果时，必须注明标准量的单位。

4．测量分直接测量和间接测量。前者是对被测量进行直接测量，从事先分度（标定）好的表盘上读出被测量的大小。后者是利用被测量与某种量之间的函数关系，先测出中间量，再通过相应的函数关系，计算出被测量的数值。

5．精确度（精度）的指标包括精密度和准确度等。精密度是描述测量仪表指示值不一致程度的量。准确度是描述仪表指示值有规律地偏离真值程度的量。精度包括精密度和准确度两个方面，以测量误差的相对值表示。

6. 仪表的精度等级用 A 表示，即仪表在规定工作条件下，其最大允许绝对误差值相对于仪表测量范围的百分数。测量指示仪表的精度等级 A 分为 0.01、0.02、0.05、0.1、0.2、0.5、1.0、1.5、2.5、4.0、5.0 第一系列等级，这也是工业检测仪器（系统）常用的精度等级。

7. 传感器的静态特性反映了输入信号处于稳定状态时的输入-输出关系。衡量静态特性的主要指标有线性度、灵敏度、迟滞、重复性和漂移。传感器的动态特性是指传感器对于随时间变化的输入信号的响应特性。

【项目训练】

一、单项选择题

1. 某压力仪器厂生产的压力表满度相对误差均控制在 0.4%～0.6% 范围内，该压力表的精度等级应定为（   ）级，另一家仪器厂需要购买压力表，希望压力表的满度相对误差小于 0.9%，需要购买（   ）级的压力表。

　　A．0.2　　　　　B．0.5　　　　　C．1.0　　　　　D．1.5

2. 传感器中直接感受被测量的部分是（   ）。

　　A．转换元件　　　B．转换电路　　　C．敏感元件　　　D．调理电路

3. 传感器的下列指标全部属于静态特性的是（   ）。

　　A．线性度、灵敏度、阻尼系数　　　B．幅频特性、相频特性、稳态误差

　　C．迟滞、重复性、漂移　　　　　　D．精度、时间常数、重复性

4. 属于传感器动态特性指标的是（   ）。

　　A．重复性　　　B．固有频率　　　C．灵敏度　　　D．漂移

5. 传感器的精度表征了给出值与（   ）相符合的程度。

　　A．估计值　　　B．被测值　　　C．相对值　　　D．理论值

二、填空题

1. 灵敏度是传感器在稳态下＿＿＿＿＿＿＿＿与＿＿＿＿＿＿＿＿的比值。

2. 系统灵敏度越＿＿＿＿＿＿，就越容易受到外界干扰的影响，系统的稳定性就越＿＿＿＿＿＿。

3. ＿＿＿＿＿＿是指传感器在输入量不变的情况下，输出量随时间变化的现象。

4. 要实现不失真测量，检测系统的幅频特性应为＿＿＿＿＿＿，相频特性应为＿＿＿＿＿＿。

5. 传感器的灵敏度是指＿＿＿＿＿＿＿＿＿＿＿＿＿＿＿＿＿＿＿＿＿＿＿。

6. 衡量传感器的静态特性的指标包含＿＿＿＿＿＿、＿＿＿＿＿＿、＿＿＿＿＿＿、＿＿＿＿＿＿和＿＿＿＿＿＿。（要求至少列出两种）

7. 一个高精度的传感器必须有良好的＿＿＿＿＿＿＿和＿＿＿＿＿＿，才能完成信号无失真的转换。

8. 传感器的动态特性是指传感器测量动态信号时，传感器输出反映被测量的＿＿＿＿＿＿和＿＿＿＿＿＿变化的能力。研究传感器的动态特性有两种方法：＿＿＿＿＿＿

和_____。

9．阶跃响应特性是指在输入为_____时，传感器的输出随_____的变化特性。常用响应曲线的_____、_____、_____等参数作为评定指标。

10．频率响应特性是指将_____不同而_____相同的正弦信号输入传感器，相应的输出信号的幅度和相位与频率之间的关系。频率响应特性常用的评定指标是_____、_____、_____。

11．对于某位移传感器，当输入量变化 5mm 时，输出电压变化 300mV，其灵敏度为_____。

12．某传感器为一阶系统，当受阶跃信号作用时，在 $t=0$ 时，输出为 10mV；$t \rightarrow \infty$ 时，输出为 100mV；在 $t=5s$ 时，输出为 50mV，则该传感器的时间常数为_____。

13．已知某一阶压力传感器的时间常数为 0.5s，若阶跃输入压力从 25MPa 变到 5MPa，则二倍时间常数时的输出压力为_____。

14．某测力传感器属于二阶系统，其固有频率为 1000Hz，阻尼比为临界值的 50%，当用它测量 500Hz 的正弦交变力时，其输出与输入幅值比和相位差分别为_____和_____。

15．某测量系统由传感器、放大器和记录仪组成，各环节的灵敏度分别为 $S_1=0.2$mV/℃、$S_2=2.0$V/mV、$S_3=5.0$mm/V，则系统总的灵敏度为_____。

项目二

电阻应变式传感器

项目引入

随着科技的进步和经济的发展，应变式传感器得到了迅猛发展，其应用范围涉及机械、电子、冶金、化工、航天等多个领域。例如，在称重领域，电子秤可实现对物料精准、快速的测量；在工业控制领域，利用应变式传感器高精度、高灵敏度和高稳定性的特点，可实现自动生产线的监测和控制，从而提高生产效率和质量；在医疗领域，医生可根据病人的体重来判断其健康状况并制定治疗方案。那么，应变式传感器是如何实现测量的呢？

本项目将学习电阻应变式传感器的基本结构、工作原理和特性参数，讨论 3 种常用的电阻应变式传感器测量电路。

项目目标

（一）知识目标

1. 熟悉常用弹性敏感元件及其特性。
2. 掌握电阻应变片的结构和粘贴工艺，以及电阻应变片电桥电路的特点。
3. 熟悉电阻应变式传感器的特性。

（二）技能目标

1. 熟悉电阻应变式传感器的测量电路。
2. 会使用电阻应变式传感器设计测量方案并实施测量过程。

（三）思政目标

1. 培养学生一丝不苟的科学态度。
2. 培养学生爱岗敬业、精益求精的工匠精神。
3. 弘扬中华传统美德，培养学生公平公正的做人、做事原则。

微课

2.1 弹性敏感元件

应变是物体在外部压力或拉力作用下发生形变的现象。当外力去除后物体能完全恢复其原来的尺寸和形状的应变称为弹性应变。具有弹性应变特性的物体称为弹性元件。

根据弹性元件在传感器中的作用，可以将其分为两种类型：弹性敏感元件和弹性支撑。

弹性敏感元件在传感器技术中占有极其重要的地位。它首先把力、力矩或压力转换成相应的应变或位移，然后配合各种转换元件，将应变量或位移量转换成电量。

弹性支撑是指在物体受到冲击力时，通过弹性变形来吸收和分散冲击力，从而减小物体受到的冲击力。具体来说，弹性支撑可以将冲击力转化为物体的弹性势能，使物体在弹性变形后能够恢复原状，从而减少冲击力对物体的损伤和破坏。因此，弹性支撑有助于减小冲击力。在实际生活和工作中，可以使用各种材料和方法实现弹性支撑，如弹簧、气垫和橡胶等。

学习笔记

2.1.1 弹性敏感元件的弹性特性

作用在弹性敏感元件上的外力与其引起的相应形变之间的关系称为弹性敏感元件的弹性特性，其主要特性如下。

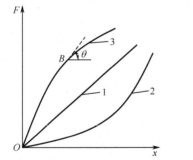

1—刚度直线型；2—刚度渐增型；3—刚度渐减型。

图 2-1 弹性敏感元件的刚度特性曲线

1. 刚度

刚度是指弹性敏感元件在外力作用下抵抗弹性形变的能力。

$$k = \lim_{\Delta x \to 0}\left(\frac{\Delta F}{\Delta x}\right) = \frac{\mathrm{d}F}{\mathrm{d}x} \qquad (2\text{-}1)$$

式中 F——施加的外力，单位为 N（牛顿）；

x——弹性敏感元件在外力作用下产生的形变，单位为米（m）。

图 2-1 所示为弹性敏感元件的刚度特性曲线。

✎ 知识延伸

刚度直线型——直线越陡，表示弹性敏感元件的刚度越大，反之越小。

刚度渐增型——随着弹性敏感元件形变量的增大，其刚度逐渐增大，且在最大载荷或冲击载荷作用时，仍具有较好的缓冲减振性能。

刚度渐减型——随着弹性敏感元件形变量的增大，其刚度逐渐减小。

在图 2-1 中，刚度特性曲线上某点 B 的刚度可通过在 B 点作曲线的切线求得，此曲线与水平线夹角的正切就代表该元件在 B 点处的刚度，即 $k = \tan\theta = \mathrm{d}F/\mathrm{d}x$。如果弹性特性是线性的（见图 2-1 中的特性曲线 1），那么刚度是一个常数。当测量较大的力时，必须选择刚度大的弹性敏感元件（见图 2-1 中的特性曲线 2），以使 x 保持在较小范围内。

2. 灵敏度

灵敏度就是弹性敏感元件在单位力作用下产生形变的大小。它是刚度的倒数，即

$$\mathrm{d}F = \frac{\mathrm{d}x}{k} \tag{2-2}$$

与刚度相似，若弹性特性是线性的，则灵敏度为常数；若弹性特性是非线性的，则灵敏度会随形变变化。

3. 弹性滞后

弹性敏感元件在弹性变形范围内，弹性特性的加载曲线与卸载曲线不重合的现象称为弹性滞后，弹性滞后现象如图 2-2 所示。

曲线 1 和曲线 2 所包围的范围称为滞环。产生弹性滞后的主要原因是，在弹性敏感元件的工作过程中，其分子间存在内摩擦。

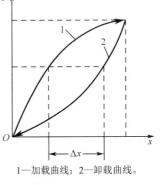

1—加载曲线；2—卸载曲线。

图 2-2　弹性滞后现象

4. 弹性后效

弹性后效是指弹性敏感元件在负载变化后，变形不是立即完成，而是经过一定时间逐渐达到稳定状态的现象。由于弹性后效的存在，弹性敏感元件的变形不能迅速地跟随作用力的改变而改变，因此会引起测量误差。如图 2-3 所示，当加载时，即作用在弹性敏感元件上的力由 0 快速增大到 F_0 时，弹性敏感元件的变形先由 0 迅速增加至 x_1，然后在载荷未变的情况下继续变形直到达到 x_0 为止。当卸载时，作用在弹性敏感元件上的力由 F_0 减小至 0 时，弹性敏感元件的变形先由 x_0 减小至 x_2，由于弹性后效的存在，弹性敏感元件的变形经过一段时间后才能逐渐恢复原状，由 x_2 减小至 0。

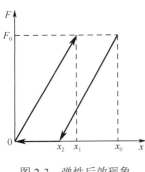

图 2-3　弹性后效现象

5. 固有振动频率

弹性敏感元件的动态特性与它的固有频率 f_0 有很大的关系，固有频率通常由实验测得。传感器的工作频率应避开弹性敏感元件的固有频率。

2.1.2　对弹性敏感元件材料的基本要求

对弹性敏感元件材料的基本要求有以下几项。

（1）具有良好的机械特性（强度高、抗冲击、韧性好、疲劳强度高等）和良好的机械加工及热处理性能。

（2）具有良好的弹性特性（弹性极限高、弹性滞后和弹性后效小等）。

（3）弹性模量的温度系数小且稳定，材料的线膨胀系数小且稳定。

（4）抗氧化性和抗腐蚀性等化学性能良好。

我国通常将合金钢、碳钢等作为弹性敏感元件，基于镍铬结构钢、镍铬钼结构钢、铬钼钒工具钢优良的力学性能，也常将它们作为弹性敏感元件材料。特殊情况下，也使用石英玻璃、单晶硅及陶瓷材料等。

科普小知识

一根木杆秤，一页文明史

杆秤，是中国人发明的人类最早的衡器，它是华夏国粹，在历史长河中延续千年。老话说："不识秤花，难以当家。"古往今来，大大小小的交易，都在秤砣与秤盘的此起彼落间完成。

杆秤上基本都有两排秤星，也就是刻度。古代的杆秤上有 16 颗秤星，一颗秤星代表一两。杆秤看似简单，但里面却有许多学问。相传，16 两秤的秤星，每一颗代表一颗星宿，它们是北斗七星、南斗六星，以及福、禄、寿三星。倘若缺斤少两，比如少 1 两则为"损福"，少 2 两则为"伤禄"，少 3 两则为"折寿"。

传说木杆秤是鲁班运用杠杆原理发明的，最初上刻有 13 颗星花，定 13 两为一斤，这些星花对应了北斗七星和南斗六星。秦始皇统一六国后，添加"福、禄、寿"三星，将一斤的重量改为 16 两。直到 20 世纪 50 年代后，为计算方便，国家将一斤统改为 10 两。

杆秤是我国古代劳动人民智慧的结晶，是人们勤劳能干的象征。一杆秤虽小，却能准确测量重量，也能体现人心。无论如何，我们都不能丢失做人的本分，要时刻铭记心中的道德天平，并不断提醒自己保持诚信和公正。

2.2 电阻应变片

2.2.1 电阻应变片的工作原理

1. 应变效应

电阻应变片的工作原理基于金属的应变效应，即金属导体在受到外力作用下产生机械变形（如拉伸或压缩）时，其阻值会发生变化。

如图 2-4 所示的一根金属丝，其长度为 L，电阻率为 ρ，截面积为 S，它的阻值为

$$R = \frac{\rho \cdot L}{S} \tag{2-3}$$

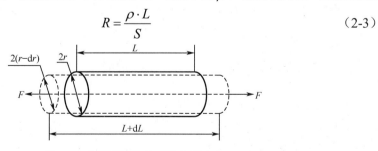

图 2-4　金属丝被拉伸后的参数变化

当它受到轴向力而被拉伸（或压缩）后，金属丝的长度 L、截面积 S 和电阻率 ρ

都会发生变化，如图 2-4 所示，因此导体的阻值也会发生变化，阻值相对变化值为

$$\frac{\mathrm{d}R}{R} = \frac{\mathrm{d}L}{L} - \frac{\mathrm{d}S}{S} + \frac{\mathrm{d}\rho}{\rho} \tag{2-4}$$

式中，$\frac{\mathrm{d}L}{L} = \varepsilon$，$\varepsilon$ 为材料的轴向线应变，ε 的值一般比较小，常用单位为 μm

（$1\mu m = 1 \times 10^{-6} m$）。

由材料力学可知，在弹性范围内，金属丝受拉力作用时沿轴向伸长，沿径向收缩，那么轴向应变与径向应变的关系为

$$\frac{\mathrm{d}S}{S} = 2\frac{\mathrm{d}r}{r} = -2\mu\frac{\mathrm{d}L}{L} = -\mu\varepsilon \tag{2-5}$$

式中　r ——导体的半径；

　　μ ——材料的泊松比，即径向收缩与轴向伸长之比，负号表示两者变化方向相反。将式（2-5）代入式（2-4）中，可得

$$\frac{\mathrm{d}R}{R} = \left(1 + 2\mu + \frac{\mathrm{d}\rho/\rho}{\mathrm{d}L/L}\right)\frac{\mathrm{d}L}{L} = K_0\varepsilon \tag{2-6}$$

式（2-6）即电阻应变效应表达式，K_0 为导电材料的灵敏度系数。在使用电阻应变式传感器时，为使得传感器有足够的线性范围和较高的灵敏度，要求 K_0 在相应的应变范围内为较大的常数值。

灵敏度系数 K_0 受两个因素影响：材料几何尺寸的变化，即 $1 + 2\mu$；材料的电阻率发生的变化，即 $\left(\frac{\mathrm{d}\rho}{\rho}\right)/\varepsilon$。大量实验证明，在电阻丝的拉伸极限内，电阻的相对变化与应变成正比，即 K_0 为常数。

对金属材料来说，式（2-6）中 $1 + 2\mu$ 的值要比 $\left(\frac{\mathrm{d}\rho}{\rho}\right)/\varepsilon$ 大得多，显然，对于金属材料，其阻值变化主要是由尺寸变化引起的。金属材料的电阻相对变化与其应变成正比，这就是金属材料的应变效应。

对于半导体材料，当某一个轴向受外力作用时，其电阻率的变化率主要由压阻系数和应力决定，即

$$\frac{\mathrm{d}\rho}{\rho} = \pi \cdot \sigma = \pi \cdot E \cdot \varepsilon \tag{2-7}$$

式中　π ——半导体材料的压阻系数；

　　σ ——半导体材料所受的应力；

　　E ——半导体材料的弹性模量。

故有

$$\frac{\mathrm{d}R}{R} = (1 + 2\mu + \pi E)\varepsilon \tag{2-8}$$

由于 $\pi E \gg (1 + 2\mu)$，因此半导体材料的灵敏度系数 $K_0 \approx \pi E$。可见，半导体应变片的工作原理是基于半导体材料的电阻率随应力变化而变化的压阻效应。

2．电阻应变片的结构与类型

按电阻应变片的敏感栅材料的不同，可将其分为两类：金属应变片和半导体应变片。

学习笔记

（1）金属应变片。

① 金属应变片的基本结构。

金属应变片由敏感栅、基底、覆盖层和引线等部分组成。其核心部分是敏感栅，以丝式金属应变片为例，它通常采用直径为 0.015～0.05mm 的具有高电阻率的电阻丝制成，为了获得较高的阻值，电阻丝排列成栅状，故称为敏感栅。将敏感栅粘贴在绝缘的基底上，上面粘贴起保护作用的覆盖层，两端焊接引线，即可构成丝式金属应变片，其基本结构如图 2-5 所示。

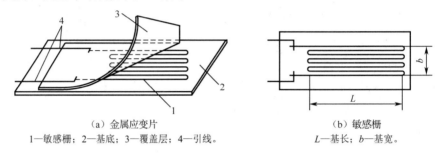

（a）金属应变片
1—敏感栅；2—基底；3—覆盖层；4—引线。

（b）敏感栅
L—基长；b—基宽。

图 2-5　丝式金属应变片的基本结构

敏感栅：是实现试件表面应变转换的核心部件。通常由直径为 0.015～0.05mm 的金属丝绕成栅状，或用金属箔腐蚀成栅状。

基底：为了保持敏感栅固定的形状、尺寸和位置，通常用黏结剂将其固定在纸质或胶质的基底上。基底必须很薄，一般为 0.02～0.04mm。

引线：起着敏感栅与测量电路之间的过渡连接和引导作用。通常取直径为 0.1～0.15mm 的低阻镀锡铜线，并用钎焊与敏感栅端连接。

覆盖层：用纸、胶制作成覆盖在敏感栅上的保护层，起到防潮、防蚀、防损等作用。

黏结剂在制造应变计时用于将覆盖层和敏感栅固定在基底上。在使用应变计时，它用于将应变计基底粘贴到试件表面的被测部位。因此，黏结剂不仅用于固定部件，还起到传递应变的作用。

常用的黏结剂分为有机黏结剂和无机黏结剂两大类。有机黏结剂用于低温、常温和中温，常用的有聚丙烯酸酯、酚醛树脂、有机硅树脂、聚酰亚胺等。无机黏结剂用于高温，常用的有磷酸盐、硅酸盐、硼酸盐等。

② 金属应变片的类型。

金属应变片根据不同的使用要求，又可分为多种形式，常见的金属应变片有丝式应变片、箔式应变片、薄膜式应变片 3 种。

丝式应变片主要有丝绕式（回线式）应变片和短接式应变片两种。丝绕式应变片如图 2-6（a）所示，是最常用的类型，具有制作简单、性能稳定、成本低且易粘贴的特点。然而，它的圆弧部分会参与变形，产生横向效应误差，使传感器灵敏度降低。为减小这种误差，可采用如图 2-6（b）所示的短接式应变片。短接式应变片的最大优点是其敏感栅平行排列，两端用直径比栅丝直径大 5～10 倍的镀银丝短接，使得两端的横向效应系数非常小（<0.1%），但由于它的焊点多，焊点处截面变化剧烈，因此疲劳寿命较短。

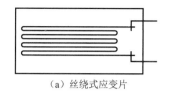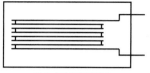

（a）丝绕式应变片　　　　　　　（b）短接式应变片

图 2-6　电阻应变片

箔式应变片利用照相制版或光刻技术将厚为 0.003～0.01mm 的金属箔片制成所需图形的敏感栅，也称应变花。箔式应变片如图 2-7 所示。

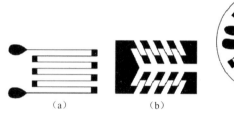

（a）　　　　　　　（b）　　　　　　　（c）

图 2-7　箔式应变片

箔式应变片相比丝式应变片具有许多优势：其表面积大，散热性好，可以承受较大的电流，输出信号强，测量灵敏度高；敏感栅横向端部为较宽的栅条，故横向效应较小；蠕变小，疲劳寿命长；生产流程可以实现自动化，批量生产效率高。目前，箔式应变片已逐渐取代了丝式应变片。

薄膜式应变片采用真空蒸镀或真空沉积等技术，将金属材料镀在基底上，制成各种各样形状的厚度在 0.1μm 以下的薄膜，并加上保护层。由于薄膜式应变片的厚度比较小，因此具有很高的灵敏度，并且易于实现批量生产。特别是它可以直接制作在弹性敏感元件上，形成测量元件或传感器，这样可以省去应变片的粘贴工艺过程，消除附加变形误差，是一种很有前途的新型应变片。

（2）半导体应变片。

半导体应变片的制造过程包括将单晶半导体切型、切条并通过光刻和腐蚀成形，然后将其粘贴在薄的绝缘基底上，最后加上保护层。半导体应变片如图 2-8 所示。

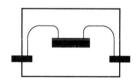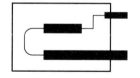

图 2-8　半导体应变片

半导体应变片的优点如下。

① 灵敏度系数大，比金属丝式应变片、箔式应变片大 50～70 倍，对于非常小的应变也可以实现高精度测量。

② 横向效应系数小。

③ 机械滞后小。

④ 本身的体积小，便于制作小型传感器。

半导体应变片的缺点如下。

① 电阻-应变非线性误差较大。

② 容易受温度变化的影响，使用时需要采取温度补偿措施。

③ 重复性和时间稳定性较差。

2.2.2 电阻应变片的特性

电阻应变片的特性是指用以表达电阻应变片工作性能及特点的参数或曲线。下面介绍电阻应变片的主要特性。

1. 灵敏度系数

将初始阻值为 R 的应变片粘贴在试件表面，使应变片的主轴线方向与试件轴线方向一致，当试件轴线上受一维应力作用时，应变片的电阻变化率 $\dfrac{\mathrm{d}R}{R}$ 与应力方向的应变（ε）之比称为应变片灵敏度系数（K），即

$$K = \frac{\mathrm{d}R/R}{\varepsilon} \tag{2-9}$$

实验表明，应变片灵敏度系数（K）恒小于等长的电阻丝的灵敏度系数（K_0），主要原因有以下两点：一是试件与应变片之间的黏结剂传递变形失真；二是在实际测试中，敏感栅圆弧段存在横向效应。为了提高应变片的灵敏度系数，可采用短接式［见图 2-6（b）］或直角式横栅。

2. 几何尺寸

应变片的几何尺寸包括敏感栅的基长、基宽、基底长和基底宽。

敏感栅的基长是指应变片敏感栅在纵轴方向的长度。对于带有圆弧端的敏感栅，是指圆弧内侧之间的距离，如图 2-5 中的长度 L；对于有横栅的箔式应变片和直角丝栅应变片，是指两个横栅内侧之间的距离。

敏感栅的基宽是指与应变片轴线相垂直的方向上，应变片敏感栅外侧之间的距离，如图 2-5 中的宽度 b。

3. 初始阻值

应变片的初始阻值（R_0）是指应变片未粘贴（无应力）时，在室温下测得的静态阻值，单位为欧姆（Ω），主要规格有 60Ω、120Ω、200Ω、350Ω、600Ω、1000Ω 等，其中最常用的是阻值为 120Ω 的应变片。

4. 允许工作电流

允许工作电流（I_e）又称最大工作电流，是指允许通过应变片而不影响其工作特性的最大电流值。

5. 疲劳寿命

疲劳寿命（N）是指粘贴在试件上的应变片在恒定幅值交变应力作用下，连续工作直至疲劳损坏的循环次数。它与应变片的取材、工艺、引线焊接、粘贴质量等因素有关，一般要求 N 的取值范围为 $10^5 \sim 10^7$ 次。

6. 应变极限

应变片的应变极限是指在一定温度下，指示应变（ε_i）与真实应变（ε）的相对误差不超过规定值（一般为 10%）时的最大真实应变（ε_{lim}），如图 2-9 所示。

在图 2-9 中，真实应变是由于工作温度变化或承受机械载荷，在被测试件内产生应力（包括机械应力和热应力）时所引起的表面应变。

应变极限是衡量应变计测量范围和过载能力的指标，通常要求大于 8000μm，提高应变极限的主要方法是选用弹性模量较大的黏结剂和基底材料，适当减小胶层和基底的厚度，并使之充分固化。

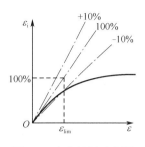

图 2-9 应变极限示意图

7. 机械滞后、零漂和蠕变

机械滞后是指所粘贴的应变片在温度一定时，在加载或卸载过程中指示应变与约定应变（同一个机械应变量下所指示的应变）之间的最大差值。

零漂是指对于已经粘贴好的应变片，在一定温度下不承受机械应变时，其指示应变随时间变化的特性。

蠕变是指对于已经粘贴好的应变片，在一定温度下承受一个恒定的机械应变，指示应变随时间变化而变化的特性。

发生机械滞后、零漂和蠕变的主要原因是应变片在制造过程中产生的残余内应力，以及丝材、黏结剂和基底在温度和卸载作用下内部结构的变化。

微课

2.2.3 应变片的粘贴技术

应变片在使用时通常通过黏结剂粘贴在弹性敏感元件或试件上，正确的粘贴工艺对保证粘贴质量、提高测量精度起着重要的作用。在粘贴应变片时，应严格按照粘贴工艺要求进行，粘贴步骤如下。

（1）应变片的检查。对所选用的应变片进行外观和电阻的检查，观察丝栅或箔栅的排列是否整齐、均匀，是否有锈蚀、短路、断路和折弯现象。测量应变片的阻值，检查电阻值、精度是否符合要求，桥臂配对用的应变片的阻值要尽量一致。

（2）试件的表面处理。为了保证一定的黏合强度，必须将试件表面处理干净，清除杂质、油污及表面氧化层等。粘贴表面应保持平整、光滑。最好在表面打光后，采用喷砂处理，处理面积为应变片的 3～5 倍。

（3）确定贴片位置。在应变片上标出敏感栅的纵向、横向中心线，粘贴时应使应变片的中心线与试件的定位线对齐。

（4）粘贴应变片。用甲苯、四氯化碳等溶剂清洗试件表面和应变片表面，在试件表面和应变片表面各涂一层薄而均匀的黏结剂，将应变片粘贴在试件的表面上，同时在应变片上加一层玻璃纸或透明的塑料薄膜，并用手轻轻滚动挤压，将多余的黏结剂和气泡排出。

（5）固化处理。根据所使用的黏结剂的固化工艺要求进行固化处理和时效处理。

（6）粘贴质量检查。检查粘贴位置是否正确，黏合层是否有气泡和漏贴，是否有短路、断路现象，应变片的阻值有无较大的变化。应对应变片与被测物体之间的绝缘电阻进行检查，阻值一般应大于 200MΩ。

学习笔记

（7）引出线的固定与保护。将粘贴好的应变片引出线焊接好，为防电阻丝和引出线被拉断，需要用胶布将导线固定在被测物体表面，且要处理好导线与被测物体之间的绝缘问题。

（8）防潮防蚀处理。为防止因潮湿引起绝缘电阻变小、黏合强度下降，或因腐蚀而损坏应变片，应在应变片上涂一层凡士林、石蜡、蜂蜡、环氧树脂、清漆等，厚度一般为1～2mm。

2.3 测量转换电路

电阻应变片可以实现将应变信号转换为应变片敏感栅电阻的变化。由于应变电阻的变化一般都很微弱，难以直接进行测量，又不便直接处理，因此必须采用转换电路或仪器，将应变片的电阻变化dR/R转换为电压或电流的变化，具有这种转换功能的电路称为测量电路。

电阻应变计测量电路多采用电桥，我们把这种电桥称为电阻应变计桥路。根据所使用的电源的不同，电桥可分为直流电桥和交流电桥。下面以直流电桥电路为例分析直流电桥的输出特性。

1. 直流电桥电路

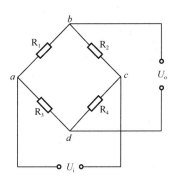

图2-10 直流电桥电路原理图

如图2-10所示，直流电桥的4个桥臂均为纯电阻，阻值分别为R_1、R_2、R_3、R_4，其中a、c两端接直流电压U_i，而b、d两端为输出端，当忽略电桥电源U_i的内阻时，其输出电压U_o为

$$U_o = \left(\frac{R_1}{R_1 + R_2} - \frac{R_3}{R_3 + R_4} \right) U_i$$
$$= \frac{R_1 R_4 - R_2 R_3}{(R_1 + R_2)(R_3 + R_4)} U_i \qquad (2\text{-}10)$$

在测量前，当桥路电阻满足条件$R_1 R_4 = R_2 R_3$时，电桥输出电压为$U_o = 0$，称为电桥平衡。

2. 电桥的工作方式

根据所使用的应变片的片数不同，电桥可分为单臂电桥、差动半桥和差动全桥，下面逐一分析这3种电桥的特性。

（1）单臂电桥工作方式。

单臂电桥连接电路如图2-11（a）所示，即只有一个应变片接入电桥。R_1为应变片，R_2、R_3、R_4为固定电阻。当应变片承受应变时，应变片产生的电阻变化为$\Delta R_1 (\Delta R_1 = KR\varepsilon)$，电桥失去平衡。引入电桥的桥臂比$n = \dfrac{R_2}{R_1} = \dfrac{R_4}{R_3}$，当$n=1$时，即在$R_1 = R_2$、$R_3 = R_4$的对称条件（常取$R_1 = R_2 = R_3 = R_4$）下，电桥的电压灵敏度最高。根据公式（2-10），电桥输出电压为

$$U_o = \frac{n}{(1+n)^2} \frac{\Delta R_1}{R_1} U_i = \frac{1}{4} K_U \varepsilon U_i \qquad (2\text{-}11)$$

式中，K_U 为电桥的电压灵敏度，是应变片单位电阻变化 $\left(\dfrac{\Delta R_1}{R_1}\right)$ 引起的输出电压变化量。

$$(K_U)_{max} = \frac{1}{4}U_i \qquad (2\text{-}12)$$

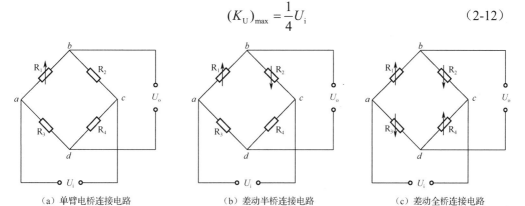

（a）单臂电桥连接电路　　　　　　（b）差动半桥连接电路　　　　　　（c）差动全桥连接电路

图 2-11　3 种桥式工作电路

（2）差动半桥工作方式（半桥双臂工作方式）。

差动半桥连接电路如图 2-11（b）所示，使用两片结构相同的应变片，但使其受力方向相反，即一个受拉应力，一个受压应力，将它们接在电桥的相邻桥臂上，另外一对桥臂接两个固定电阻，且应变片的初始阻值与固定阻值相等，这时电桥的输出电压为

$$U_o = \frac{1}{2}\frac{\Delta R_1}{R_1}U_i = \frac{1}{2}K_U \varepsilon U_i \qquad (2\text{-}13)$$

电桥的电压灵敏度为

$$K_U = \frac{1}{2}U_i \qquad (2\text{-}14)$$

除采用差动半桥外，还可以采用差动全桥电路进一步提高电桥的电压灵敏度，以及改善线性特性，从而提高测量精度。

（3）差动全桥工作方式（全桥 4 臂工作方式）。

差动全桥连接电路如图 2-11（c）所示，电桥的 4 个桥臂均采用电阻应变片，两个受拉应变片的阻值增大，两个受压应变片的阻值减小。受力方向相同的应变片应连接在电桥的对称桥臂上，则电桥的输出电压为

$$U_o = \frac{\Delta R_1}{R_1}U_i = K_U \varepsilon U_i \qquad (2\text{-}15)$$

电桥的电压灵敏度为

$$K_U = U_i \qquad (2\text{-}16)$$

此时差动全桥连接电路的电压灵敏度是单臂电桥连接电路电压灵敏度的 4 倍。

3．电阻应变式传感器的工作原理

电阻应变式传感器的工作原理图如图 2-12 所示。当被测量作用于弹性敏感元件上时，弹性敏感元件在力（F）或其他物理量的作用下发生变形，产生相应的应变或位移，并将其传递给与其相连的电阻应变片，引起电阻应变片阻值的变化，通过测

学习笔记

量电路转换成电量输出，输出电量的大小直接反映被测量的大小。

图 2-12　电阻应变式传感器的工作原理图

2.4 电阻应变计的温度误差及补偿

2.4.1 温度误差产生的原因

1．温度误差

环境温度的变化会引起电桥电阻的变化，导致电桥的零漂，这种由环境温度带来的误差称为应变片的温度误差，又称热输出。

2．敏感栅与试件热膨胀失配

应变片在工作时粘贴在试件表面上，若试件与应变片的材料线膨胀系数不一致，则会使应变片产生附加变形，从而引起电阻变化。电阻变化会导致应变式传感器的温度测量结果产生误差。

2.4.2 温度误差的补偿措施

1．温度自补偿法

精心选配敏感栅材料与结构参数来实现热输出补偿。

（1）单丝自补偿应变计。在研制和选用应变计时，若选择的敏感栅材料的电阻温度系数 α 和线膨胀系数 β_s 与试件材料的线膨胀系数 β_g 满足式（2-17），

$$\left[\frac{\alpha}{K_0}+(\beta_g-\beta_s)\right]\Delta t=0 \qquad (2\text{-}17)$$

则可达到温度自补偿的目的。这种自补偿应变计结构简单，制造方便，但是一种确定的应变片只能用于一种确定材料的试件，具有局限性。

（2）双丝自补偿应变计。敏感栅由电阻温度系数一正一负的两种合金丝串联而成，如图 2-13 所示，当工作温度变化时，若 R_a 栅产生的正的热输出 ΔR_{at} 与 R_b 栅产生的负的热输出 ΔR_{bt} 相等或相近，则可达到自补偿的目的。

2．线路补偿法

（1）补偿应变片法。在单臂电桥中常采用补偿应变片法。R_1 为工作电阻应变片，R_2 为补偿电阻应变片，如图 2-14 所示。R_1 粘贴在试件上需要测量应变的地方，R_2 粘贴在一块与试件材料相同、温度相同、不受力的补偿块上。当温度发生变化时，R_1 和 R_2 的电阻都发生变化，由于工作电阻应变片 R_1 和补偿电阻应变片 R_2 受到相同的温度变化，属于同类应变片，粘贴在相同的试件上，因此两者产生的热效应相等，电阻变化 $\Delta R_1=\Delta R_2$。另外，R_1 和 R_2 分别接入电桥的相邻两个桥臂，则温度变化引

起的电阻变化可以相互抵消，这样就起到温度补偿的作用了。

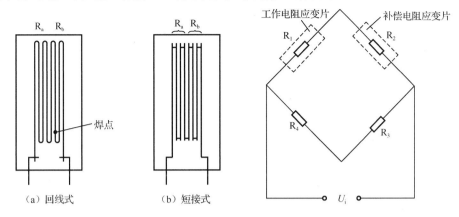

图 2-13　电阻丝式应变片　　　　图 2-14　补偿应变片温度补偿

（2）差动电桥法。巧妙地安装应变片可以起到补偿作用并提高传感器的灵敏度。将两个应变片分别粘贴于被测悬梁的上下对称位置，R_1 和 R_2 特性相同，当悬梁的上下温度一致时，两个电阻的变化值大小相同而符号相反，从而相互抵消，起到温度补偿作用。差动电桥法示意图如图 2-15 所示。

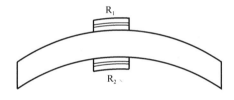

图 2-15　差动电桥法示意图

若测试条件允许，采用 4 个应变片组成全桥差动电路，则可更好地补偿温度误差，提高传感器测量的综合性能。

2.5　电阻应变式传感器的应用

由弹性敏感元件、电阻应变片及一些附件（如补偿元件、保护罩等）组成的装置称为电阻应变式传感器。电阻应变式传感器可用于测量力、位移、振动、加速度、压力等各种物理量。

1．力的测量

利用应变式力传感器可以完成力的测量。

（1）柱（筒）式力传感器。图 2-16 所示为柱（筒）式力传感器。在图 2-16 中，柱式力传感器为实心结构，筒式力传感器为空心结构。电阻应变片粘贴在弹性体外壁应力分布均匀的中间部分，对称地粘贴多片，弹性敏感元件上电阻应变片的粘贴和桥路的连接应尽可能消除载荷偏心和弯矩的影响，R_1 和 R_3 串联，R_2 和 R_4 串联，并置于桥路相对桥臂上以减小弯矩影响，横向贴片（R_5、R_6、R_7 和 R_8）主要起温度补偿作用。

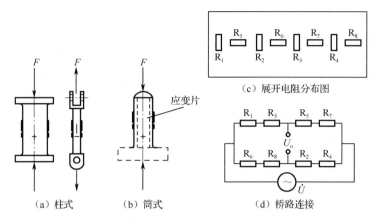

图 2-16 柱（筒）式力传感器

弹性敏感元件在力 F 的作用下发生应变，力 F 的大小与应变成正比，根据前面所述的测量方法，即可获得弹性敏感元件受力 F 的大小。地磅采用的就是柱式力传感器。

（2）悬臂梁式力传感器。悬臂梁是一端固定、另一端自由的弹性敏感元件，其特点是结构简单、加工方便，在较小力的测量中应用普遍。根据梁的截面形状不同可分为变截面梁（等强度梁）和等截面梁。

图 2-17 所示为等强度梁式力传感器，图 2-17 中的 R_1 为电阻应变片，将其粘贴在一端固定的悬臂梁上，另一端朝向三角形顶点（保证等应变性）。如果受到载荷 F 的作用，那么梁内各截面产生的应力是相等的。等强度梁各点的应变为

$$\varepsilon = \frac{6Fl}{bh^2E} \tag{2-18}$$

式中　l——梁的长度；

　　　　b——梁的固定端宽度；

　　　　h——梁的厚度；

　　　　E——材料的弹性模量。

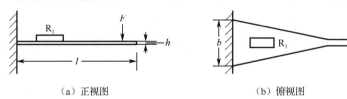

（a）正视图　　　　　　　　　　（b）俯视图

图 2-17 等强度梁式力传感器

等截面梁式力传感器如图 2-18 所示。等截面梁距梁固定端距离为 x 处的应变为

$$\varepsilon_x = \frac{6F(l-x)}{bh^2E} = \frac{6F(l-x)}{AhE} \tag{2-19}$$

式中　x——距梁固定端的距离；

　　　　A——梁的截面积。

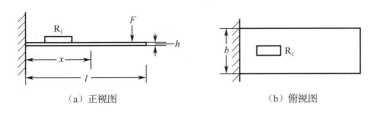

（a）正视图　　　　　　　　　　　（b）俯视图

图 2-18　等截面梁式力传感器

2. 压力的测量

电阻式压力传感器主要用于测量流动介质（如液体、气体）的动态压力或静态压力。这类传感器大多采用膜片式或筒式弹性敏感元件。

图 2-19 所示为膜片式压力传感器，电阻应变片粘贴于膜片内壁，在压力 P 的作用下，膜片产生径向应变 ε_r 和切向应变 ε_t，它们的大小可分别表示为

$$\varepsilon_r = \frac{3P(1-\mu^2)(r^2-3x^2)}{8h^2E} \tag{2-20}$$

$$\varepsilon_t = \frac{3P(1-\mu^2)(r^2-x^2)}{8h^2E} \tag{2-21}$$

式中　r、t——膜片的半径和厚度；

$\quad\quad x$——离圆心的径向距离；

$\quad\quad P$——膜片上均匀分布的压力；

$\quad\quad \mu$——材料的泊松比；

$\quad\quad E$——材料的弹性模量。

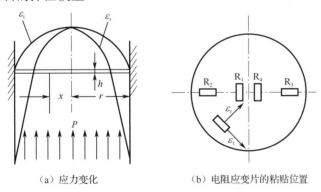

（a）应力变化　　　　　　　　　（b）电阻应变片的粘贴位置

图 2-19　膜片式压力传感器

由式（2-20）和式（2-21）可得出以下结论。

（1）$x=0$ 时，即在膜片中心位置的径向应变 ε_r 和切向应变 ε_t 相等。

（2）$x=r$ 时，即在膜片边缘处的切向应变 $\varepsilon_t=0$，径向应变 ε_r 为电阻应变片粘贴在膜片中心位置时的 2 倍，且为负值。

（3）$x=r/\sqrt{3}$ 时，径向应变 $\varepsilon_r=0$，贴片时要避开此处，因为不能感受切向应变，且反映不出径向应变的最大或最小特征，实际意义不大。

根据上述特点，一般在膜片圆心处沿切向粘贴 R_1、R_4 两个电阻应变片来感受 ε_t，因为圆心处切向应变最大；在边缘处沿径向粘贴 R_2、R_3 两个电阻应变片来感受 ε_r，

因为边缘处径向应变最大；将 4 个电阻应变片接成全桥测量电路，以提高灵敏度和实现温度补偿。

3．液体质量的测量

图 2-20 所示为电阻式液体质量传感器示意图。该传感器有一根传压杆，上端安装微压传感器，下端安装感压膜，它用于感受液体的压力。当容器中的溶液增多时，感压膜感受的压力会增大。将传感器接入电桥的一个桥臂，则输出电压为

$$U_{\mathrm{o}} = S \cdot h \rho g \qquad (2\text{-}22)$$

式中　S——传感器的传输系数；

　　　ρ——液体密度；

　　　g——重力加速度；

　　　h——位于感压膜上的液体高度。

$h\rho g$ 表征了感压膜上方的液体的质量。对于等截面的柱形容器，有

$$h\rho g = \frac{Q}{A} \qquad (2\text{-}23)$$

式中　Q——容器内感压膜上方液体的质量；

　　　A——柱形容器的截面积。

由式（2-22）和式（2-23）可得到容器内感压膜上方液体的质量与电桥输出电压间的关系：

$$U_{\mathrm{o}} = \frac{S \cdot Q}{A} \qquad (2\text{-}24)$$

式（2-24）表明，电桥输出电压与柱形容器内感压膜上方液体的质量成正比。在已知液体密度的条件下，这种方式还可以实现容器内的液位高度测量。

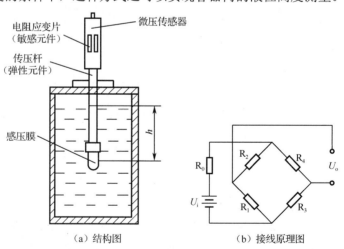

（a）结构图　　　　　　（b）接线原理图

图 2-20　电阻式液体质量传感器示意图

4．加速度的测量

电阻应变式加速度传感器的结构如图 2-21 所示。等强度梁的自由端安装质量块，另一端固定在壳体上；等强度梁上粘贴 4 个电阻应变片作为敏感元件；通常壳体内充满硅油以调节系统阻尼系数。

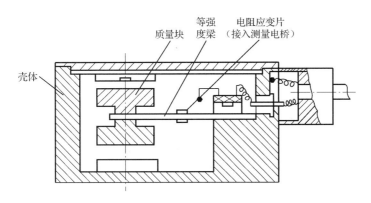

图 2-21　电阻应变式加速度传感器的结构

测量时，将传感器壳体与被测对象刚性连接，当被测对象以加速度 a 运动时，质量块受到一个与加速度方向相反的惯性力作用，使悬臂梁变形，导致其上的应变片随之产生应变，从而使应变片的阻值发生变化，引起测量电桥不平衡而输出电压，即可得出加速度的大小。这种测量方法主要用于低频（10～60Hz）的振动和冲击测量。

科技前沿

应变式传感器的产业链可以分为 3 个主要环节：上游包括钢材、铝材、电缆、箔材和芯片等行业；中游涵盖电阻应变计生产和应变式传感器制造行业；下游则应用于交通、冶金、港口、化工、建筑、机械等多个领域。

根据研发实力、技术水平和生产规模，全球应变式传感器的生产厂家大致可以分为如下 3 个梯队。

第一梯队以跨国公司为主，如美国威世（Vishay）测量集团、德国 HBM 公司、瑞士梅特勒-托利多（Mettler Toledo）集团、德国富林泰克（Flintec）公司和日本 NMB 等。其中，美国威世（Vishay）测量集团和德国 HBM 公司专注于提供一站式解决方案；瑞士梅特勒-托利多（Mettler Toledo）集团擅长开辟新领域的称重解决方案；德国富林泰克（Flintec）公司以产品齐全、技术领先见长。

第二梯队以柯力传感科技股份有限公司和中航电测仪器股份有限公司等地区龙头企业为代表。这些公司在细分市场、产品价格及下游应用等方面各有所长。

第三梯队主要包括中国、韩国等国家的中低端产品生产厂家，其产品主要在国内销售。由于技术水平相对较低，因此这些企业尚不能参与全球市场竞争。
　　　——《2022—2028 年中国应变式传感器市场全景调查与投资战略报告》

【项目小结】

通过对本项目的学习，重点掌握弹性敏感元件的作用和电阻应变效应；电阻应变片的结构和粘贴工艺；电桥的工作方式及特点等。

1．弹性敏感元件在传感器技术中占有极其重要的地位。它首先将力、力矩或压力转换成相应的应变或位移，然后配合各种形式的传感元件，将被测力、力矩或压力转换成电量。

2．金属电阻应变片由敏感栅、基片、覆盖层和引线等部分组成，敏感栅是电阻应变片的核心。金属电阻应变片有丝式、箔式和薄膜式 3 种类型。

3．电阻应变式传感器是目前用于测量力、力矩、压力、加速度、质量等参数的常用传感器之一。它是基于电阻应变效应制造的一种测量微小机械变量的传感器。电阻应变式传感器采用测量电桥将应变电阻的变化转换成电压或电流的变化。

4．根据可变电阻在电桥电路中的分布方式，电桥有 3 种类型：单臂电桥、差动半桥和差动全桥。

【项目实施】

实验一　金属箔式单臂电桥性能实验

● 实验目的

了解金属箔式应变片的应变效应与单臂电桥的工作原理及性能。

● 实验设备

1．-STIM01-基础实验模块、-STIM05-金属箔式应变片传感器模块。

2．万用表。

3．电子连线若干。

● 实验步骤及记录

1．接上各模块的电源，按图 2-22 连接电路。

2．称重盘上不放任何东西，将-STIM01-模块差动放大器上的增益调节到最大，调节-STIM05-模块上的电位调节旋钮，使-STIM01-模块差分放大输出 V_OUT2 接近 0mV（用万用表测得）。

3．调节-STIM01-模块电压放大器上的零位调节旋钮，使得 V_OUT 输出为 0mV。

4．逐个放上砝码进行实验，将实验数据记录在表 2-1 中。

表 2-1　数据记录表 1

砝码（g）	20	40	60	80	100	120	140	160	180	200
V_OUT（mV）										

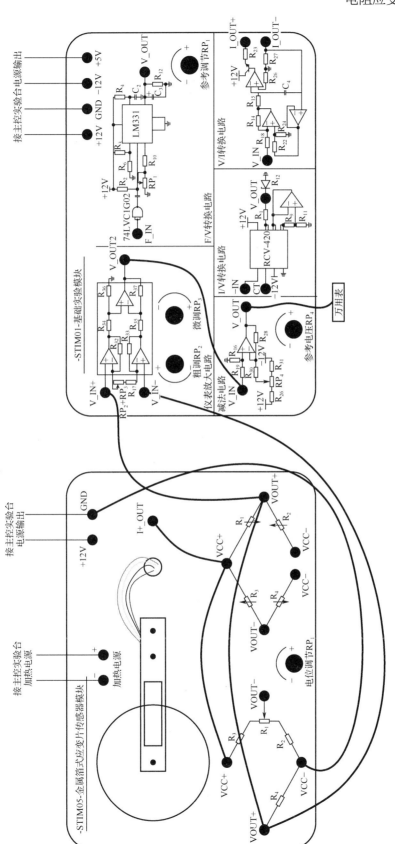

图 2-22　单臂电桥性能测试实验接线

实验二 金属箔式应变片——半桥性能实验

● 实验目的

了解金属式应变片的应变效应与半桥的工作原理及性能。

● 实验设备

1．-STIM01-基础实验模块、-STIM05-金属箔式应变片传感器模块。

2．万用表。

3．电子连线若干。

● 实验步骤及记录

1．接上各模块的电源，按图 2-23 连接电路。

2．称重盘上不放任何东西，将-STIM01-模块差动放大器上的增益调节到最大，调节-STIM05-模块上的电位调节旋钮，使-STIM01-模块差分放大输出 V_OUT2 接近 0mV（用万用表测得）。

3．调节-STIM01-模块电压放大器上的零位调节旋钮，使得 V_OUT 输出为 0mV。

4．逐个放上砝码进行实验，将实验数据记录在表 2-2 中。

表 2-2 数据记录表 2

砝码（g）	20	40	60	80	100	120	140	160	180	200
V_OUT（mV）										

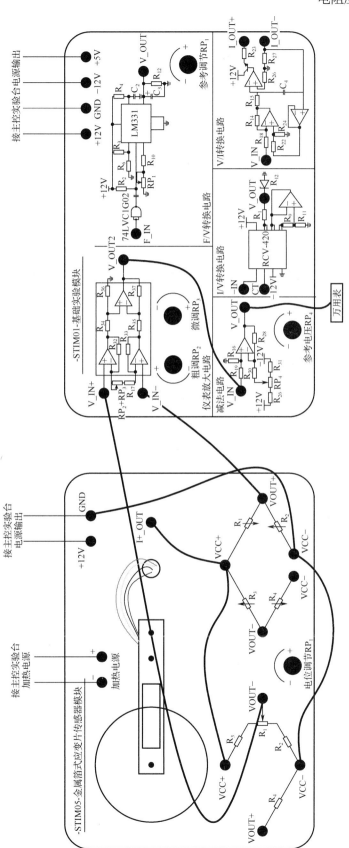

图 2-23　半桥性能测试实验接线图

实验三 金属箔式应变片——全桥性能实验

● **实验目的**

了解金属箔式应变片的应变效应与全桥的工作原理及性能。

● **实验设备**

1. -STIM01-基础实验模块、-STIM05-金属箔式应变片传感器模块。
2. 万用表。
3. 电子连线若干。

● **实验步骤及记录**

1. 接上各模块的电源，按图 2-24 连接电路。
2. 称重盘上不放任何东西，将-STIM01-模块差动放大器上的增益调节到最大，调节-STIM05-模块上的电位调节旋钮，使-STIM01-模块差分放大输出 V_OUT2 接近 0mV（用万用表测得）。
3. 调节-STIM01-模块电压放大器上的零位调节旋钮，使得 V_OUT 输出为 0mV。
4. 逐个放上砝码进行实验，将实验数据记录在表 2-3 中。

表 2-3 数据记录表 3

砝码（g）	20	40	60	80	100	120	140	160	180	200
V_OUT（mV）										

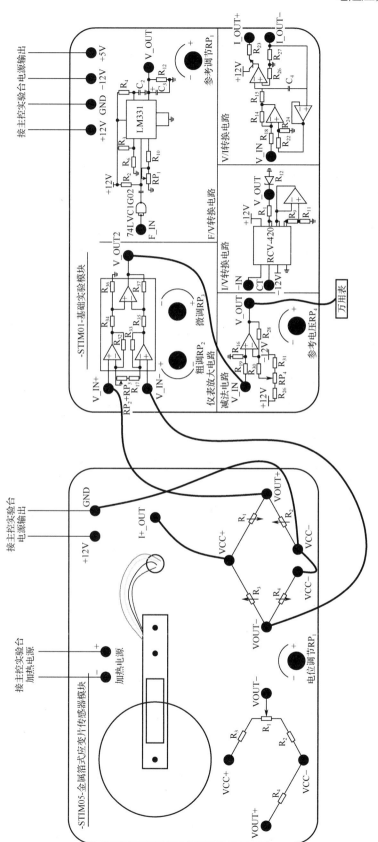

图 2-24　全桥性能测试实验接线图

实验四　扩散硅压阻式压力传感器——压力实验

● **实验目的**

了解扩散硅压阻式压力传感器测量压力的原理和方法。

● **实验设备**

1．-06-扩散硅压阻式传感器模块。

2．万用表。

3．电子连线若干。

● **相关知识**

压力传感器是一种将压力转换成电流或电压的器件，可用于测量压力、位移等物理量。压力传感器的种类很多，其中硅半导体传感器因其体积小、质量小、成本低、性能优越、易于集成等优点而得到广泛应用。硅压阻式传感器属于其中的一种。这种传感器在硅片上通过扩散或离子注入法形成 4 个阻值相等的电阻条，并将它们接成一个惠斯通电桥。当没有外加压力时，电桥处于平衡状态，输出电压为零。当施加压力时，电桥失去平衡而产生输出电压，该电压的大小与压力有关。通过检测电压，即可得到相应的压力值。然而，这种传感器会因 4 个桥臂电阻不完全匹配而引起测量误差，零点偏移较大且难以调整。Motorola 公司生产的 X 型硅压力传感器则可以克服上述缺点。Motorola 专利技术采用单个 X 型电阻元件，而不是电桥结构，其压敏电阻元件呈 X 型，因而称为 X 型压力传感器。该 X 型电阻的模拟输出电压正比于输入的压力值和电源偏置电压，具有极好的线性度，且灵敏度高，重复性好。此系列中的 MPX10DP 作为压力传感器，可以很好地满足系统的要求。MPX10DP 的实物图和内部原理图如图 2-25 所示。

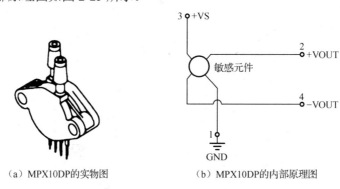

（a）MPX10DP的实物图　　　　（b）MPX10DP的内部原理图

图 2-25　MPX10DP 的实物图和内部原理图

● **实验步骤及记录**

1．接上各模块的电源，按图 2-26 连接电路。

2．调节 P_1、P_2 旋钮，使压力表 M_1、M_2 的显示值为 0MPa。调节电位调节旋钮，使万用表测量值为 0mV。

3．当压力表 M_2 显示 0MPa 时，调节 P_1 旋钮，使压力表 M_1 每增加 5kPa，读出万用表显示的电压值一次，并填写表 2-4。

表2-4　数据记录表4

P₁气压值（kPa）	5	10	15	20	25	30	35	40	45	50
电压（mV）										

4．当压力表 M₁ 显示 0MPa 时，调节 P₂ 旋钮，使压力表 M₂ 每增加 5kPa，读出万用表显示电压值一次，并填写表 2-5。

表2-5　数据记录表5

P₂气压值（kPa）	5	10	15	20	25	30	35	40	45	50
电压（mV）										

5．根据表 2-6 给出的值分别调节 P₁、P₂ 旋钮，使压力表 M₁、M₂ 之间的差值为 5kPa，读出万用表显示的电压值一次，并填在表 2-6 中。

表2-6　数据记录表6

P₁气压值（kPa）	5	10	15	20	25	30	35	40	45	50
P₂气压值（kPa）	0	5	10	15	20	25	30	35	40	45
电压（mV）										

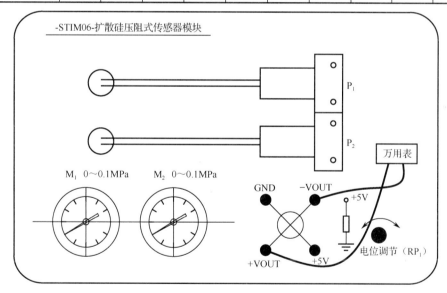

图 2-26　扩散硅压阻式压力传感器实验接线图

【项目训练】

一、单项选择题

1．减小或消除直流电桥测量结果非线性误差的方法可采用（　　　）。

A．提高供电电压　　　　　　　B．提高桥臂比

C．提高桥臂阻值　　　　　　　D．提高电压灵敏度

2. 差动全桥连接电路的电压灵敏度是单臂连接电路的电压灵敏度的（　　）。

A. 不变　　　　　　B. 2 倍　　　　　　C. 4 倍　　　　　　D. 6 倍

3. 电阻应变片配用的测量电路中，为了克服分布电容的影响，多采用（　　）。

A. 直流平衡电桥　　　　　　　　B. 直流不平衡电桥

C. 交流平衡电桥　　　　　　　　D. 交流不平衡电桥

4. 影响金属导电材料应变灵敏度系数 K 的主要因素是（　　）。

A. 导电材料电阻率的变化　　　　B. 导电材料几何尺寸的变化

C. 导电材料物理性质的变化　　　D. 导电材料化学性质的变化

5. 产生应变片温度误差的主要原因是（　　）。

A. 电阻丝有温度系数　　　　　　B. 试件与电阻丝的线膨胀系数相同

C. 电阻丝承受应力方向不同　　　D. 电阻丝与试件材料不同

6. 下面不是电阻应变片的线路温度补偿方法的是（　　）。

A. 差动电桥补偿法　　　　　　　B. 补偿块粘贴补偿应变片电桥补偿法

C. 补偿线圈补偿法　　　　　　　D. 恒流源温度补偿电路法

7. 当应变片的主轴线方向与试件轴线方向一致，且试件轴线上受一维应力作用时，应变片灵敏度系数（K）的定义是（　　）。

A. 应变片电阻变化率与试件主应力之比

B. 应变片电阻与试件主应力方向的应变之比

C. 应变片电阻变化率与试件主应力方向的应变之比

D. 应变片电阻变化率与试件作用力之比

8. 利用相邻双臂桥检测的电阻应变式传感器，为使其灵敏度高、非线性误差小，（　　）。

A. 两个桥臂都应当用大阻值工作应变片

B. 两个桥臂都应当用两个工作应变片串联

C. 两个桥臂应当分别用应变量变化相反的工作应变片

D. 两个桥臂应当分别用应变量变化相同的工作应变片

9. 关于电阻应变片，下列说法中正确的是（　　）。

A. 应变片的轴向应变小于径向应变

B. 金属电阻应变片以压阻效应为主

C. 半导体应变片以应变效应为主

D. 金属应变片的灵敏度主要取决于受力后材料几何尺寸的变化

10. 金属丝的电阻值随着它所受的机械变形（拉伸或压缩）的大小变化而发生相应变化的现象称为金属的（　　）。

A. 电阻形变效应　　　　　　　　B. 电阻应变效应

C. 压电效应　　　　　　　　　　D. 压阻效应

二、填空题

1. 引起电阻应变片温度误差的主要因素有_____的影响和_____的影响。

2. 直流电桥的平衡条件是_____。

3. 直流电桥的电压灵敏度与电桥的供电电压的关系是＿＿＿＿＿＿＿关系。

4. 半导体应变片的工作原理是基于＿＿＿＿＿效应，它的灵敏度系数比金属应变片的灵敏度系数＿＿＿＿＿＿＿＿＿。

5. 电阻应变片的配用测量电路采用差动电桥时，不仅可以消除＿＿＿＿＿＿，还能起到＿＿＿＿＿＿的作用。

6. 电阻应变式传感器的核心元件是＿＿＿＿，其工作原理是基于＿＿＿＿＿。

7. 电阻应变式传感器中的测量电路是将应变片的＿＿＿＿＿＿转换成＿＿＿＿的变化，以便显示被测非电量的大小。

8. 电阻应变片由＿＿＿＿＿＿、基片、覆盖层和引线等部分组成。

9. 直线的电阻丝绕成敏感栅后长度相同但应变不同，圆弧部分使传感器灵敏度（K）下降了，这种现象称为＿＿＿＿＿＿效应。

10. 要将微小应变引起的微小电阻变化精确地测量出来，需要采用特别设计的测量电路，通常采用＿＿＿＿＿或＿＿＿＿＿。

三、计算题

1. 在图 2-27 中，设负载电阻为无穷大（开路），其中，E=4V，$R_1=R_2=R_3=R_4=100\Omega$。

（1）R_1 为金属应变片，其余为外接电阻，当 R_1 的增量 ΔR_1=1.0Ω 时，试求电桥的输出电压 U_o。

（2）R_1、R_2 都是应变片，且批号相同，感应应变的极性和大小都相同，其余为外接电阻，试求电桥的输出电压 U_o。

（3）R_1、R_2 都是应变片，且批号相同，感应应变的大小 $\Delta R_1=\Delta R_2$=1.0Ω，但极性相反，其余为外接电阻，试求电桥的输出电压 U_o。

2. 在图 2-28 中，设电阻应变片 R_1 的灵敏度系数 K=2.05，试件未受到应变时，R_1=120Ω。当试件受力 F 时，电阻应变片承受平均应变 ε=800μm/m。试求：

（1）应变片的电阻变化量 ΔR_1 和电阻相对变化量 $\Delta R_1/R_1$。

（2）将电阻应变片 R_1 置于单臂测量电桥中，电桥电源电压为直流3V，试求电桥输出的电压及其非线性误差。

（3）如果要减小非线性误差，那么应采取何种措施？

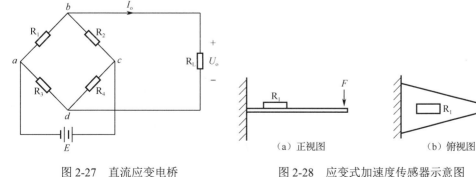

图 2-27 直流应变电桥　　　　　图 2-28 应变式加速度传感器示意图

项目三

电感式传感器

本项目学习电感式传感器的基本结构与工作原理。电感式传感器是利用线圈自感量或互感量系数的变化来实现非电量测量的装置，可分为自感式和互感式两大类。

项目目标

（一）知识目标

1. 掌握自感式电感传感器的基本结构与工作原理。
2. 掌握互感式电感传感器的基本结构与工作原理。
3. 掌握差动电感工作方式的特点。

（二）技能目标

1. 了解电感式传感器的测量转换电路的组成及工作原理。
2. 能正确分析由电感式传感器组成的检测系统的工作原理。
3. 熟悉几种电感式传感器的应用。

（三）思政目标

1. 培养学生对科学的探索精神。
2. 培养学生团结协作的精神。

知识准备

电感式传感器是利用电磁感应原理，将被测非电量的变化转换成线圈电感的变化的一种传感器。在实际使用中，通常先将电感式传感器的线圈接入特定的测量电路，再将电感的变化进一步转换为电信号（电压或电流）输出，以便电测仪表记录或显示。

3.1 自感式传感器

微课

　　自感式传感器可以把输入的物理量（如位移、振动、压力、流量、比重）转换为线圈的自感系数 L 的变化，并通过测量电路将 L 的变化转换为电压或电流的变化，从而将非电量转换成电信号输出，实现对非电量的测量。

　　常见的自感式传感器有闭磁路变气隙式电感传感器和开磁路螺管式传感器，它们又可分为单线圈式与差动式两种结构。

3.1.1 变气隙式电感传感器的结构与工作原理

变气隙式电感传感器有单线圈式和差动式两种结构。

1. 单线圈变气隙式（闭磁路）电感传感器

　　（1）基本结构。单线圈变气隙式电感传感器的结构原理图如图 3-1 所示。它主要由线圈、铁芯、衔铁 3 部分组成。铁芯和衔铁由导磁材料（如硅钢片或坡莫合金）制成，铁芯和衔铁间有气隙，气隙厚度为 δ，当衔铁移动时，气隙厚度发生变化，引起磁路中的磁阻发生变化，从而导致线圈的电感值发生变化。因此，只要测量出这种电感量的变化，就能确定衔铁位移的大小和方向。

　　（2）工作原理。在图 3-1 中，根据电感定义，线圈中的电感量可由式（3-1）确定：

$$L = \frac{\Psi}{I} = \frac{N\phi}{I} \qquad (3\text{-}1)$$

式中　Ψ——线圈的总磁链；

　　　　I——通过线圈的电流；

　　　　N——线圈的匝数；

　　　　ϕ——穿过线圈的磁通量。

　　对于变气隙式电感传感器，由于气隙很小，因此可以认为气隙中的磁场是均匀的。若忽略磁路磁损，则磁路中的磁阻近似为

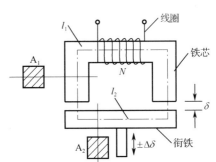

图 3-1　单线圈变气隙式电感传感器的结构原理图

$$R_\text{m} = \frac{2\delta}{\mu_0 A_0} \qquad (3\text{-}2)$$

式中　μ_0——空气的磁导率；

　　　　A_0——气隙的截面积；

　　　　δ——气隙的厚度。

　　由磁路定律 $\phi = \dfrac{IN}{R_\text{m}}$，联立式（3-1）和式（3-2），可得，

　　线圈中电感量近似为

$$L = \frac{N^2}{R_\text{m}} = \frac{N^2 \mu_0 A_0}{2\delta} \qquad (3\text{-}3)$$

　　式（3-3）表明：当线圈匝数 N 为常数时，电感 L 只是磁阻 R_m 的函数。只要改变

δ 或 A_0，即可改变磁阻并最终导致电感变化，因此单线圈变气隙式电感传感器属于变磁阻式传感器，并且可分为变气隙厚度和变气隙面积两种情形，前者使用较为广泛。

（3）输出特性。由式（3-3）可知，电感 L 与气隙厚度 δ 间是非线性关系。设单线圈变气隙式电感传感器的初始气隙厚度为 δ_0，初始电感量为 L_0，衔铁移动引起的气隙变化量为 $\Delta\delta$，则有电感 L 与气隙厚度 δ 的非线性关系曲线，如图 3-2 所示。

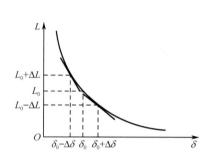

① 当衔铁上移 $\Delta\delta$ 时，传感器的气隙厚度相应地减小 $\Delta\delta$，即 $\delta = \delta_0 - \Delta\delta$，则此时输出电感为

$$L = L_0 + \Delta L = \frac{N^2 \mu_0 A_0}{2(\delta_0 - \Delta\delta)} = \frac{L_0}{1 - \dfrac{\Delta\delta}{\delta_0}} \quad (3\text{-}4)$$

由式（3-4）可得

图 3-2　单线圈变气隙式电感传感器的特性曲线

$$\frac{\Delta L}{L_0} = \frac{\dfrac{\Delta\delta}{\delta_0}}{1 - \dfrac{\Delta\delta}{\delta_0}} \quad (3\text{-}5)$$

② 当衔铁下移 $\Delta\delta$ 时，传感器的气隙厚度相应地增加 $\Delta\delta$，此时，$\delta = \delta_0 + \Delta\delta$，按照前面同样的分析方法可推得

$$\frac{\Delta L}{L_0} = \frac{\dfrac{\Delta\delta}{\delta_0}}{1 + \dfrac{\Delta\delta}{\delta_0}} \quad (3\text{-}6)$$

当 $\Delta\delta/\delta_0 \ll 1$ 时，可将式（3-5）中的 $1 - \dfrac{\Delta\delta}{\delta_0}$ 和式（3-6）中的 $1 + \dfrac{\Delta\delta}{\delta_0}$ 中的 $\dfrac{\Delta\delta}{\delta_0}$ 忽略，得到

$$\frac{\Delta L}{L_0} = \frac{\Delta\delta}{\delta_0} \quad (3\text{-}7)$$

将灵敏度定义为单位气隙厚度变化引起的电感量的相对变化，即

$$K = \frac{\Delta L / L_0}{\Delta\delta} \quad (3\text{-}8)$$

将式（3-7）代入式（3-8）可得

$$K = \frac{\Delta L / L_0}{\Delta\delta} = \frac{1}{\delta_0} \quad (3\text{-}9)$$

由式（3-9）可知，灵敏度的大小取决于气隙的初始厚度，是一个定值。但这是在做线性化处理后所得出的近似结果，实际上，单线圈变气隙式电感传感器的灵敏度取决于传感器工作时气隙的当前厚度。

单线圈变气隙式电感传感器的测量范围（$\Delta\delta$）与灵敏度及线性度相矛盾，因此，它主要用于测量微小位移，为了减小非线性误差，实际测量中广泛采用差动变气隙厚度电感式传感器。

2. 差动变气隙式（闭磁路）电感传感器

差动变气隙式电感传感器的结构如图 3-3 所示。它由两个相同的线圈和磁路组成。测量时，衔铁与被测物体相连，当被测物体上下移动时，带动衔铁以相同的位移上下移动，两个磁回路的磁阻发生大小相等、方向相反的变化，一个线圈的电感量增加，另一个线圈的电感量减小，形成差动结构。

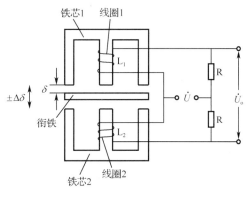

图 3-3　差动变气隙式电感传感器的结构

将两个线圈接入交流电桥的两个相邻桥臂，另两个桥臂由电阻组成，电桥的输出电压与电感变化量 ΔL 有关。当衔铁上移时，根据公式（3-7）可得

$$\frac{\Delta L}{L_0} = \frac{\Delta L_1 + \Delta L_2}{L_0} = \frac{2L_0 \cdot \dfrac{\Delta \delta}{\delta_0}}{L_0} = 2 \cdot \frac{\Delta \delta}{\delta_0} \quad (3\text{-}10)$$

灵敏度为

$$K = \frac{\dfrac{\Delta L}{L_0}}{\Delta \delta} = \frac{2}{\delta_0} \quad (3\text{-}11)$$

比较单线圈式和差动式两种变气隙式电感传感器的特性可知：

（1）差动变气隙式电感传感器比单线圈变气隙式电感传感器的灵敏度提高一倍。

（2）差动变气隙式电感传感器结构的线性度得到明显改善。

3.1.2　螺管式电感传感器

螺管式电感传感器也有单线圈和差动结构两种形式。

1. 单线圈螺管式（开磁路）电感传感器

（1）基本结构。图 3-4 所示为单线圈螺管式电感传感器的结构原理图，它由多层绕制的细长线圈、铁磁性壳体和沿线圈轴向移动的衔铁组成。

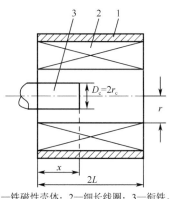

1—铁磁性壳体；2—细长线圈；3—衔铁。

图 3-4　单线圈螺管式电感传感器的
结构原理图

（2）工作原理。当被测物体移动时，衔铁随之移动，由于线圈磁力线路径上的磁阻发生变化，因此线圈电感量也随之变化，线圈电感量的大小由衔铁插入线圈深度 x 决定。其中，线圈总长度为 $2L$，线圈内半径为 r。

设衔铁插入螺管的深度为 x，其电感量 L_x 为

$$L_x = \frac{\mu_0 \mu_r A_c N_x^2}{x} \quad (3\text{-}12)$$

式中　μ_0——线圈与壳体间气隙的磁导率；

μ_r——衔铁的相对磁导率；

$A_c = \pi r_c^2$——衔铁的截面积，r_c 为衔铁半径；

$N_x = \dfrac{N}{2L} x$——衔铁覆盖部分的匝数。

学习笔记

当衔铁随被测物体移动时，线圈电感量发生变化。因为螺管内部长度有限，螺管内部磁场分布不均匀（中间强、两端弱），所以在使用时，插入衔铁的长度过长或过短都不合适，一般衔铁与线圈长度之比为 0.5,衔铁半径与线圈内半径之比趋于 1:1 为最佳。

这类传感器的优点是测量范围大、线性度好、结构简单、便于制作，缺点是灵敏度低。它广泛应用于测量大量程直线位移。因此，常采用差动螺管式电感传感器。

2. 差动螺管式（开磁路）电感传感器

因单线圈螺管式电感传感器的灵敏度较低，故常采用两个完全相同的线圈，共用一个衔铁构成差动螺管式电感传感器。

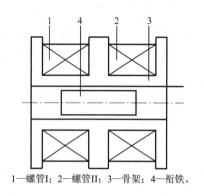

1—螺管I；2—螺管II；3—骨架；4—衔铁。

图 3-5　差动螺管式电感传感器的基本结构

差动螺管式电感传感器的基本结构如图 3-5 所示,它由两个完全相同的螺管相接，衔铁处于对称位置上，使两边螺管的初始电感值相等。

当衔铁向右或向左移动后，均会使两边的电感值发生变化，一边的电感值增大，另一边的电感值减小。差动螺管式电感传感器具有以下优点：改善线性度、提高灵敏度、对温度变化及电源频率变化等影响进行补偿，从而减少了外界影响造成的误差。

变气隙式（闭磁路）和螺管式（开磁路）电感传感器的比较如表 3-1 所示。

表 3-1　变气隙式（闭磁路）和螺管式（开磁路）电感传感器的比较

项　目	变气隙式（闭磁路）电感传感器	螺管式（开磁路）电感传感器
灵敏度	高	低
测量上限值	100μH	60μH
衔铁自由行程	较小	任意安排
测量误差	3%左右	±0.5%
制造装配	困难	方便，批量生产中互换性强
应用	逐渐减少	越来越广

3.1.3　自感式传感器的测量电路

自感式传感器的测量电路有交流电桥、变压器式交流电桥和谐振式测量电路。

1. 交流电桥测量电路

交流电桥测量电路如图 3-6 所示。将传感器的两个线圈作为电桥的两个桥臂 Z_1 和 Z_2，另外两个相邻的桥臂选用纯电阻。

当衔铁上移时，对于高 Q 值（ $Q = \omega L/R$ ）的互感式传感器，此时电桥的输出电压为

$$U_o = \frac{\dot{U}}{2} \cdot \frac{\Delta Z_1}{Z_1} = \frac{\dot{U}}{2} \cdot \frac{j\omega\Delta L}{R_0 + j\omega L_0} \approx \frac{\dot{U}}{2} \frac{\Delta L}{L_0} \qquad (3\text{-}13)$$

式中　L_0、R_0——衔铁在中间位置时单个线圈的电感和电阻；

　　　ΔL——两个线圈电感的差值。

将式（3-7）代入式（3-13）得

$$\dot{U}_o = \frac{\dot{U}}{2} \cdot \frac{\Delta\delta}{\delta_0} \qquad (3\text{-}14)$$

由此可见，电桥输出电压与气隙厚度的变化量 $\Delta\delta$ 成
正比。

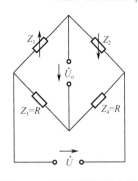

图 3-6　交流电桥测量电路

当衔铁下移时，Z_1、Z_2 的变化方向相反，类似地，可推得

$$\dot{U}_o = -\frac{\dot{U}}{2} \cdot \frac{\Delta\delta}{\delta_0} \qquad (3\text{-}15)$$

2．变压器式交流电桥测量电路

变压器式交流电桥测量电路如图 3-7 所示，两个桥臂 Z_1、Z_2 为传感器线圈阻抗，
另外两个桥臂为交流变压器次级线圈的 1/2 阻抗。当负载阻抗为无穷大时，桥路输出
电压为

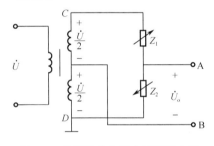

$$U_o = \frac{Z_1\dot{U}}{Z_1 + Z_2} - \frac{\dot{U}}{2} = \frac{Z_1 - Z_2}{Z_1 + Z_2} \cdot \frac{\dot{U}}{2} \qquad (3\text{-}16)$$

当传感器的衔铁位于中间位置时，即
$Z_1 = Z_2 = Z_0$，此时，输出电压为 0，电桥处于平衡
状态。

当传感器的衔铁上移时，上部的电感量增大
ΔZ，下部的电感量减小 ΔZ，即 $Z_1 = Z_0 + \Delta Z$，
$Z_2 = Z_0 - \Delta Z$，在高 Q 值情况下有

图 3-7　变压器式交流电桥测量电路

$$\dot{U}_o = \frac{\dot{U}}{2} \cdot \frac{\Delta Z}{Z_0} = \frac{\dot{U}}{2} \cdot \frac{\Delta L}{L_0} \qquad (3\text{-}17)$$

当传感器的衔铁下移时，上部的电感量减小 ΔZ，下部的电感量增大 ΔZ，即
$Z_1 = Z_0 - \Delta Z$，$Z_2 = Z_0 + \Delta Z$，此时，

$$\dot{U}_o = -\frac{\dot{U}}{2} \cdot \frac{\Delta Z}{Z_0} = -\frac{\dot{U}}{2} \cdot \frac{\Delta L}{L_0} \qquad (3\text{-}18)$$

将式（3-7）代入式（3-17）和式（3-18），可得到与交流电桥完全一致的结果。

由此可见，衔铁上、下移动时，输出电压的相位相反、大小随衔铁的位移变化
而变化。因输出的是交流电压，故输出指示无法判断位移方向，解决方法是采用适
当的处理电路（如相敏检波电路）。

3．谐振式测量电路

谐振式测量电路有谐振式调幅测量电路和谐振式调频测量电路两种。

谐振式调幅测量电路及其输出特性如图 3-8 所示，L 代表电感式传感器的电感，
它与电容 C 和变压器的原边串联在一起，接入交流电源 $\dot{U}$，变压器副边将有电压 $\dot{U}_o$
输出，输出电压的频率与电源频率相同，但其幅值却随着传感器的电感 L 的变化而变

化，如图 3-8（b）所示，图中 L_0 为谐振点的电感值。此电路的灵敏度很高（变化曲线陡峭），但线性度差，适用于线性度要求不高的场合。

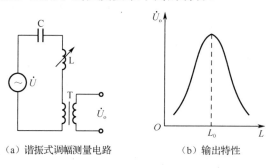

（a）谐振式调幅测量电路　　　　　（b）输出特性

图 3-8　谐振式调幅测量电路及其输出特性

谐振式调频测量电路及其输出特性如图 3-9 所示，传感器的电感 L 的变化将引起输出电压的频率变化，如图 3-9（b）所示，f 与 L 也呈明显的非线性关系。这是因为传感器电感与电容接入一个振荡回路中，其振荡频率取决于

$$f = \frac{1}{2\pi\sqrt{LC}} \tag{3-19}$$

当 L 变化时，振荡频率随之变化，根据频率 f 的大小即可确定被测量的值。

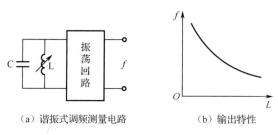

（a）谐振式调频测量电路　　　　　（b）输出特性

图 3-9　谐振式调频测量电路及其输出特性

3.1.4　变磁阻式电感传感器的应用

1. 压力的测量

图 3-10 所示为变气隙厚度电感式压力传感器，它由线圈、衔铁、膜盒组成，衔铁与膜盒下部连接在一起。变气隙厚度电感式压力传感器的工作原理：当压力从进气管进入膜盒时，膜盒的顶端在压力 P 的作用下产生与压力 P 大小成正比的位移，于是衔铁也发生移动，使衔铁插入线圈的深度发生变化，导致线圈电感量发生变化，流过线圈的电流也发生相应的变化，电流表指示值将反映被测压力的大小。

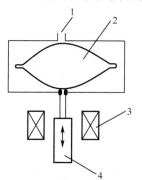

1—气压；2—膜盒；3—线圈；4—衔铁。

图 3-10　变气隙厚度电感式压力传感器

2. 电感测微仪直径分选

图 3-11 所示为电感测微仪直径分选装置，它由气缸、电感测微仪、落料管、钨钢测头、限位

挡板、电磁翻板、检测平台等组成。每个滚珠通过落料管落于检测平台上，由限位挡板进行定位。气缸的作用是确保只有一个滚珠落下，当滚珠定位后，电感测微仪下落，检测滚珠的直径，电感测微仪将检测到的数据与输入的分拣数据进行比较，确定分拣区域，电感测微仪复位。

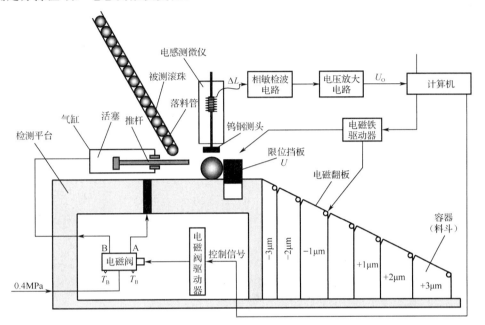

图 3-11　电感测微仪直径分选装置

3．尺寸的测量

电感测微仪如图 3-12 所示。电感测微仪是用于测量微小尺寸变化的一种很普遍的工具，常用于测量位移、零件的尺寸等，也用于产品的分选和自动检测。测量杆与衔铁连接，零件的尺寸变化或微小位移经测量杆带动衔铁移动，使两个线圈内的电感量发生差动变化，其交流阻抗发生相应的变化，电桥失去平衡，输出一个幅值与位移成正比、频率与振荡器频率相同、相位与位移方向对应的调制信号。如果再对该信号进行放大、相敏检波，那么将得到一个与衔铁位移相对应的直流电压信号。这种电感测微仪的动态测量范围为 $\pm 1\,\text{mm}$，分辨率为 $1\,\mu\text{m}$，精度可达到 3%。

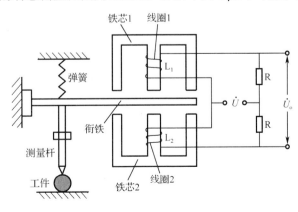

图 3-12　电感测微仪

3.2 差动变压器式传感器

微课

将被测的非电量转化为线圈互感 M 变化的传感器称为互感传感器。这种传感器是根据变压器的基本原理制成的，并且次级绕组用差动形式连接，故称差动变压器式传感器，简称差动变压器。

差动变压器的结构形式较多，有变气隙式、变面积式和螺管式等，但其工作原理基本相同，在非电量测量中应用较多的是变气隙式和螺管式。

3.2.1 变气隙式差动变压器的基本结构与工作原理

1. 基本结构

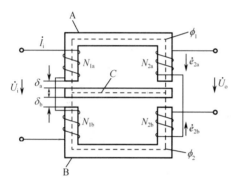

图 3-13 变气隙式差动变压器的结构示意图

变气隙式差动变压器的结构示意图如图 3-13 所示。在 A、B 两个铁芯上绕有两个初始级绕组（ $N_{1a} = N_{1b} = N_1$ ）和两个次级绕组（ $N_{2a} = N_{2b} = N_2$ ），两个初始级绕组顺向串联，两个次级绕组反向串联。

2. 工作原理

初始时，衔铁处于中间平衡位置，它与两个铁芯的初始间隙为 $\delta_{a0} = \delta_{b0} = \delta_0$ ，则绕组 N_{1a} 、 N_{2a} 间的互感系数 M_a 与绕组 N_{1b} 、 N_{2b} 间的互感系数 M_b 相等，致使两个次级绕组的互感电势相等，即 $\dot{e}_{2a} = \dot{e}_{2b}$ 。由于次级绕组是反向串联的，因此差动变压器的输出电压 $\dot{U}_o = \dot{e}_{2a} - \dot{e}_{2b} = 0$ 。

当衔铁上移时， $\delta_a < \delta_b$ ，对应的互感系数 $M_a > M_b$ ，因此，两个次级绕组的互感电势 $\dot{e}_{2a} > \dot{e}_{2b}$ ，输出电压 $\dot{U}_o = \dot{e}_{2a} - \dot{e}_{2b} > 0$ ；反之，当衔铁下移时， $\delta_a > \delta_b$ ，对应的互感系数 $M_a < M_b$ ，因此，两个次级绕组的互感电势 $\dot{e}_{2a} < \dot{e}_{2b}$ ，输出电压 $\dot{U}_o = \dot{e}_{2a} - \dot{e}_{2b} < 0$ 。因此，根据输出电压的大小和极性可以判断出被测物体位移的大小和方向。

3. 输出特性

在忽略铁损和漏感并要求变压器的次级开路的条件下，变气隙式差动变压器的等效电路图如图 3-14 所示。 r_{1a} 与 L_{1a} 、 r_{1b} 与 L_{1b} 、 r_{2a} 与 L_{2a} 、 r_{2b} 与 L_{2b} 分别为 N_{1a} 、 N_{1b} 、 N_{2a} 、 N_{2b} 绕组的直流电阻与电感。

当 $r_{1a} \ll \omega L_{1a}$ 、 $r_{1b} \ll \omega L_{1b}$ 时，如果不考虑铁芯与衔铁中的磁阻影响，那么可得变气隙式差动变压器输出电压 $\dot{U}_o$ 的表达式为

$$\dot{U}_o = -\frac{\delta_b - \delta_a}{\delta_b + \delta_a} \frac{N_2}{N_1} \dot{U}_i \qquad (3-20)$$

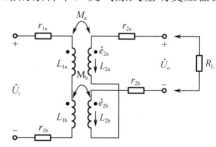

图 3-14 变气隙式差动变压器的等效电路图

学习笔记

对式（3-20）分析得出以下结论。

（1）当衔铁位于中间位置时，$\delta_a = \delta_b = \delta_0$，则输出电压 $\dot{U}_o = 0$。

（2）当衔铁上移 $\Delta\delta$ 时，即 $\delta_a = \delta_0 - \Delta\delta$，$\delta_b = \delta_0 + \Delta\delta$，代入式（3-20）有

$$\dot{U}_o = -\frac{\Delta\delta}{\delta_0}\frac{N_2}{N_1}\dot{U}_i \qquad (3\text{-}21)$$

该式表明：变压器的输出电压 $\dot{U}_o$ 与衔铁位移量 $\Delta\delta$ 成正比，"−"号表明当衔铁向上移动时，若 $\Delta\delta$ 定义为正，则变压器的输出电压与输入电压反相。

（3）当衔铁下移 $\Delta\delta$ 时，同理可得输出电压为

$$\dot{U}_o = \frac{\Delta\delta}{\delta_0}\frac{N_2}{N_1}\dot{U}_i \qquad (3\text{-}22)$$

此时，变压器的输出电压与输入电压同相。

图 3-15 所示为变气隙式差动变压器的输出特性曲线。

由式（3-21）和式（3-22）可得变气隙式差动变压器灵敏度 K 的表达式为

$$K = \left|\frac{\dot{U}_o}{\Delta\delta}\right| = \frac{N_2}{N_1}\frac{\dot{U}_i}{\delta_0} \qquad (3\text{-}23)$$

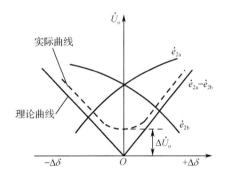

图 3-15　变气隙式差动变压器的
输出特性曲线

综合以上分析，可得到如下结论。

① 供电电源 $\dot{U}_i$ 要稳定，以便使传感器具有稳定的输出特性；另外，适当提高电源幅值可以提高灵敏度 K 的值，但要以变压器铁芯不饱和及温升在允许范围内为条件。

② 增加 $\dfrac{N_2}{N_1}$ 的比值和减小 δ_0 都能使灵敏度 K 的值提高，但 $\dfrac{N_2}{N_1}$ 的比值与变压器的体积及零点残余电压有关。δ_0 的选取要兼顾灵敏度的改善和测量范围的需要，一般选择传感器的 δ_0 为 0.5 mm。

③ 以上结果是在假定工艺上严格对称的前提下得到的，而实际上很难做到这一点。传感器的实际输出特性如图 3-15 中的虚线所示，存在零点残余电压 $\Delta\dot{U}_o$。

零点残余电压的产生原因主要有以下几点。

① 线圈方面。传感器的两个次级绕组的电气参数与几何尺寸不对称，导致它们产生的感应电动势幅值不等、相位不同，构成了零点残余电压的基波。

② 铁芯方面。由于磁性材料磁化曲线的非线性（磁饱和、磁滞）特点，因此产生了零点残余电压的高次谐波（主要是三次谐波）。

③ 电源方面。励磁电压本身含高次谐波。

针对以上产生零点残余电压的原因，可以采取以下消除方法。

① 尽可能保证传感器的几何尺寸、线圈电气参数和磁路的对称。

② 采用适当的测量电路，如差动整流电路。

学习笔记

3.2.2 螺管式差动变压器的基本结构与工作原理

1．基本结构

螺管式差动变压器的基本结构如图 3-16（a）所示。它由位于中间的初级线圈（线圈匝数为 N_1）、两个位于边缘的次级线圈（反向串联，线圈匝数分别为 N_{2a} 和 N_{2b}）和插入线圈中央的圆柱形衔铁等组成。

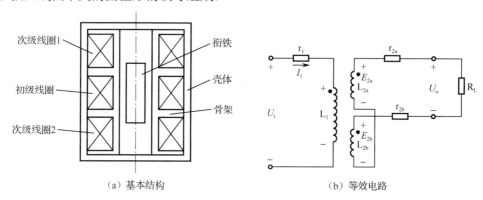

（a）基本结构   （b）等效电路

图 3-16　螺管式差动变压器的基本结构及等效电路

2．工作原理

在忽略铁损、导磁体磁阻和线圈分布电容的理想条件下，螺管式差动变压器的等效电路如图 3-16（b）所示。

根据变压器的工作原理，当初级绕组加上激励电压时，在两个次级绕组中便会产生感应电动势，在变压器结构对称的情况下（初始状态），当衔铁处于初始平衡位置时，必然会使两个互感系数相等（$M_1 = M_2$）。根据电磁感应原理，则产生的两个感应电动势也将相等（$\dot{E}_{2a} = \dot{E}_{2b}$）。由于变压器的两个次级线圈反向串联，因此差动变压器的输出为 0（$\dot{U}_o = \dot{E}_{2a} - \dot{E}_{2b} = 0$）。

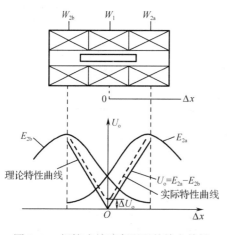

图 3-17　螺管式差动变压器的输出特性

当衔铁向上移动时，由于磁阻的影响，N_{2a} 中的磁通量将大于 N_{2b}，使 $M_1 > M_2$，因此 $\dot{E}_{2a}$ 增加，而 $\dot{E}_{2b}$ 减小。反之，$\dot{E}_{2b}$ 增加，$\dot{E}_{2a}$ 减小。因为 $\dot{U}_o = \dot{E}_{2a} - \dot{E}_{2b}$，所以当 $\dot{E}_{2a}$ 和 $\dot{E}_{2b}$ 随着衔铁位移 X 变化时，$\dot{U}_o$ 也必将随 X 而变化。以上关系如图 3-17 所示。由图 3-17 可知，当衔铁移动时，差动变压器输出电压（空载时在数值上为感应电动势）与衔铁位移 X 呈线性关系。

3．基本特性

螺管式差动变压器的输出特性（见图 3-17）与变气隙式差动变压器的输出特性类似，区别在于两个次级线圈的感应电动势取决于互感系数的变化，而不是变气隙式的磁路磁阻的变化。

当衔铁位于中心位置时，差动变压器的输出电压并不等于零，我们将差动变压器在零位移时的输出电压称为零点残余电压，记作 ΔU_0，它的存在使传感器的输出特性不经过零点，造成实际特性与理论特性不完全一致。

零点残余电压的产生原因和消除方法与变气隙式差动变压器一样，这里不再阐述。

3.2.3 差动变压器的测量电路

差动变压器输出的是交流电压，而且存在零点残余电压，当用交流电压表进行测量时，只能反映衔铁位移的大小，不能反映位移的方向，也不能消除零点残余电压。为了达到辨别位移方向和消除零点残余电压的目的，常用差动整流电路和相敏检波电路。

1. 差动整流电路（消除零点残余电压）

为了消除零点残余电压，几种常用的差动整流电路如图 3-18 所示。差动整流电路先将两个次级输出电压分别整流，然后将经整流的电压或电流的差值作为输出。图 3-18（a）和图 3-18（c）适用于交流负载阻抗；图 3-18（b）和图 3-18（d）适用于低负载阻抗。电阻 R_0 作为电位器用于消除零点残余电压。

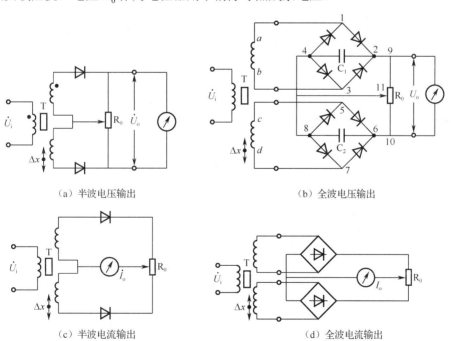

（a）半波电压输出　　　　（b）全波电压输出

（c）半波电流输出　　　　（d）全波电流输出

图 3-18　几种常用的差动整流电路

从图 3-18（b）所示的电路结构可知，不论两个次级线圈的输出瞬时电压极性如何，流经电容 C_1 的电流方向总是从 2 到 4，流经电容 C_2 的电流方向总是从 6 到 8，故整流电路的输出电压为

$$\dot{U}_o = \dot{U}_{24} - \dot{U}_{68} \qquad (3-24)$$

当衔铁在零位时，因为 $\dot{U}_{24} = \dot{U}_{68}$，所以 $\dot{U}_o = 0$。

当衔铁在零位以上时，因为 $\dot{U}_{24} > \dot{U}_{68}$，所以 $\dot{U}_o > 0$。

当衔铁在零位以下时，因为 $\dot{U}_{24} < \dot{U}_{68}$，所以 $\dot{U}_o < 0$。

可见，输出量 U_o 的正负表示衔铁位移的方向。

由于差动整流电路具有结构简单、不需要考虑相位调整和零点残余电压的影响、分布电容影响小和便于远距离传输等优点，因此获得了广泛的应用。

2. 相敏检波电路（判断位移的大小和方向）

既能检出调幅波包络的大小，又能检出包络极性的检波电路称为差动相敏检波电路，简称相敏检波电路，也称解调器。

（1）电路的组成。

相敏检波电路如图 3-19 所示。输入信号 u_e（差动变压器输出的调幅波电压）通过变压器 T_A 加到环形电桥的一个对角线上。解调信号（也称参考信号或标准信号）u_o 通过变压器 T_B 加到环形电桥的另一个对角线上。输出信号 u_f 从变压器 T_A 与 T_B 的中心抽头引出。

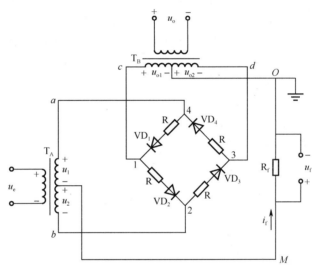

图 3-19　相敏检波电路

平衡电阻 R 起限流作用，以避免二极管导通时变压器 T_B 的次级电流过大。R_f 为负载电阻。u_o 的幅值要远大于输入信号 u_e 的幅值，以便有效控制 4 个二极管的导通状态，且 u_o 和差动变压器激励电压 u_1 由同一个振荡器供电，保证二者同频同相（或反相）。

（2）工作原理。

① 当衔铁在零点以上移动，即位移 $\Delta x > 0$ 时，u_e 与 u_o 同频同相。

当衔铁在零位以上时，差动变压器式电感传感器的输出电压 u_e 与 u_o 是同频同相的关系。此时，如果 u_e 与 u_o 均为正半周（相位为 $0 \sim \pi$），那么变压器 T_A 次级输出电压 u_1 上正下负，u_2 上正下负；变压器 T_B 次级输出电压 u_{o1} 左正右负，u_{o2} 左正右负。有二极管 VD_1 截止，二极管 VD_4 截止，二极管 VD_2 导通，二极管 VD_3 导通。

这样，u_2 所在的下线圈接入回路，得到如图 3-20（a）所示的简化电路，等效电路如图 3-20（b）所示。

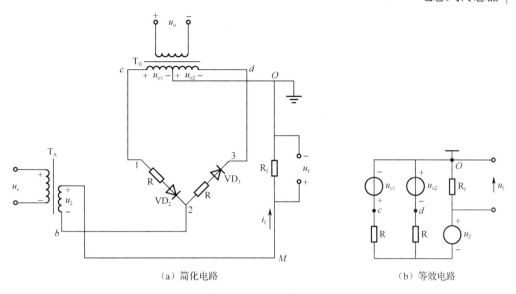

（a）简化电路　　　　　　　　　　（b）等效电路

图 3-20　相敏检波电路（衔铁在零点以上）

根据变压器的工作原理有

$$u_{o1} = u_{o2} = \frac{u_o}{2n_2} \qquad\qquad (3\text{-}25)$$

$$u_1 = u_2 = \frac{u_e}{2n_1} \qquad\qquad (3\text{-}26)$$

式中　n_1、n_2——变压器 T_A、T_B 的电压变比。

由于 u_{o1}、u_{o2} 大小相等且极性相反，因此可推得输出电压为

$$u_f = i_f \cdot R_f = \frac{R_f u_e}{n_1(R + 2R_f)} \qquad\qquad (3\text{-}27)$$

由式（3-27）可知，在 n_1、R、R_f 为常数的情况下，u_f 的大小与 u_e 的幅值有相同的变化规律。

同理，对于载波信号为负半周（相位为 π～2π），即变压器 T_A 次级输出电压 u_1 上负下正，u_2 上负下正；变压器 T_B 次级输出电压 u_{o1} 左负右正，u_{o2} 左负右正。环形电桥中二极管 VD_1、VD_4 导通，VD_2、VD_3 截止，u_1 所在的上线圈工作，得到如图 3-21（a）所示的简化电路，等效电路如图 3-21（b）所示。输出电压与式（3-27）相同，说明只要位移大于 0，负载两端的输出电压的方向就不变（始终为正）。

② 当位移 $\Delta x < 0$ 时，u_e 和 u_o 同频反相。

采用上述同样的分析方法，当衔铁在零位以下移动时，不论 u_e 和 u_o 是正半周还是负半周，可得到负载的输出电压始终为

$$u_f = i_f \cdot R_f = -\frac{R_f u_e}{n_1(R + 2R_f)} \qquad\qquad (3\text{-}28)$$

综上所述，相敏检波电路的输出电压的变化规律反映了位移的变化规律，即 u_f 的大小反映了位移 $x(t)$ 的大小，u_f 的极性反映了位移 $x(t)$ 的方向（正位移输出正电压、负位移输出负电压）。相敏体现在输入电压 u_e 与参考电压 u_o 同相或反相时，输出电压的极性会不同，从而反映位移的方向。

学习笔记

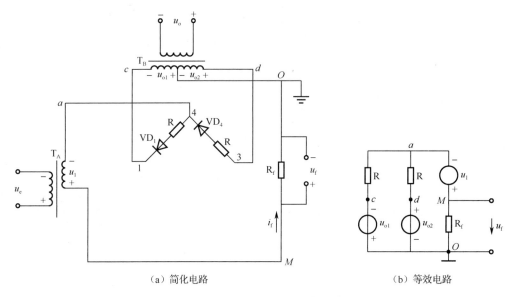

图 3-21　相敏检波电路（衔铁在零点以下）

3.2.4　差动变压器的应用

差动变压器可直接用于测量位移或与位移相关的机械量，如压力、加速度、振动、应变、比重、张力、厚度等。

1．压力的测量

图 3-22 所示为微压传感器。当未施加任何压力时，固接在膜盒中心的衔铁位于差动变压器中部，因而输出为零。当施加压力时，压力由接头输出到膜盒中，膜盒的自由端产生一个正比于压力的位移，并带动衔铁在差动变压器中移动，产生正比于压力的输出电压。这种传感器可测量 $-4 \times 10^4 \sim 6 \times 10^4$ Pa 的压力，因为输出信号较大，所以一般无须放大，输出电压为 0～50mV，精度为 1.5%。

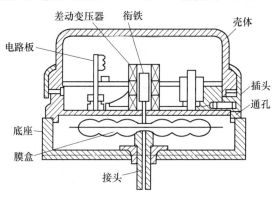

图 3-22　微压传感器

2．加速度的测量

图 3-23 所示为利用差动变压器测量加速度的结构图。它由悬臂梁和差动变压器组成。测量时，将悬臂梁底座及差动变压器的线圈骨架固定，将衔铁的 A 端与被测

物体相连，当被测物体带动衔铁以 $\Delta x(t)$ 的位移变化时，导致差动变压器的输出电压按相同的规律变化。

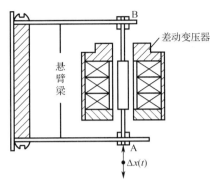

图 3-23　利用差动变压器测量加速度的结构图

【项目小结】

电感式传感器利用电磁感应原理将被测非电量转换成线圈自感量或互感量的变化，进而将测量电路转换为电压或电流的变化量。电感式传感器种类很多，本项目主要介绍自感式（电感式）和互感式（变压器式）两种。

1. 自感式传感器实质上是一个带气隙的铁芯线圈。按磁路的几何参数变化，自感式传感器有变气隙式、变面积式与螺管式 3 种，前两种属于闭磁路式，螺管式属于开磁路式。其中自感式变气隙传感器有单线圈变气隙式电感传感器与差动变气隙式电感传感器。两者相比，后者的灵敏度比前者的灵敏度高一倍，且线性度得到明显改善。

2. 变压器式传感器将被测非电量转换为线圈间互感量的变化。差动变压器的结构形式有变气隙式、变面积式和螺管式等，其中应用最多的是螺管式差动变压器。

3. 电感式传感器是利用电磁感应原理，将被测非电量（如位移、压力、流量、振动等）的变化转换成线圈电感量的变化，再由测量电路转换为电压或电流的变化量输出的一种传感器。

【项目实施】

实验　差动变压器式传感器实验

● 实验目的

1. 了解差动变压器的结构。
2. 了解差动变压器转换电路的原理。

● 实验设备

1. -STIM08-差动变压器及支架模块、差动变压器。
2. 示波器。
3. 电子连线若干。

● 实验步骤及记录

1．接上各模块的电源，按图 3-24 连接电路。

2．将差动变压器放置在-STIM08-模块的支架上，衔铁轴连接测微头。调节差动变压器与测微头的位置，观察示波器输出信号，当 V_OUT1 和 V_OUT2 输出电压相同时，固定传感器和测微头。

3．分别将测微头往左旋转和往右旋转，每旋转 1mm 读取一次示波器数据。将数据记录在表 3-2 中。

表 3-2　数据记录表

位移（mm）	-5	-4	-3	-2	-1	0	1	2	3	4	5
V_OUT1（V）											
V_OUT2（V）											

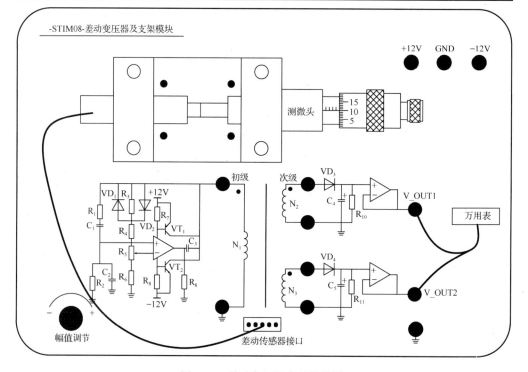

图 3-24　差动变压器实验接线图

【项目训练】

一、单项选择题

1．电感式传感器的常用测量电路不包括（　　　）。

A．交流电桥　　　　　　　　　　B．变压器式交流电桥

C．脉冲宽度调制电路　　　　　　D．谐振式测量电路

2．电感式传感器采用变压器式交流电桥测量电路时，下列说法不正确的是（　　　）。

A．衔铁上、下移动时，输出电压相位相反

B．衔铁上、下移动时，输出电压随衔铁的位移变化而变化

C．根据输出的指示可以判断位移的方向

D．当衔铁位于中间位置时，电桥处于平衡状态

3．下列说法正确的是（　　）。

A．差动整流电路可以消除零点残余电压，但不能判断衔铁的位置

B．差动整流电路可以判断衔铁的位置，但不能判断运动的方向

C．相敏检波电路可以判断位移的大小，但不能判断位移的方向

D．相敏检波电路可以判断位移的大小，也可以判断位移的方向

4．对于差动变压器，采用交流电压表测量输出电压时，下列说法正确的是（　　）。

A．既能反映衔铁位移的大小，也能反映位移的方向

B．既能反映衔铁位移的大小，也能消除零点残余电压

C．既不能反映位移的大小，也不能反映位移的方向

D．既不能反映位移的方向，也不能消除零点残余电压

5．差动螺管式电感传感器配用的测量电路是（　　）。

A．直流电桥　　　　　　　　　　B．变压器式交流电桥

C．差动相敏检波电路　　　　　　D．运算放大电路

二、多项选择题

1．自感式传感器的两个线圈接于电桥的相邻桥臂时，其输出灵敏度（　　）。

A．提高很多倍　　B．提高一倍　　C．减小一半　　D．降低许多

2．电感式传感器可以对（　　）等物理量进行测量。

A．位移　　　　　B．振动　　　　C．压力　　　　D．流量　　　E．比重

3．零点残余电压产生的原因是（　　）。

A．传感器的两个次级绕组的电气参数不同

B．传感器的两个次级绕组的几何尺寸不对称

C．磁性材料磁化曲线的非线性

D．环境温度的升高

4．下列哪些是电感式传感器？（　　）

A．差动式　　　　B．变压式　　　　C．压磁式　　　　D．感应同步器

三、填空题

1．电感式传感器是建立在_____基础上的，电感式传感器可以把输入的物理量转换为_____或_____的变化，并通过测量电路进一步转换为电量的变化，进而实现对非电量的测量。

2．对于变气隙式差动变压器，当衔铁上移时，变压器的输出电压与输入电压的关系是_____。

3．对于螺管式差动变压器，当衔铁位于中间位置以上时，输出电压与输入电压的关系是_____。

4．将被测非电量的变化转换成线圈互感变化的互感式传感器是根据_____

的基本原理制成的，其次级绕组都用_____形式连接，所以又称差动变压器式传感器。

5．螺管式差动变压器式传感器在衔铁位于_____位置时，输出电压应该为零，实际不为零，称它为_____。

6．与差动变压器式传感器配用的测量电路中，常用的有两种：_____电路和_____电路。

7．单线圈螺管式电感传感器主要由线圈、_____和可沿线圈轴向_____组成。

8．当差动变压器的衔铁位于中心位置时，实际输出仍然存在一个微小的非零电压，该电压称为_____。

9．电感式传感器根据工作原理的不同可分为_____、_____和_____等种类。

10．差动变压器的结构形式有_____、_____和_____等，但它们的工作原理基本相同，都是基于_____的变化来进行测量的，实际应用最多的是_____差动变压器。

四、简答题

1．变气隙式电感传感器的输出特性与哪些因素有关？

2．差动变压器的零点残余电压产生的原因是什么？怎样减小和消除它的影响？

3．试比较自感式传感器与差动变压器的异同。

项目四

电容式传感器

电容式传感器是将位移的变化量转换为电容变化量的一种传感器。它具有结构简单、可非接触式测量、分辨率高等优点，并能在恶劣的环境（如高温、辐射和强烈振动等）中工作，因此得到了广泛的应用。随着超大规模集成电路及计算机网络技术的发展，电容式传感器已成为一种很有发展前景的传感器。

本项目将重点介绍电容式传感器的工作原理、测量方法及常用电容式传感器。

项目目标

（一）知识目标

1. 掌握电容式传感器的基本结构、工作原理和工作类型。
2. 掌握电容式传感器常用信号处理电路的特点及信号处理电路的调试方法和步骤。
3. 能选择和应用电容式传感器。

（二）技能目标

1. 掌握电容式传感器的选取方法。
2. 能分析和处理信号电路中的常见故障。
3. 熟悉电容式传感器的主要应用。

（三）思政目标

1. 激发学生的爱国情怀、增强民族自豪感和使命感。
2. 培养学生精益求精的工匠精神。

知识准备

电容式传感器利用将非电量的变化转换为电容量的变化来实现对物理量的测量。电容式传感器被广泛用于位移、振动、角度、加速度、压力、差压、液面（料位或物位）、成分含量等的测量领域。

4.1 电容式传感器的结构及工作原理

电容式传感器的常见结构包括平行板状和圆筒状，简称平行板式电容传感器和圆筒式电容传感器。

4.1.1 平行板式电容传感器

平行板式电容传感器的结构如图 4-1 所示。在不考虑边缘效应的情况下，其电容量的计算公式为

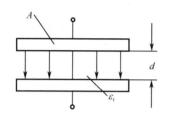

$$C = \frac{\varepsilon A}{d} = \frac{\varepsilon_0 \varepsilon_r A}{d} \qquad (4-1)$$

式中　A ——两个平行板所覆盖的面积；

ε ——电容极板间介质的介电常数，$\varepsilon = \varepsilon_0 \varepsilon_r$，其中 ε_0 为自由空间（真空）介电常数（等于 8.854×10^{-12} F/m），ε_r 为极板间介质的相对介电常数；

图 4-1　平行板式电容传感器的结构

d ——两个平行板间的距离。

当被测参数变化使得式（4-1）中的 A、ε_r、d 的参数发生变化时，平行板式电容传感器的电容量 C 也随之发生变化。在实际使用中，通常保持其中两个参数不变，而只改变一个参数，将该参数的变化转换成电容量的变化，并通过测量电路转换为电量输出。因此，平行板式电容传感器可分为 3 种：变极板覆盖面积的变面积式、变介电常数的变介电常数式和变极板间距离的变极距式。变面积式电容传感器用来测量角位移或较大的线位移；变介电常数式电容传感器主要用于固体或液体的物位测量；变极距式电容传感器一般测量微小的线位移（如小到 0.01μm）。

> 📢 **知识拓展**
>
> **边缘效应**
>
> 电容式传感器的极板之间存在静电场，但边缘处的电场分布不均匀，造成电容的边缘效应。这相当于在传感器的电容中并联了一个电容。边缘效应会导致极板间的电场分布不均，产生非线性问题，并降低灵敏度。

4.1.2 圆筒式电容传感器

圆筒式电容传感器的结构如图 4-2 所示。在不考虑边缘效应的情况下，其电容量的计算公式为

$$C = \frac{2\pi \varepsilon_0 \varepsilon_r l}{\ln \dfrac{R}{r}} \qquad (4-2)$$

式中　l——内外极板所覆盖的高度；

R——外极板的半径；

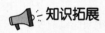

r——内极板的半径;

ε_0——自由空间（真空）介电常数（等于 $8.854\times 10^{-12}\mathrm{F/m}$）;

ε_r——极板间介质的相对介电常数。

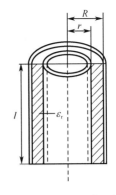

当被测参数变化使得式（4-2）中的 ε_r 或 l 发生变化时，圆筒式电容传感器的电容量 C 也随之发生变化。在实际使用中，通常保持其中一个参数不变，而改变另一个参数，将该参数的变化转换成电容量的变化，并通过测量电路转换为电量输出。因此，圆筒式电容传感器可分为两种：变介电常数式和变面积式。

图 4-2　圆筒式电容传感器的结构

4.2 电容式传感器的特性

4.2.1 变面积式电容传感器的特性

学习笔记

1. 线位移变面积式电容传感器

常用的线位移变面积式电容传感器有平行板型和圆筒型两种结构，分别如图 4-3（a）和图 4-3（b）所示。

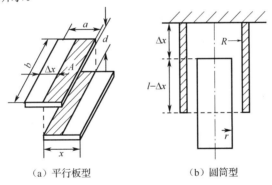

（a）平行板型　　　　　（b）圆筒型

图 4-3　线位移变面积式电容传感器的原理图

根据平行板式电容传感器的结构和原理，极板间为空气介质，不考虑边缘效应时，两个极板间的初始电容为 $\dfrac{\varepsilon_0 ab}{d}$ ，当动极板移动 Δx 后，两个极板间的电容变为

$C_0 - \dfrac{\varepsilon_0 b}{d}\Delta x$ 。

电容的变化量为

$$\Delta C = C - C_0 = -\frac{\varepsilon_0 b}{d}\Delta x = -C_0 \frac{\Delta x}{a} \qquad (4\text{-}3)$$

当被测物体通过移动极板引起两个极板的有效覆盖面积 A 发生变化时，电容量会发生变化。设动极板相对于定极板的平移距离为 Δx ，则电容的相对变化量为 $\dfrac{\Delta C}{C_0} = -\dfrac{\Delta x}{a}$ 。

由此可见：平行板式电容传感器的电容改变量 ΔC 与水平位移 Δx 呈线性关系。灵敏度 K_0 为

$$K_0 = -\frac{\varepsilon_0 b}{d} \qquad (4\text{-}4)$$

灵敏度 K_0 是一个常数，即变面积式电容传感器具有线性输出特性，常用于测量较大的直线位移或角位移。从式（4-4）可以看出，增大极板长度 b，减小间距 d，可以使得传感器的灵敏度提高，但极板另一边的 a 值不可太小，否则边缘效应增大，带来非线性误差。

对于圆筒状结构，当动极板圆筒沿轴向移动 Δx 时，电容的相对变化量为 $\dfrac{\Delta C}{C_0} = -\dfrac{\Delta x}{l}$。

由此可见：圆筒式电容传感器的电容改变量 ΔC 与轴向位移 Δx 呈线性关系。

2. 角位移变面积式电容传感器

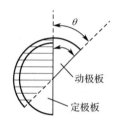

图 4-4　角位移变面积式电容传感器的原理图

角位移变面积式电容传感器的原理图如图 4-4 所示。当动极板有一个角位移 θ 时，

$$\frac{\Delta C}{C_0} = -\frac{\theta}{\pi} \qquad (4\text{-}5)$$

式中　$C_0 = \dfrac{\varepsilon_0 \varepsilon_r A_0}{d}$ ——初始电容量。

由式（4-5）可见，传感器的电容改变量 ΔC 与角位移 θ 呈线性关系。变面积式电容传感器也可接成差动形式，灵敏度同样会加倍。

4.2.2　变介电常数式电容传感器的特性

由于不同物质的介电常数不同，当平行板电容极板间的介质发生变化时，电容器总的介电常数将发生变化，根据这个原理也可以构成电容式传感器，用来测量液面高度或片状材料的厚度。

1. 平行板型结构

平行板型结构变介电常数式电容传感器的原理图如图 4-5 所示。由于在两个极板间所加介质（其介电常数为 ε_1）的分布位置不同，因此可将该电容式传感器分为串联型和并联型两种情况。

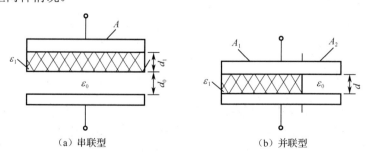

（a）串联型　　　　　　　　　　（b）并联型

图 4-5　平行板结构变介电常数式电容传感器的原理图

对于串联型结构，总的电容值为 $\dfrac{\varepsilon_0 A}{d_0 + d_1/\varepsilon_1}$，当未加入介质 ε_1 时，初始电容为

$\dfrac{\varepsilon_0 A}{d_0 + d_1}$，介质改变后的电容增量为

$$\Delta C = C - C_0 = C_0 \cdot \dfrac{\varepsilon_1 - 1}{\varepsilon_1 \dfrac{d_0}{d_1} + 1} \tag{4-6}$$

可见，介质改变后的电容增量与所加介质的介电常数 ε_1 呈非线性关系。

对于并联型结构，总的电容值为 $\dfrac{\varepsilon_0 \varepsilon_1 A_1 + \varepsilon_0 A_2}{d}$，当未加入介质 ε_1 时，初始电容为

$\dfrac{\varepsilon_0 (A_1 + A_2)}{d}$，介质改变后的电容增量为 $\dfrac{\varepsilon_0 A_1 (\varepsilon_1 - 1)}{d}$，可见，介质改变后的电容增量与

所加介质的介电常数 ε_1 呈线性关系。

2. 圆筒型结构

图 4-6 所示为用于测量液面高度的圆筒型结构变介电常数式电容传感器的结构原理图。设被测介质的相对介电常数为 ε_1，液面高度为 h，变换器总高度为 H，内筒外径为 d，外筒内径为 D，此时相当于两个电容器的并联，对于圆筒式电容传感器，如果不考虑端部的边缘效应，那么电容增量 ΔC 为

$\dfrac{2\pi \varepsilon_0 h (\varepsilon_1 - 1)}{\ln \dfrac{D}{d}}$，可见，电容增量 ΔC 与被测液

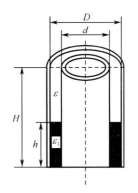

图 4-6 用于测量液面高度的圆筒结构变介电常数式电容传感器的结构原理图

面的高度 h 呈线性关系。

4.2.3 变极距式电容传感器的特性

1. 变极距式电容传感器的工作原理分析

图 4-7 所示为变极距式电容传感器的原理图，图中的一个极板固定（称为定极板），另一个极板与被测物体相连（称为动极板）。当极板间的介电常数和面积为常数，初始极板间距为 d_0 时，其初始电容量为

$$C = \dfrac{\varepsilon_0 \varepsilon_r A}{d_0} \tag{4-7}$$

如果动极板因被测参数改变而发生移动，导致平板电容器极板间距缩小 Δd，电容量增大 ΔC，即 $\dfrac{\varepsilon_0 A}{d_0 - \Delta d}$，那么电容的相对变化量 $\dfrac{C_0}{\Delta C}$ 为

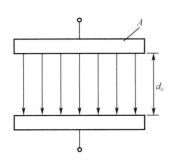

图 4-7 变极距式电容传感器的原理图

学习笔记

$$\frac{C_0}{\Delta C} = \frac{\Delta d}{d_0}\left(\frac{1}{1-\dfrac{\Delta d}{d_0}}\right) = \frac{\Delta d}{d_0 - \Delta d} \qquad (4\text{-}8)$$

如果极板间距改变很小，$\Delta d/d_0 \ll 1$，那么按泰勒级数展开并对其进行极化处理，忽略高次的非线性项，经整理可得

$$\Delta C = \frac{C_0}{d_0}\Delta d \qquad (4\text{-}9)$$

由此可见，ΔC 与 Δd 为近似线性关系。

由式（4-9）可知，对于同样的极板间距的变化量 Δd，较小的 d_0 可获得更大的电容量变化，从而提高传感器的灵敏度，但 d_0 过小，容易引起电容器击穿或短路，因此，可在极板间加入高介电常数的材料，如云母。

2. 变极距式电容传感器的非线性误差

当 $\Delta d/d_0 \ll 1$ 时，则式（4-8）按泰勒级数展开，可得变极距式电容传感器的电容的变化量与输入位移 Δd 间呈非线性关系。略去高次项（非线性项），得到近似线性关系 $\dfrac{\Delta C}{C_0} \approx \dfrac{\Delta d}{d_0}$，可得电容式传感器的灵敏度（单位距离改变引起的电容量相对变化）为

$$K_0 = \frac{\Delta C/C_0}{\Delta d} = \frac{1}{d_0} \qquad (4\text{-}10)$$

灵敏度与极板距 d_0 成反比，若想提高灵敏度，则应减小极板距离，但应考虑电容器承受击穿电压的限制及装配工作的难度。

但根据式（4-8）可得

$$K = \frac{\Delta C/C_0}{\Delta d} = \frac{1}{d_0 - \Delta d} \qquad (4\text{-}11)$$

由式（4-11）可见，单位输入位移所引起的电容量相对变化（灵敏度）与当前极板间距 $d_0 - \Delta d$ 成反比，但在 Δd 变化很小即 $\Delta d/d_0 \ll 1$ 时，近似与极板的初始间距 d_0 成反比，即式（4-10）。

传感器的相对非线性误差为

$$\delta = \frac{\left|\left(\dfrac{\Delta d}{d_0}\right)^2\right|}{\left|\dfrac{\Delta d}{d_0}\right|} \times 100\% = \left|\frac{\Delta d}{d_0}\right| \times 100\% \qquad (4\text{-}12)$$

在实际应用中，为了既提高灵敏度，又减小非线性误差，通常采用差动结构，如图 4-8 所示。

初始时两个电容器极板间距均为 d_0，初始电容量为 C_0。当中间的动极板向上移动 Δd 时，电容 C_1 的极板间距 d_1 变为 $d_0 - \Delta d$，电容 C_2 的极板间距 d_2 变为 $d_0 + \Delta d$，因此有 $C_1 = C_0\dfrac{1}{1 - \dfrac{\Delta d}{d_0}}$，

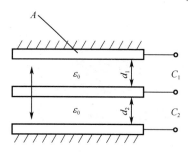

图 4-8 差动变极距式电容传感器的结构

$C_2 = C_0 \dfrac{1}{1+\dfrac{\Delta d}{d_0}}$；当 $\Delta d/d_0 \ll 1$ 时，按泰勒级数展开，可取出两个电容值的差值，利用

差值求出电容值的相对变化量，略去 $\dfrac{\Delta C}{C_0} = \dfrac{C_1 - C_2}{C_0}$ 的高次项（非线性项），可得电容

值的相对变化量与极板位移的相对变化量间近似的线性关系为 $\dfrac{\Delta C}{C_0} \approx 2\dfrac{\Delta d}{d_0}$ 。

灵敏度为

$$K = \frac{\Delta C/C_0}{\Delta d} = \frac{2}{d_0} \tag{4-13}$$

变极距式电容传感器的相对非线性误差近似为

$$\delta = \frac{\left|2\left(\dfrac{\Delta d}{d_0}\right)^3\right|}{\left|2\dfrac{\Delta d}{d_0}\right|} \times 100\% = \left|\dfrac{\Delta d}{d_0}\right|^2 \times 100\% \tag{4-14}$$

对比式（4-11）、式（4-12）、式（4-13）和式（4-14）可知：将变极距式电容传感器做成差动结构后，灵敏度提高了一倍，非线性误差转化为平方关系而得以大大降低。

4.3 电容式传感器的测量电路

电容式传感器中的电容值和电容变化值都十分微小，这样微小的电容值还不能直接为目前的显示仪表所显示，也很难为记录仪所接受，不便于传输。这就必须借助测量电路检测出这个微小电容增量，并将其转换成与其呈单值函数关系的电压、电流或频率。常用的电容转换电路有交流不平衡电桥电路、调频电路、运算放大器式电路、二极管双 T 型电桥电路、差动脉冲宽度调制电路等。

4.3.1 交流不平衡电桥电路

交流不平衡电桥电路是一种最基本的电容式传感器信号交换电路，其结构如图 4-9 所示，其中 A 点为变压器次级绕组的中间抽头，C_1、C_2 为差动电容，初始电容量均为 C_0，当被测量发生变化时，C_1、C_2 都会发生变化，$C_1 = C_0 - \Delta C$，$C_2 = C_0 + \Delta C$，电桥输出电压为

$$U_0 = \frac{C_0 + \Delta C}{(C_0 + \Delta C) + (C_0 - \Delta C)} U_i - \frac{1}{2} U_i = \frac{1}{2} \frac{\Delta C}{C_0} U_i \tag{4-15}$$

由式（4-15）可得，当供桥电压为稳压电源，且初始电容为常数时，电桥输出电压仅为传感器输出电容变化量的单值线性函数。

若 C_1、C_2 为变极距式电容传感器，则有 $U_0 = \pm \dfrac{1}{2} \dfrac{\Delta d}{d_0} U_i$（$d_0$ 为初始时平行板电容式传感器的极板间距）。由此可见，在放大器输入阻抗极大的情况下，输出电压与位移呈线性关系。

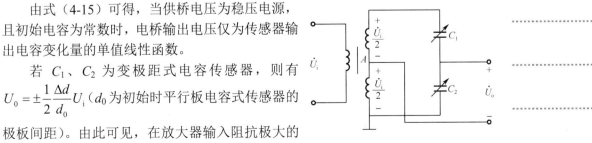

图 4-9 交流不平衡电桥电路

4.3.2　调频电路

电容式传感器作为振荡器谐振回路的一部分，其调频电路如图 4-10 所示。

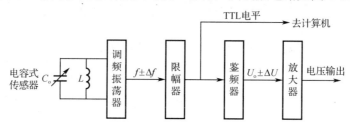

图 4-10　电容式传感器的调频电路

当没有被测信号时，$\Delta C =0$，此时振荡器的固有频率 $f_0 = \dfrac{1}{2\pi\sqrt{LC_0}}$；当有被测信号（被测量改变）时，$\Delta C \neq 0$，此时振荡器的频率发生了变化，有一个相应的改变量 Δf，

$$f_0' = \frac{1}{2\pi\sqrt{L(C_0 \pm \Delta C)}} = f_0 \pm \Delta f \qquad (4\text{-}16)$$

由此可见，当输入量导致传感器电容量发生变化时，振荡器的振荡频率发生变化（Δf），此时虽然频率可以作为测量系统的输出，但系统是非线性的，不易校正，解决方法是加入鉴频器，将频率的变化转换为振幅的变化（Δu），经过放大后，便可以通过仪表指示或记录仪表进行记录。

4.3.3　运算放大器式电路

运算放大器的放大倍数 K 非常大，而且输入阻抗 Z_i 很高的特点可以使其作为电容式传感器的比较理想的测量电路，图 4-11 所示为运算放大器式电路，C_x 是电容式传感器，U_i 是交流电源电压，U_o 是输出信号电压。

由于运算放大器的放大倍数非常高（假设 $K=\infty$），图中 O 点为"虚地"，且放大器的输入阻抗很高（假设 $Z_i=\infty$），因此，$I_i=0$，于是有，$U_i = Z_{C_0} \cdot I_0 = \dfrac{1}{j\omega C_0} \cdot I_0$，

$U_o = Z_{C_x} \cdot I_x = \dfrac{1}{j\omega C_x} \cdot I_x$，$I_0 + I_x =0$。

由以上三式联立解得

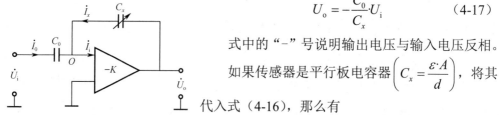

图 4-11　运算放大器式电路

$$U_o = -\frac{C_0}{C_x} \cdot U_i \qquad (4\text{-}17)$$

式中的"−"号说明输出电压与输入电压反相。

如果传感器是平行板电容器 $\left(C_x = \dfrac{\varepsilon \cdot A}{d}\right)$，将其代入式（4-16），那么有

$$U_o = -\frac{U_i \cdot C_0}{\varepsilon \cdot A} d \qquad (4\text{-}18)$$

式（4-18）表明运算放大器输出电压与极板间距 d 之间呈线性关系。运算放大器

电路解决了单个变极距式电容传感器的非线性问题,但要求输入阻抗 Z_i 和放大倍数 K 足够大。为了保证仪器精度,还要求稳定电源电压 U_i 的幅值和固定电容值 C。此外,该电路需要高精度的交流稳压电源,并经过精密整流转换为直流输出,这些附加电路将使得变换电路较为复杂。

4.3.4 二极管双 T 型电桥电路

图 4-12 所示为二极管双 T 型电桥电路的原理图。高频电源 e 提供幅值为 E 的方波,如图 4-12 (b) 所示,VD_1、VD_2 为两个特性完全相同的二极管,R_1、R_2 为阻值相等的固定电阻,C_1、C_2 为传感器的两个差动电容。

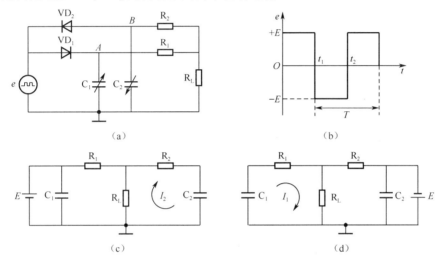

图 4-12 二极管双 T 型电桥电路的原理图

1. 当传感器没有输入时($C_1=C_2$)

电路工作原理:当电源 e 处于正半周时,VD_1 导通、VD_2 截止,于是对电容 C_1 充电,其等效电路如图 4-12 (c) 所示。当电源 e 处于负半周时,电容 C_1 上的电荷通过电阻 R_1 和负载电阻 R_L 放电,流过负载的电流为 I_1。在负半周内,VD_2 导通,VD_1 截止,对电容 C_2 充电,其等效电路如图 4-12 (d) 所示。随后出现正半周时,C_2 通过电阻 R_2 和负载电阻 R_L 放电,流过 R_L 的电流为 I_2。

根据上述条件,则电流 $I_1=I_2$,且方向相反,在一个周期内流过 R_L 的平均电流为 0。

2. 当传感器有输入(输入不为 0)时($C_1 \neq C_2$)

若传感器的输入不为 0,即 $C_1 \neq C_2$,则 $I_1 \neq I_2$,此时 R_L 上必定有信号输出,输出电压 U_o 不仅与电源电压的幅值和频率有关,而且与 T 型网络中的 C_1 和 C_2 的差值有关。当电源确定后(电压的幅值 E 和频率 f 确定),输出电压 U_o 就是 C_1 和 C_2 的函数,且与 C_1 和 C_2 的差值具有线性关系。

4.3.5 差动脉冲宽度调制电路

图 4-13 所示为差动脉冲宽度调制电路。它是由比较器 A_1、A_2,双稳态触发器及

学习笔记

电容充、放电回路组成的。C_1 和 C_2 为电容器传感器的差动电容，u_r 为参考电压。双稳态触发器的两个输出端 A、B 作为差动脉冲调宽电路的输出。

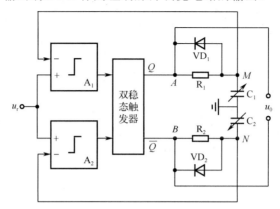

图 4-13　差动脉冲宽度调制电路

差动脉冲宽度调制电路的工作原理如下。

设电源接通时，双稳态触发器处在 $Q=1$（高电平）、$\bar{Q}=0$（低电平）的这个状态，此时 A 点为高电位，u_A（触发器输出的高电平）经 R_1 对 C_1 充电，使 u_M 升高。充电过程可用式（4-19）描述，

$$u_M = u_A\left(1 - e^{-\frac{t}{\tau_1}}\right) \tag{4-19}$$

当忽略双稳态触发器的输出电阻，并认为二极管 VD_1 的反向电阻无穷大时，式（4-19）中的充电时间常数（达到最终稳态值的 63.2% 所需的时间）为 $\tau_1 = R_1C_1$。若 $t = \tau_1$，则可得 $u_M = \dfrac{u_A}{\tau_1}\cdot t$，充电直到 M 点的电位高于参考电位 u_r，即 $u_M>u_r$，比较器 A_1 输出正跳变信号，激励触发器翻转，将使 A 点变为低电平，B 点呈高电平（$Q=0$、$\bar{Q}=1$），这时 A 点为低电位，C_1 通过 VD_1 迅速放电至 0 电平；与此同时，B 点为高电位，通过 R_2 对 C_2 充电，充电过程如式（4-19）的描述，但时间常数变为 $\tau_2 = R_2C_2$，直至 N 点电位高于参考电位 u_r，即 $u_N>u_r$，使比较器 A_2 输出正跳变信号，激励触发器发生翻转，重复前述过程。如此周而复始，Q 和 $\bar{Q}$ 端（A、B 两点间）输出方波。

由式（4-19）可得

$$t = \tau_1 \ln\frac{u_A}{u_A - u_M} = R_1C_1 \ln\frac{u_A}{u_A - u_M} \tag{4-20}$$

因此，对 C_1、C_2 分别充电至 u_r 所需的时间可以表示为 $R_1C_1 \ln\dfrac{u_A}{u_A - u_r}$、$R_2C_2 \ln\dfrac{u_B}{u_B - u_r}$。当差动电容 $C_1=C_2$ 时（初始平衡态），由于 $R_1=R_2$，因此，$T_1=T_2$，两个电容器的充电过程完全一样，A、B 间的电压 u_{AB} 为对称的方波，其直流分量（平均电压值）为 0，对应的各点波形如图 4-14（a）所示。

当差动电容 $C_1\neq C_2$ 时，假设 $C_1>C_2$，则 C_1 充电过程的时间要延长、C_2 充电过程的时间要缩短，导致时间常数 $\tau_1>\tau_2$，此时 u_{AB} 的方波不对称，各点的波形如图 4-14（b）所示。

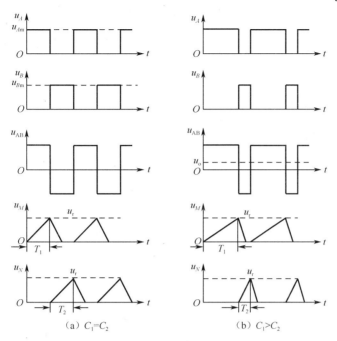

图 4-14 脉冲宽度调制波形

当矩形电压波通过低通滤波器后，可得出 u_{AB} 的直流分量（平均电压值）不为 0，而应为

$$u_0 = (u_{AB})_{DC} = \frac{C_1 - C_2}{C_1 + C_2} u_M \tag{4-21}$$

下面分析平行板式电容传感器的几种情形。

1．对于变极距式电容传感器

如果采用差动电容，那么，无输入时，$C_1=C_2=C_0$，即 $d_1=d_2=d_0$，$u_0=0$；有输入时，假设 $C_1>C_2$，即 $d_1=d_0-\Delta d$，$d_2=d_0+\Delta d$，则有 $u_0 = +\dfrac{\Delta d}{d_0} u_M$；对于 $C_1<C_2$，即 $d_1=d_0+\Delta d$，$d_2=d_0-\Delta d$，则有 $u_0 = -\dfrac{\Delta d}{d_0} u_M$。

由以上分析可知，u_0 与 Δd 呈线性关系（区别于前面分析变极距式电容传感器得出的 ΔC 与 Δd 间的非线性关系）。

2．对于变面积式电容传感器

若 $C_1>C_2$，即 $A_1=A_0+\Delta A$，$A_2=A_0-\Delta A$，则有 $u_0 = +\dfrac{\Delta A}{A_0} u_M$；同样地，对于 $C_1<C_2$，即 $A_1=A_0-\Delta A$，$A_2=A_0+\Delta A$，则可推得 $u_0 = -\dfrac{\Delta A}{A_0} u_M$。

从以上可知，u_0 与 ΔA 呈线性关系。

综上所述，差动脉冲宽度调制电路适用于变极距式电容传感器和变面积式电容传感器，且 u_0 与 Δd、ΔA 为线性特性。

学习笔记

4.4 影响电容式传感器精度的因素及提高精度的措施

4.4.1 电容式传感器的特点

1. 电容式传感器的优点

（1）温度稳定性好。自身发热极小，电容值与电极材料无关，有利于选择温度系数低的材料。例如，电极的支架选用陶瓷材料，电极材料选用铁镍合金，近年来又采用在陶瓷或石英上进行喷镀金或银的工艺。

（2）结构简单，适应性强。可以做得非常小巧，能在高温、低温、强辐射、强磁场等恶劣环境中工作。

（3）动态响应好。可动部分可以做得很轻、很薄，固有频率能做得很高，动态响应好，可测量振动、瞬时压力等。

（4）可以实现非接触式测量，具有平均效应。非接触式测量回转零件的偏心率、振动等参数时，由于电容具有平均效应，因此可以减小表面粗糙度对测量的影响。

（5）耗能少。在测量过程中，呈现出功耗低、耗能少的特点。

2. 电容式传感器的缺点

（1）输出阻抗高，负载能力差。电容值一般为几十到几百皮法，输出阻抗很大，易受外界的干扰，对绝缘部分的要求较高（几十兆欧以上）。

（2）寄生电容影响大。由于电容式传感器的初始电容值一般较小，而连接传感器的引线电缆电容（1~2m 的导线可达到 800pF）、电子线路杂散电容及周围导体的"寄生电容"却较大。这些电容一般是随机变化的，将使仪器工作不稳定，影响测量精度。因此，在设计和制作时要采取必要而有效的措施，以减小寄生电容的影响。

4.4.2 温度对电容式传感器的影响

环境温度的改变将引起电容式传感器各零件几何尺寸的改变，从而导致电容极板间隙或面积发生改变，产生附加电容变化。这一点对于变气隙式电容传感器来说更重要，因为初始间隙都很小，在几十微米至几百微米之间。温度变化使各零件尺寸发生变化，可能导致对本来就很小的间隙产生很大的相对变化，从而引起很大的温度特性误差。

 知识拓展

减小温度变化对零件尺寸测量误差影响的方法

① 一般尽量选取温度系数小且稳定的材料。例如，绝缘材料选用石英、陶瓷等，金属材料选用低膨胀系数的铁镍合金，或极板直接在陶瓷、石英等绝缘材料上蒸镀一层金属膜来代替。

② 采用差动对称结构，并在测量线路中对温度误差加以补偿。

学习笔记

温度变化会影响介电常数，从而导致传感器电容发生改变，进而引入温度误差。不同介质对温度的敏感程度各不相同，导致介电常数的变化也存在差异。虽然可以通过后接的测量线路进行一定的补偿，但完全消除这种温度误差是比较困难的。

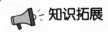 **知识拓展**

温度对介质的影响

温度对介电常数的影响随介质不同而异，空气及云母的介电常数温度系数近似为零；而硅油、煤油等液体介质的介电常数的温度系数较大。若环境温度变化±50℃，则将带来7%的温度误差，故采用此介质时，必须注意温度变化造成的误差。

4.4.3　漏电阻的影响

电容式传感器的容抗通常较高，特别是在激励电压频率较低时。当测量线路连接时，若两个极板间总的漏电阻与容抗相近，则必须考虑分路作用对系统总灵敏度的影响。为了解决这个问题，可以采用高质量的绝缘材料和合理的结构设计。

4.4.4　边缘效应与寄生参量的影响

1. 边缘效应

在理想条件下，平行板电容器的电场均匀分布于两个极板所围成的空间中，这仅是简化电容量计算的一种假定。

当考虑电场的边缘效应时，情况要复杂得多，边缘效应的影响相当于传感器并联一个附加电容，引起了传感器灵敏度下降和非线性增加。

为了克服边缘效应，首先应增大初始电容量 C_0，即增大极板面积，减小极板间隙。

在结构上增设等位环可以消除边缘效应，其结构如图 4-15 所示。等位环安放在上电极外侧，且与其绝缘以保持等电位，这样就能使上电极的边缘电力线保持平直，确保两极间电场基本均匀。此外，发散的边缘电场发生在等位环的外周，进而不会影响传感器的正常工作。

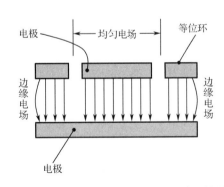

图 4-15　增设等位环平行板式电容传感器的结构

2. 寄生参量

一般电容式传感器的电容值很小，若激励频率较低，则电容式传感器的容抗很大，因此对传感器绝缘电阻要求很高；电容极板并联的寄生电容也会影响传感器的性能。

知识拓展

减小寄生电容的方法

① 增加原始电容值。
② 注意传感器的接地和屏蔽。
③ 将传感器与电子线路的前置级装在一个壳体内（集成化）。
④ 采用"驱动电缆"技术。
⑤ 采用运算放大器法。
⑥ 整体屏蔽。

4.4.5 防止和减小外界干扰

（1）注意传感器的接地和屏蔽。
（2）增加原始电容值，降低容抗。
（3）导线分布合理。
（4）尽可能一点接地。
（5）尽量采用差动式电容器。

学习笔记

4.5 电容式传感器的应用

电容式传感器的分辨率很高，能测量 0.01μm 的微小位移，且质量小，可进行无接触测量。它们的功耗和发热较低，迟滞误差小；环境适应性强。随着电子技术的发展，电容式传感器存在的技术问题得以解决，如温度误差和寄生电容干扰等问题，为电容式传感器的应用开辟了广阔前景。它不但广泛应用于精确测量位移、厚度、角度、振动等机械量，而且大量应用于测量力、压力、差压、流量、成分、液位等参数。下面介绍几个典型的例子，说明电容式传感器的实际应用。

4.5.1 电容式压力传感器

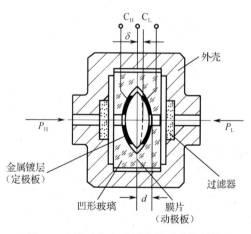

图 4-16　差动电容式压力传感器的结构

这里以一种差动电容式压力传感器为例。该传感器由一个膜片动极板和两个在凹形玻璃上电镀成的定极板组成，其结构如图 4-16 所示。图中的膜片作为动极板，并与金属镀层（定极板）构成差动式球-平面型电容式传感器 C_L 和 C_H，差动结构的优点在于灵敏度更高、非线性得到改善。

当被测压力作用于膜片上并使之产生位移时，两个电容器的电容值一个增大、一个减小，该电容值的变化经测量电路转换成电压或电流输出，反映了压力的大小。

可推导得出

$$\frac{C_L - C_H}{C_L + C_H} = K \cdot (P_H - P_L) = K \cdot \Delta P \qquad (4\text{-}22)$$

式中　K——与结构有关的常数。

式（4-22）表明$\frac{C_L - C_H}{C_L + C_H}$与差压成正比，且与介电常数无关，从而实现了差压-电容的转换。

这种典型的差动变极距电容式传感器可利用二极管双 T 型电桥电路或差动脉冲宽度调制电路进行测量。电容式压力传感器具有结构简单、小型轻量、精度高（可达 0.25%）、互换性强等优点，目前已广泛应用于工业生产中。

4.5.2　电容式位移传感器

图 4-17（a）所示为电容式位移传感器的结构。它的平面测端作为电容器的一个极板，通过电极座由引线接入电路，另一个极板由被测物体表面构成。壳体与平面测端电极之间有绝缘衬垫，确保彼此绝缘。电容式位移传感器工作时，壳体被夹持在标准台架或其他支承件上，壳体接大地可起屏蔽作用。当被测物体因振动发生位移时，将导致电容器的两个极板间距发生变化导致电容量的改变，从而实现测量。图 4-17（b）所示为电容式位移传感器的应用。

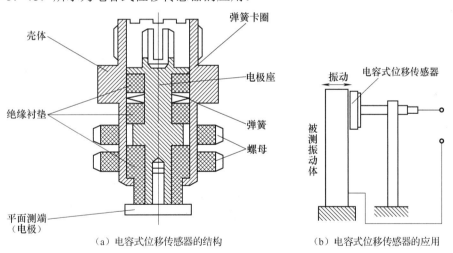

（a）电容式位移传感器的结构　　　　（b）电容式位移传感器的应用

图 4-17　电容式位移传感器的结构与应用

4.5.3　电容式加速度传感器

图 4-18 所示为电容式加速度传感器的结构。它采用差动式结构，有两个固定极板（与壳体绝缘），中间有一个用弹簧片支撑的质量块，其两个端面经过磨平抛光后作为可动极板（与壳体电连接）。

当传感器的壳体随被测对象在垂直方向进行直线加速运动时，质量块因惯性作用相对静止，而两个固定电极相对于质量块在垂直方向上产生大小正比于被测加速度的位移。此位移导致固定电极与动极板之间的间隙发生变化，一个电极的间隙增大、另

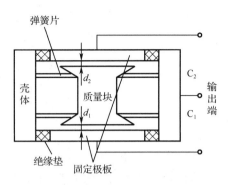

图4-18　电容式加速度传感器的结构

一个电极的间隙减小，从而使其 C_1、C_2 产生大小相等、符号相反的增量，此增量正比于被测加速度，通过测量电路转化成电压或电流的变化。经过推导可得到

$$\frac{\Delta C}{C_0} \approx 2\frac{\Delta d}{d_0} = \frac{at^2}{d_0} \qquad (4\text{-}23)$$

式中　d_0——距离初始值；

　　　a——加速度；

　　　t——时间。

由此可见，此电容增量正比于被测加速度。

电容式加速度传感器的主要特点是频率响应快，量程大，大多采用空气或其他气体做阻尼物质。

4.5.4　电容式厚度传感器

电容式厚度传感器用于测量金属带材在轧制过程中的厚度，其原理图如图 4-19 所示。在被测带材的上下两边各放一块面积相等、与带材中心等距离的极板，这样，极板与带材就构成了两个电容器（带材也作为一个极板）。用导线将两个极板连接起来并将其作为一个极板，带材作为电容器的另一极，此时相当于两个电容并联，其总电容 $C=C_1+C_2$。

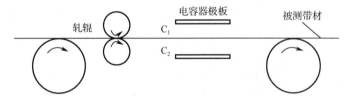

图4-19　电容式厚度传感器测量厚度的原理图

被测带材在轧制过程中不断前行，如果带材厚度有变化，那么将导致它与上下两个极板间的距离发生变化，从而引起电容量的变化。将总电容量作为交流电桥的一个桥臂，电容量的变化将使电桥产生不平衡输出，从而实现对带材厚度的检测。

4.5.5　电容式液位传感器

电容式液位传感器可以连续测量水池、水塔、水井和江河湖海的水位及各种导电液体如酒、醋、酱油等的液位，电容式液位传感器的结构如图 4-20 所示，当其被浸入水或其他导电液体中时，导线芯以绝缘层为介质与周围的水或导电液体形成圆柱形容器。

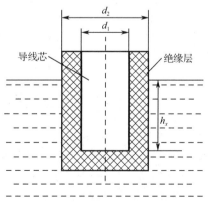

图4-20　电容式液位传感器的结构

【项目小结】

电容式传感器的应用非常广泛，通过对本项目的学习，主要掌握电容式传感器的基本结构、工作类型及其特点，特别是差动式电容传感器的结构形式、特点和应用，熟悉其转换电路的工作原理等。

（1）电容式传感器是将位移的变化量转换为电容变化量的一种传感器，其工作原理可用平行板式电容器表达式说明。根据这个原理，可将电容式传感器分为变面积式、变极距式和变介电常数式。

（2）变面积式电容传感器的特性公式为 $\dfrac{\Delta C}{C_0} = -\dfrac{\Delta x}{a}$ ，电容变化量与被测量呈线性关系，可测大的直线位移或角度位移。

（3）变极距式电容传感器的特性公式为 $\dfrac{\Delta C}{C_0} = -\dfrac{\Delta d}{d_0}$ ，其灵敏度和线性度是矛盾的，可采用差动结构来提高其灵敏度，同时减小非线性误差。

（4）变介电常数式电容传感器的电容变化量与被测非电量呈线性关系，常用来测物位。

（5）电容式传感器常用的测量电路有交流不平衡电桥电路、调频电路、运算放大器式电路、二极管双 T 型电桥电路、差动脉冲宽度调制电路等，利用其电路检测微小的电容变化量，实现将电容变化量转换为电压变化量，且输入与输出之间具有线性关系。

（6）电容式传感器具有结构简单、灵敏度高、动态响应快、适应性强等优点，常利用电容式传感器检测压力、加速度、微小位移、液位等。

【项目实施】

实验　电容式传感器的位移特性实验

● 实验目的

了解电容式传感器的结构及其位移特性。

● 实验设备

1．-STIM09-电容、电涡流式传感器模块、电容式传感器、测微头。

2．示波器。

3．电子连线若干。

● 实验步骤及记录

1．接上各模块的电源，按图 4-21 连接电路。

2．将电容式传感器放置在-STIM08-模块的支架上，并使测微头与电容式传感器的中间轴连接，调节电容式传感器的中间极板，使其处于电容式传感器的中间位置，固定传感器和测微头。

3．按表 4-1 的要求分别将测微头往外旋转和往内旋转，每旋转 0.5mm 读取一次示波器数据。将数据记录在表 4-1 中。

表 4-1　电容式传感器的位移与输出电压值

位移（mm）	-2.0	-1.5	-1.0	-0.5	0	0.5	1	1.5	2.0
电压（mV）									

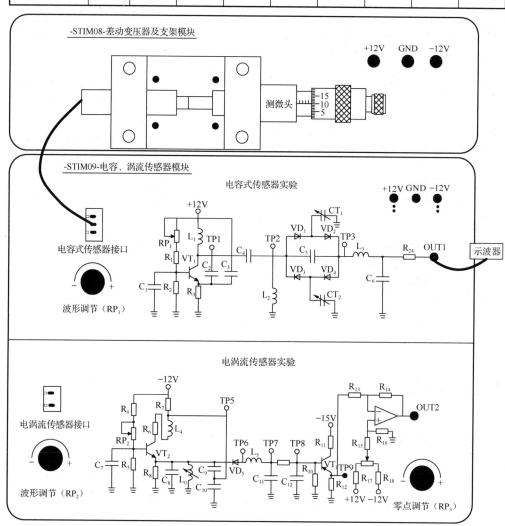

图 4-21　电容式传感器的位移实验接线图

【项目训练】

一、单项选择题

1．若将变面积式电容传感器接成差动形式，则其灵敏度将（　　）。

A．保持不变　　　B．增大一倍　　　C．减小一半　　　D．增大两倍

2．差动式电容传感器在脉冲宽度调制电路中使用时，其输出电压正比于（　　）。

A. C_1-C_2 B. C_1-C_2/C_1+C_2

C. C_1+C_2/C_1-C_2 D. $\Delta C_1/C_1+\Delta C_2/C_2$

3. 当变气隙式电容传感器的两个极板极间的初始距离 d_0 增加时，将引起传感器的（　　）。

A. 灵敏度 K_0 增加 B. 灵敏度 K_0 不变

C. 非线性误差增加 D. 非线性误差减小

4. 用电容式传感器测量固体或液体物位时，应该选用（　　）电容传感器。

A. 变气隙式 B. 变面积式

C. 变介电常数式 D. 空气介质变气隙式

5. 电容式传感器通常用来测量（　　）。

A. 交流电流 B. 电场强度 C. 质量 D. 位移

6. 电容式传感器可以测量（　　）。

A. 压力 B. 加速度 C. 电场强度 D. 交流电压

7. 电容式传感器的等效电路不包括（　　）。

A. 串联电阻 B. 谐振回路

C. 并联损耗电阻 D. 不等位电阻

8. 关于差动脉冲宽度调制电路的说法正确的是（　　）。

A. 适用于变极距式和变介电常数式差动电容传感器

B. 适用于变极距式差动电容传感器且为线性特性

C. 适用于变极距式差动电容传感器且为非线性特性

D. 适用于变面积式差动电容传感器且为线性特性

9. 下列不属于电容式传感器测量电路的是（　　）。

A. 调频电路 B. 运算放大器式电路

C. 差动脉冲宽度调制电路 D. 相敏检波电路

10. 在二极管双 T 型电桥电路中输出的电压 U 的大小与（　　）相关。

A. 仅电源电压的幅值和频率

B. 电源电压幅值、频率及 T 型网络电容 C_1 和 C_2 大小

C. 仅 T 型网络电容 C_1 和 C_2 大小

D. 电源电压幅值和频率及 T 型网络电容 C_1 大小

11. 电容式传感器做成差动结构后，灵敏度提高了（　　）倍。

A. 1 B. 2 C. 3 D. 0

二、多项选择题

1. 变极距式电容传感器的灵敏度与极距（　　）。

A. 成正比 B. 平方成正比 C. 成反比 D. 平方成反比

2. 变气隙式电容传感器测量位移量时，传感器的灵敏度随（　　）而增大。

A. 间隙的减小 B. 间隙的增大 C. 电流的增大 D. 电压的增大

3. 在电容式传感器中，输入量与输出量关系为线性的有（　　）。

A. 变面积式电容传感器 B. 变介电常数式电容传感器

C. 变电荷式电容传感器 D. 变极距式电容传感器

4. 在电容式传感器信号转换电路中，（　　　）用于单个电容量变化的测量。

A．调频电路　　　　　　　　　　B．运算放大器式电路

C．二极管双 T 型电桥电路　　　　D．差动脉冲宽度调制电路

5. 在电容式传感器信号转换电路中，（　　　）用于差动电容量变化的测量。

A．调频电路　　　　　　　　　　B．运算放大器式电路

C．二极管双 T 型电桥电路　　　　D．差动脉冲宽度调制电路

三、填空题

1. 电容式传感器利用了将非电量的变化转换为_____的变化来实现对物理量的测量。

2. 电容式传感器根据其工作原理的不同可分为_____电容传感器、_____电容传感器和_____电容传感器。

3. 变极距式电容传感器的灵敏度是指单位距离改变引起的_____。

4. 变极距式电容传感器的单位输入位移所引起的灵敏度与两个极板的初始间距呈_____关系。

5. 差动脉冲宽度调制电路适用于_____型和_____差动式电容传感器，且为线性特性。

6. 在电容式传感器中，变介电常数式电容传感器多用于_____的测量；在电容式传感器中，变面积式电容传感器常用于较大的_____的测量。

7. 变极距式电容传感器的灵敏度与_____成反比，所以适用于测量微小位移。变面积式电容传感器的灵敏度与_____成正比，所以不适用于测量微小位移。

8. 电容式传感器的灵敏度是指单位距离改变引起的_____。

9. 电容式传感器利用了将_____的变化转化为_____的变化来实现对物理量的测量。

10. 电容式传感器的输入被测量与输出被测量间的关系，除_____（①变面积式；②变极距式；③变介电常数式）外是线性的。

11. 电容式传感器将非电量变化转换为_____的变化来实现对物理量的测量，广泛应用于_____、_____、角度、_____等机械量的精密测量。

12. 电容式传感器可分为_____、_____和_____3 种。

13. 移动电容式传感器的动极板，导致两个极板的有效覆盖面积 A 发生变化时，将导致电容量变化，传感器的电容改变量 ΔC 与动极板的水平位移呈_____关系、与动极板角位移呈_____关系。

14. 忽略边缘效应，变面积式电容传感器的输入量与输出量的关系为_____（线性、非线性），变介电常数式电容传感器的输入量与输出量的关系为_____（线性、非线性），变极距式电容传感器的输入量与输出量的关系为_____（线性、非线性）。

15. 变极距式电容传感器做成差动结构后，灵敏度提高了_____倍，而非线性误差转化为_____关系而得以大大降低。

四、简答题

1．根据电容式传感器的工作原理，可将其分为几种类型？每种类型各有什么特点？各适用于什么场合？

2．如何改善变极距式电容传感器的非线性？

3．差动式电容传感器有什么优点？

4．电容式传感器主要有哪几种类型的信号调节电路？各有些什么特点？

5．影响变极距式电容传感器灵敏度的因素有哪些？

6．简述差动电容厚度传感器系统的工作原理。

7．根据电容式传感器的工作原理说明它的分类，电容式传感器能够测量哪些物理参量？

8．为什么电容式传感器易受干扰？如何减小干扰？

9．简述变极距式电容传感器的工作原理（要求给出必要的公式推导过程）。

10．试分析圆筒式电容传感器测量液面高度的基本原理。

项目五

电涡流式传感器

项目引入

电涡流式传感器利用电涡流效应进行工作，具有非接触式、高线性度、高分辨率的特点，能测量被测金属导体距探头的表面距离，是一种非接触式的线性化计量工具。电涡流式传感器能准确测量被测物体（必须是金属导体）与探头端面之间静态和动态的相对位移变化。在高速旋转机械和往复式运动机械状态分析、振动研究、分析测量中，对非接触的高精度振动、位移信号，能连续准确地采集到转子振动状态的多种参数，如轴的径向振动、振幅及轴向位置。电涡流式传感器以其长期工作可靠性好、测量范围大、灵敏度高、分辨率高等优点，在大型旋转机械状态在线监测与故障诊断中得到广泛应用。

本项目将围绕电涡流式传感器的基本结构、工作原理、电涡流形成范围及传感器应用等内容展开，重点讨论电涡流式传感器的测量电路。

项目目标

（一）知识目标

1. 熟悉涡流效应的概念及其工作原理。
2. 熟悉电涡流式传感器的基本结构和工作方式。
3. 熟悉电涡流式传感器的测量电路。

（二）技能目标

1. 熟悉电涡流式传感器的结构和测量电路。
2. 熟悉几种电涡流式传感器的应用。

（三）思政目标

1. 激发学生的爱国情怀，增强他们的民族自豪感和使命感。
2. 培养学生精益求精的工匠精神。

知识准备

根据法拉第电磁感应原理，块状金属导体在变化的磁场中或在磁场中做切割磁力线运动时，导体内将产生呈涡旋状的感应电流，此电流叫作电涡流。以上现象称为电涡流效应。根据电涡流效应制成的传感器称为电涡流式传感器。按照电涡流在导体内的贯穿情况分类，电涡流式传感器可分为高频反射式与低频透射式两类，其工作原理基本相同。

5.1 电涡流式传感器的基本结构及工作原理

微课

5.1.1 基本结构

电涡流式传感器的基本结构主要包括线圈和框架。根据线圈在框架上的安置方法不同，可将电涡流式传感器分为两种形式：一种是单独绕成一个无框架的扁平圆形线圈，用胶水将此线圈粘在框架的端部，如国产 CZF3 型电涡流式传感器，如图 5-1 所示；另一种是在框架的接近端面处开一条细槽，用导线在槽中绕成一个线圈，如国产 CZF1 型电涡流式传感器，如图 5-2 所示。

学习笔记

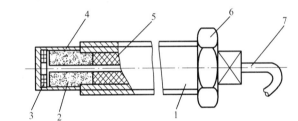

1—壳体；2—框架；3—线圈；4—保护套；5—填料；6—螺母；7—电缆。

图 5-1 国产 CZF3 型电涡流式传感器

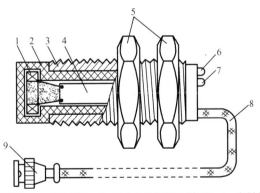

1—电涡流线圈；2—探头壳体；3—壳体上的位置调节螺纹；4—印制电路板；

5—夹持螺母；6—电源指示灯；7—阈值指示灯；8—输出屏蔽电缆线；9—电缆插头。

图 5-2 国产 CZF1 型电涡流式传感器 1

图 5-1 和图 5-2 所示的结构表明，电涡流式传感器的主体是线圈，因而线圈的性能和几何尺寸、形状对测量系统的性能将产生重要影响。理论推导和试验都证明，

长而细的线圈灵敏度高、线性范围小；扁平线圈则相反，其线圈的线性范围大、灵敏度低。

应该指出，由于电涡流式传感器测量系统是由传感器和被测物体（金属导体）两个部分组成的，利用两者的磁性耦合程度来试验被测量的测试任务，因此被测物体的材料、形状和大小必将对传感器特性产生影响。

5.1.2　工作原理

电涡流式传感器的工作原理如图 5-3 所示，该图由传感器线圈和被测物体组成线圈-导体系统。根据法拉第定律，当传感器线圈通以正弦交变电流 $\dot{I}_1$ 时，线圈周围空间必然产生正弦交变磁场 $\dot{H}_1$，使置于此磁场中的金属导体中感应电涡流 $\dot{I}_2$，$\dot{I}_2$ 又产生新的交变磁场 $\dot{H}_2$。根据楞次定律，$\dot{H}_2$ 的作用将反抗 $\dot{H}_1$ 原磁场，导致传感器线圈的等效阻抗发生变化。由此可知，线圈阻抗的变化完全取决于被测物体的电涡流效应，而电涡流效应既与被测物体的电阻率 ρ、磁导率 μ 及几何形状有关，又与线圈的几何参数、线圈中的激励电流频率 ω 有关，还与线圈与导体间的距离 x 有关。因此，传感器线圈受电涡流影响时的等效阻抗 Z 的函数关系式为

$$Z = F(\rho, \mu, R, \omega, x) \tag{5-1}$$

式中　ρ——被测物体的电阻率；

　　　μ——被测物体的磁导率；

　　　R——线圈与被测物体的尺寸因子；

　　　ω——线圈中激励电流的频率；

　　　x——线圈与导体间的距离。

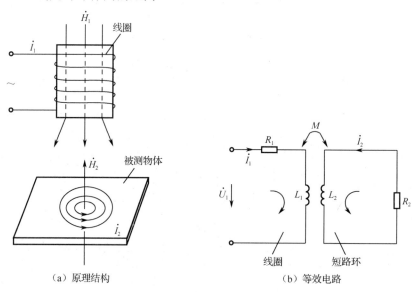

（a）原理结构　　　　　　　　（b）等效电路

图 5-3　电涡流式传感器的工作原理

由此可见，线圈阻抗的变化完全取决于被测金属导体的电涡流效应，与以上因素有关。如果只改变式（5-1）中的一个参数，保持其他参数不变，那么传感器线圈的阻抗 Z 就只与该参数有关，如果测出传感器线圈阻抗的变化，那么可以确定该参

数。实际应用时，通常改变线圈与导体间的距离 x，而保持其他参数不变。

讨论电涡流式传感器时，可以将产生电涡流的金属导体等效成一个短路环，即假设电涡流只分布在环体内。

根据基尔霍夫电压定律有

$$\begin{cases} R_1\dot{I}_1 + \mathrm{j}\omega L_1\dot{I}_1 - \mathrm{j}\omega M\dot{I}_2 = \dot{U}_1 \\ -\mathrm{j}\omega M\dot{I}_1 + R_2\dot{I}_2 + \mathrm{j}\omega L_2\dot{I}_2 = 0 \end{cases} \tag{5-2}$$

式中　ω——线圈激励电流的角频率；

　　　R_1、L_2——线圈的电阻和电感；

　　　R_2、L_2——短路环的等效电阻和等效电感；

　　　M——线圈与金属导体间的互感系数。

由式（5-2）可得发生电涡流效应后的等效阻抗：

$$Z = \frac{U_1}{\dot{I}_1} = R_1 + \frac{\omega^2 M^2}{R_2^2 + (\omega \cdot L_2)^2}R_2 + \mathrm{j}\omega\left[L_1 + \frac{\omega^2 M^2}{R_2^2 + (\omega \cdot L_2)^2}L_2\right] \tag{5-3}$$

$$= R_{\mathrm{eq}} + \mathrm{j}\omega L_{\mathrm{eq}}$$

$$R_{\mathrm{eq}} = R_1 + \frac{\omega^2 M^2}{R_2^2 + (\omega \cdot L_2)^2}R_2 \tag{5-4}$$

$$L_{\mathrm{eq}} = L_1 + \frac{\omega^2 M^2}{R_2^2 + (\omega \cdot L_2)^2}L_2 \tag{5-5}$$

式中　R_{eq}——产生电涡流效应后线圈的等效电阻；

　　　L_{eq}——产生电涡流效应后线圈的等效电感。

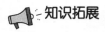 **知识拓展**

等效电阻和等效电感的变化形式

（1）产生电涡流效应后，由于电涡流的影响，线圈复阻抗的实部（等效电阻）增大、虚部（等效电感）减小，因此，线圈的等效机械品质因数下降。

（2）电涡流式传感器的等效电气参数都是互感系数 M_2 的函数。通常利用其等效电感的变化组成测量电路，因此，电涡流式传感器属于电感式（互感式）传感器。

线圈的等效品质因数（Q 值）为

$$Q = \frac{\omega L_{\mathrm{eq}}}{R_{\mathrm{eq}}} \tag{5-6}$$

5.2　电涡流式传感器的基本类型及电涡流的形成范围

5.2.1　基本类型

涡流在金属导体内的渗透深度与传感器线圈的激励信号频率有关，因此电涡流式传感器可分为高频反射式和低频透射式两类。目前高频反射式电涡流传感器应用较为广泛。

1. 高频反射式电涡流传感器

高频反射式电涡流传感器是最常用的类型之一，其结构简单，由一个扁平线圈固定在框架上构成。利用高频（大于 1MHz）激励电流产生的高频磁场作用于金属板的表面，趋肤效应使金属板表面形成涡流。与此同时，该涡流产生的交变磁场又反作用于线圈（用高强度漆包铜线或银线绕制，用黏结剂粘在框架端部或绕制在板架槽内），引起线圈自感 L 或阻抗 Z_L 的变化。线圈自感 L 或阻抗 Z_L 的变化与金属板厚度 h、金属板的电阻率 ρ、磁导率 μ、激励电流 i 及角频率 ω 等因素有关，若只改变厚度 h 而保持其他参数不变，则可将位移的变化转换为线圈自感的变化，并通过测量电路转换为电压输出。高频反射式电涡流传感器多用于位移测量，其结构如图 5-4 所示，图中的线圈框架应采用损耗小、电性能好、热膨胀系数小的材料，常用高频陶瓷、聚酰亚胺环氧玻璃纤维、氮化硼和聚四氟乙烯等。由于激励频率较高，因此传输线要用电缆和插头。分析表明，这种传感器线圈外径大时，线圈的磁场轴向分布范围较大，但磁感应强度的变化梯度小，线圈外径小时则相反。图 5-5 所示为线圈轴向磁感应强度与轴向距离的关系，图中展示了内径与厚度相同、但外径不同的两个线圈的轴向磁感应强度 B_p 与轴向距离 x 之间的关系。

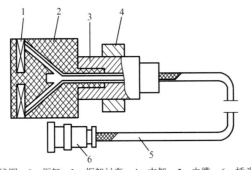

1—线圈；2—框架；3—框架衬套；4—支架；5—电缆；6—插头。

图 5-4 国产 CZF1 型电涡流式传感器 2

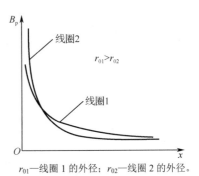

r_{01}—线圈 1 的外径；r_{02}—线圈 2 的外径。

图 5-5 线圈轴向磁感应强度与轴向距离的关系

> **知识拓展**
>
> ### 趋肤效应
>
> 在计算导线的电阻和电感时，假设电流是均匀分布于截面上的。严格来说，这个假设仅在导体内的电流变化率（di/dt）为零时才成立。另一种说法是，导线中通过直流电流（DC）时，能保证电流密度是均匀的。但只要电流变化率很小，电流分布仍可认为是均匀的。对于工作于低频电路中的细导线，这个论述仍然是可信的。但在高频电路中，电流变化率非常大，不均匀分布的状态甚为严重。高频电流在导线中产生的磁场在导线的中心区域感应出最大的电动势。感应的电动势在闭合电路中产生感应电流，在导线中心的感应电流最大。因为感应电流总是在原来电流的方向上减小，它迫使电流只限于靠近导线外表面处。这样，趋肤效应使导线型传输线在高频（微波）时效率很低，因为信号沿它传送时的衰减很大。对金属零件进行高频表面淬火，是趋肤效应在工业中应用的实例。

趋肤效应亦称为集肤效应。交变电流（Alternating Current，AC）通过导体时，感应作用引起导体截面上电流分布不均匀，越靠近导体表面电流密度越大。这种现象称为趋肤效应。趋肤效应使导体的有效电阻增加。频率越高，趋肤效应越显著。当频率很高的电流通过导线时，可以认为电流只在导线表面上很薄的一层中流过，这等效于导线的截面减小，电阻增大。既然导线的中心部分几乎没有电流通过，就可以将中心部分除去以节约材料。因此，利用趋肤效应，在高频电路中可用空心铜导线代替实心铜导线以节约铜材。架空输电线中心部分改用抗拉强度大的钢丝，这样做虽然其电阻率大一些，但是并不影响输电性能，又可增大输电线的抗拉强度。利用趋肤效应还可对金属表面淬火，使某些钢件表皮坚硬、耐磨，而内部却有一定柔性，防止钢件脆裂。

如图 5-5 所示，线圈外径大，B_p 线性范围就大，但变化梯度小，则灵敏度低；反之，线圈外径小，B_p 线性范围小，但灵敏度高。进一步分析可知，线圈内径和厚度的变化对磁感应强度影响较小，仅在线圈与导体接近时灵敏度稍有变化。

为了使传感器小型化，也可在线圈内加磁芯，以便在电感相同的条件下减小匝数，提高品质因数（Q 值）。同时，加入磁芯可以感受较弱的磁场变化，造成 μ 值变化而扩大测量影响范围。

需要指出的是，由于高频反射式电涡流传感器是利用线圈与被测导体之间的电磁耦合进行工作的，因此被测导体作为"实际传感器"的一部分，其材料的物理性质、尺寸与形状都与传感器的特性密切相关，因此有必要对被测导体进行讨论。

被测导体的电导率、磁导率对传感器的灵敏度有影响。一般来说，被测导体的电导率越高，灵敏度也越高，磁导率则相反，当被测导体为磁性体时，灵敏度较非磁性体低。而且被测导体若有剩磁，将影响测量结果，因此应予以消磁。若被测导体表面有镀层，镀层的性质和厚度不均匀也将影响测量精度。当测量转动或移动的被测导体时，这种不均匀将形成干扰信号，尤其当激励频率较高、电涡流的贯穿深度减小时，这种不均匀干扰影响更加突出。被测导体的大小和形状也与灵敏度密切相关。从分析知，若被测导体为平面，在涡流环的直径为线圈直径的 1.8 倍处，电涡流密度已衰减为最大值的 5%。为充分利用电涡流效应，被测导体环的直径不应小于线圈直径的 1.8 倍。当被测导体环的直径为线圈直径的一半时，灵敏度将降低 50%；被测导体的直径更小时，灵敏度下降更严重。当被测导体为圆柱时，只有其直径为线圈直径的 3.5 倍以上，才能不影响测量结果；两者相等时，灵敏度降低 70% 左右。被测导体直径对灵敏度的影响如图 5-6 所示。同样，对被测导体厚度也有一定要求。一般厚度大于 0.2mm 即不影响测量结果，铜铝材料可减薄至 70μm。

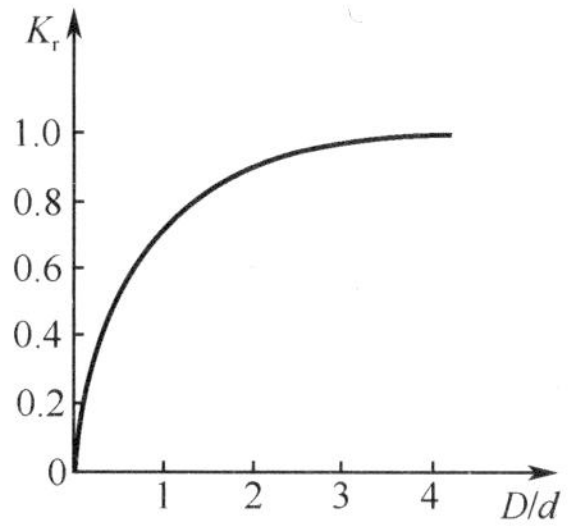

D—被测导体的直径；d—线圈直径；K_r—灵敏度。

图 5-6　被测导体直径对灵敏度的影响

2. 变面积式电涡流传感器

变面积式电涡流传感器是利用被测导体与传感器线圈之间相对覆盖面积的变化

引起涡流效应的变化来测量位移的。变面积式电涡流传感器测量的线性范围比高频反射式电涡流传感器测量的线性范围大，且线性度高。由于电涡流式传感器的轴向灵敏度高，径向灵敏度低，为保证测量精度，要求被测导体与线圈间的间隙始终恒定，否则，需要采取补偿措施。变面积式电涡流传感器的串联补偿方法如图 5-7 所示，将两个参数相同的传感器串联使用，对间隙变化起差动补偿作用。

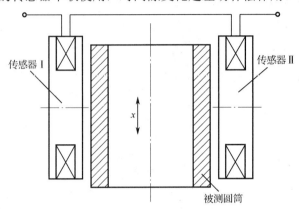

图 5-7　变面积式电涡流传感器的串联补偿方法

3．螺管式电涡流传感器

图 5-8 所示为螺管式电涡流传感器，它由铜制或银制短路套筒和螺管线圈组成，短路套筒能沿螺管线圈轴向移动。这种传感器与螺管式传感器相似，但不存在铁损，线性范围大，但灵敏度较低，因此，常采用差动结构。

4．低频透射式电涡流传感器

低频透射式电涡流传感器如图 5-9 所示，图中的发射线圈 L_1 和接收线圈 L_2 分别置于被测金属板材料 M 的上方和下方。由于低频磁场趋肤效应小、渗透深，当低频（音频范围）电压 u 加到线圈 L_1 的两端后，所产生磁力线的一部分透过金属板材料 M，使线圈 L_2 产生感应电动势 e。但由于涡流消耗部分磁场能量使感应电动势 e 减少，当金属板材料 M 越厚时，损耗的能量越大，输出电动势 e 越小，因此，e 的大小与 M 的厚度及材料的性质有关，试验表明，e 随材料厚度 h 的增加按负指数规律减少，因此，若金属板材料的性质一定，则利用 e 的变化即可测量其厚度。

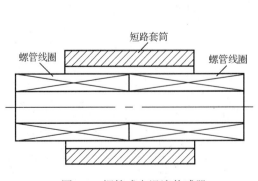

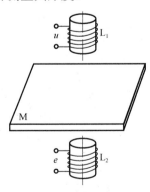

图 5-8　螺管式电涡流传感器　　　　图 5-9　低频透射式电涡流传感器

5.2.2 电涡流的形成范围

1. 电涡流的径向形成范围

线圈-导体系统产生的电涡流密度既是线圈与导体间距离 x 的函数，又是沿线圈半径 r 方向的函数，当 x 一定时，电涡流密度与半径的关系曲线如图 5-10 所示。由图 5-10 可知，

（1）电涡流的径向形成范围大约在传感器线圈外半径 r_{as} 的 1.8～2.5 倍范围内，且分布不均匀。

（2）电涡流密度在短路环半径 $r=0$ 处为零。

（3）电涡流的最大值在 $r=r_{as}$ 附近的一个狭窄区域内。

（4）可以用一个平均半径 r_{as} [$r_{as}=(r_i+r_a)/2$] 来集中表示分散的电涡流（见图 5-10 中的阴影部分）。

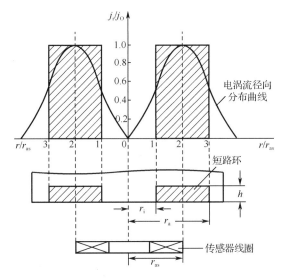

图 5-10 电涡流密度与半径的关系曲线

2. 电涡流强度与距离的关系

理论分析和实验都已证明，当 x 改变时，电涡流密度发生变化，即电涡流强度随距离 x 的变化而变化。根据线圈-导体系统的电磁作用，可以得到金属导体表面的电涡流强度为

$$I_2 = I_1 \left[1 - \frac{x}{(x^2+r_{as}^2)^{1/2}} \right] \qquad （5-7）$$

式中　I_1——线圈激励电流；

　　　I_2——金属导体中的等效电流；

　　　x——线圈到金属导体表面的距离；

　　　r_{as}——线圈外半径。

根据式（5-7）可得电涡流强度与 x/r_{as} 的关系曲线（归一化曲线），如图 5-11 所示。

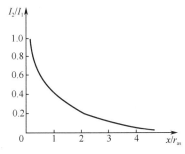

图 5-11 电涡流强度的径向分布曲线

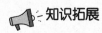 **知识拓展**

归一化曲线分析

（1）电涡流强度与距离 x 呈非线性关系，且随 x/r_{as} 的增加而迅速减小。

（2）当利用电涡流式传感器测量位移时，只有在 $x/r_{as} \ll 1$ 的范围（一般取 $0.05 \sim 0.15$）内才能得到较好的线性度和较高的灵敏度。

（3）线圈外半程 r_{as} 与被测位移量 x 密切相关。

3. 电涡流的轴向贯穿深度

趋肤效应导致电涡流沿图 5-3 中的 $\dot{H}_1$ 的轴向分布不仅不均匀，而且穿透金属导体的深度也有限。理论分析与实验证明，电涡流密度在金属中的分布按指数规律衰减，可用式（5-8）表示，

$$j_d = j_0 e^{-d/h} \tag{5-8}$$

式中　d——金属中某点与表面的距离；

j_d——沿 H_1 轴向 d 处的电涡流密度；

j_0——金属导体表面上的电涡流密度，即电涡流密度的最大值；

h——电涡流的轴向贯穿深度（趋肤深度），其定义是该处的电涡流密度等于 j_0/e。

图 5-12 所示为电涡流密度的轴向分布曲线。由图 5-12 可知，可以用一个底为 h 的矩形分布来取代指数分布，使矩形面积和曲线下的面积相等。由式（5-8）可以看出，被测物体的电阻率 ρ 越大、频率越低，则电涡流的轴向贯穿深度 h 越大。

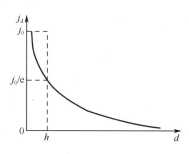

图 5-12　电涡流密度的轴向分布曲线

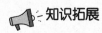 **知识拓展**

趋肤深度

趋肤效应使导体的有效电阻增加。频率（f）越高，趋肤效应越显著。当频率很高的电流通过导线时，可以认为电流只在导线表面上很薄的一层中流过，这等效于导线的截面减小，电阻增大。既然导线的中心部分几乎没有电流通过，就可以把中心部分除去以节约材料。因此，在高频电路中可以采用空心导线代替实心导线，此导线的厚度称为趋肤深度。

5.3　电涡流式传感器的测量电路

根据电涡流式传感器的工作原理，被测变量可以转换为线圈电感、阻抗或 Q 值 3 种参数，测量电路也有 3 种：谐振电路、电桥电路与 Q 值测试电路。Q 值测试电路较少采用，而电桥电路已在前面详细阐述，本节主要介绍谐振电路，其基本原理是将传感器线圈的电感与电容组成 LC 并联谐振回路。谐振频率 $f = 1/2\pi\sqrt{LC}$，谐振时

回路阻抗 $Z_0 = L/R'C$ 最大，其中 R' 为回路等效损耗电阻。当电感 L 变化时，f 和 Z_0 都随之变化，因此通过测量回路阻抗或谐振频率即可获得被测值。目前电涡流式传感器所采用的谐振电路有调幅式与调频式。

5.3.1 调幅式测量电路

微课

调幅式测量电路的原理图如图 5-13 所示。石英晶体振荡器通过耦合电阻 R 向由传感器线圈和一个微调电容组成的 LC 并联谐振回路提供一个稳频稳幅的高频激励信号，相当于一个恒流源，即给谐振回路提供一个频率（f_0）稳定的激励电流 i_0，LC并联谐振回路的阻抗为

$$Z = \mathrm{j}\omega L \left\| \frac{1}{\mathrm{j}\omega C} = \frac{\mathrm{j}\omega L}{1 - \omega^2 LC} \right. \tag{5-9}$$

式中　ω——石英振荡频率。

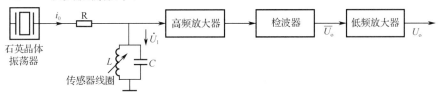

图 5-13　调幅式测量电路的原理图

在无被测导体时，将 LC 并联谐振回路调谐在与晶体振荡器频率一致的谐振状态，这时回路阻抗最大，回路压降最大。当被测金属导体靠近或远离传感器线圈时，线圈的等效电感 L 发生变化，导致回路失谐，相应的谐振频率改变，等效阻抗都将减小，从而使输出电压幅值减小。这样，在一定范围内输出电压幅值与间隙近似呈线性关系。由于该电路输出电压的频率 f 始终恒定，因此称为调幅式测量电路。

调幅式测量电路采用石英晶体谐振器，旨在获得最稳定频率的高频激励信号，以保证稳定的输出。振荡频率变化 1% 时，一般将引起输出电压 10% 的漂移。图 5-13 中的 R 为耦合电阻，用来减小传感器对振荡器的影响，并作为恒流源的内阻。R 的阻值大小直接关系到灵敏度：若 R 的阻值大，则灵敏度低；若 R 的阻值小，则灵敏度高。但 R 的阻值过小可能会增强谐振器的旁路作用，从而降低灵敏度。

谐振回路的输出电压为高频载波信号，因为信号较小，所以设有高频放大、检波和滤波等环节，使输出信号便于传输与测量。图 5-13 中的源极输出器是为了减小振荡器负载而加的。

5.3.2 变频调幅式测量电路

调幅式测量电路虽然有很多优点，并获得广泛应用，但线路较复杂，装调较困难，线性范围也不够大，因此，人们又研究了一种变频调幅式测量电路，其原理图如图 5-14 所示。这种电路的基本原理是将传感器线圈直接接入电容三点式振荡器，当导体接近传感器线圈时，由于涡流效应的作用，因此振荡器输出电压的幅值和频率都发生变化，利用振荡幅度的变化来检测线圈与导体间的位移变化，而对频率变化不予考虑。变频调幅式测量电路的谐振曲线如图 5-15 所示。无被测导体时，振荡

回路 Q 值最高，振荡电压幅值最大，振荡频率为 f。当有金属导体接近线圈时，涡流效应使回路 Q 值降低，谐振曲线变钝，振荡幅度降低，曲线左移；当被测导体为非软磁材料时，谐振频率升高，曲线右移。被测导体为软磁材料和非软磁材料，振荡器输出电压 U 不是各谐振曲线与 f 的交点，而是各谐振曲线峰点的连线。这种电路除结构简单、成本较低外，还具有灵敏度高、线性范围大等优点，因此常用于监控等场合。必须指出，该电路用于测量软磁材料导体时，虽然由于磁效应的作用使灵敏度有所下降，但磁效应对涡流效应的作用相当于在振荡器中加入负反馈，因此能获得很大的线性范围，所以如果配用涡流板进行测量，应选用软磁材料。

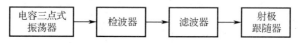

图 5-14　变频调幅式测量电路的原理图

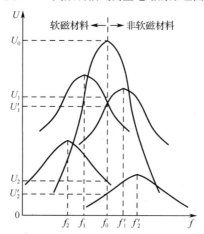

图 5-15　变频调幅式测量电路的谐振曲线

5.3.3　调频式测量电路

调频式测量电路与变频调幅式测量电路相同，也是将传感器线圈接入电容三点式振荡回路，所不同的是，以振荡频率的变化作为输出信号，若欲以电压作为输出信号，则应后接鉴频器。图 5-16 所示为调频式测量电路的原理图，图中的传感器线圈作为组成 LC 振荡器的电感元件，LC 并联谐振回路的谐振频率为

$$f = \frac{1}{2\pi\sqrt{LC_0}} \tag{5-10}$$

位移显示器用于"静态"测量显示，记录仪用于"动态"测量显示，"静态"和"动态"分别用于测量静态位移和振动幅度。这种电路的关键是提高振荡器的频率稳定度，通常可以从环境温度变化、电缆电容变化及负载影响 3 方面考虑。

当电涡流线圈与被测物体的距离变化时，电涡流线圈的电感量在涡流影响下随之变化，引起振荡的输出频率变化，该频率信号（TTL 电平）可直接用计算机计数，或通过频率-电压转换器（又称鉴频器）将频率信号转换为电压信号，用数字电压表显示出对应的电压。

提高谐振回路元件本身的稳定性也是提高频率稳定度的一个措施。为此，传感器线圈可采用热绕工艺绕制在低膨胀系数材料的骨架上，并配以高稳定度的云母电容或具有适当负温度系数的电容（进行温度补偿）作为谐振电器。

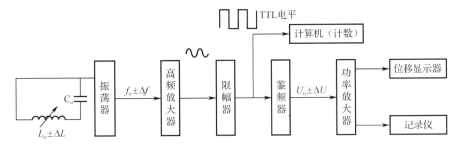

图 5-16　调频式测量电路的原理图

5.4　电涡流式传感器的应用

微课

5.4.1　位移测量

电涡流式传感器的主要用途之一是测量金属件的静态位移或动态位移，最大量程达数百毫米，分辨率为 0.1%。电涡流式传感器与被测金属体的距离变化将影响其等效阻抗，根据该原理可用电涡流式传感器来实现对位移的测量，如汽轮机主轴的轴向位移，金属体的热膨胀系数，钢水的液位、流体压力等。

5.4.2　振幅测量

电涡流式传感器可以无接触地测量各种机械振动，测量范围从几十微米到几毫米，如测量轴的振动形状，可将多个电涡流式传感器并排安置在轴附近，如图 5-17（a）所示，用多通道指示仪输出至记录仪，在轴振动时获得各传感器所在位置的瞬时振幅，从而测出轴的瞬时振动分布形状。

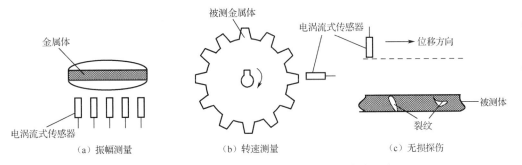

（a）振幅测量　　　　　（b）转速测量　　　　　（c）无损探伤

图 5-17　电涡流式传感器在振幅、加速度、探伤中的应用

5.4.3　转速测量

将一个旋转金属体加工成齿轮状，旁边安装一个电涡流式传感器，如图 5-17（b）所示，当旋转金属体旋转时，传感器将产生周期性的脉冲信号输出。对单位时间内输出的脉冲进行计数，从而计算出其转速。

5.4.4　无损探伤

可以将电涡流式传感器制作成无损探伤仪，用于非破坏性地探测金属材料的表面裂纹、热处理裂纹及焊缝裂纹等。如图 5-17（c）所示，探测时，使传感器与被测金属体的距离不变，保持平行相对移动，遇到裂纹时，金属的电导率、磁导率发生变化，裂缝处的位移量也将改变，结果引起传感器的等效阻抗发生变化，通过测量电路以达到探伤的目的。

5.4.5　厚度测量

高频反射式电涡流传感器可用于厚度测量。在测板厚时，金属板材的厚度变化相当于线圈与金属表面间距离的改变。根据输出电压的变化即可得知线圈与金属表面间距离的变化，即板厚变化。为克服金属板移动过程中上下波动及板材不够平整的影响，常在板材上下两侧对称放置两个特性相同的传感器 L_1 与 L_2。由图 5-18 可知，板厚 $\delta=x-(x_1+x_2)$，工作时两侧传感器分别测得 x_1 和 x_2，板厚不变时，(x_1+x_2) 为常数；板厚改变时，代表板厚偏差的 (x_1+x_2) 所反映的输出电压发生变化。测量不同厚度的板材时，可通过调节距离 x 来改变板厚设定值，并使偏差指示为零。这时，被测板厚为板厚设定值与偏差指示值的代数和。电涡流式传感器由于测量范围大、反应速度快，因此可实现非接触式测量等特点，常用于在线检测。

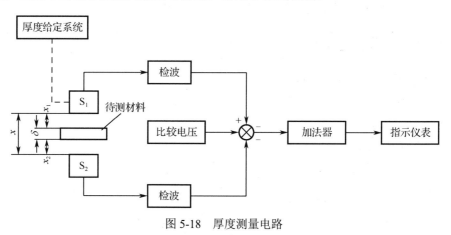

图 5-18　厚度测量电路

5.4.6　温度测量

在较小的温度范围内，导体的电导率与温度关系为 $\rho_1 = \rho_0[1+\alpha(t_1-t_0)]$，其中，$\rho_1$、$\rho_0$ 分别为温度为 t_1 与 t_0 时的电阻率；α 为在给定温度范围内的电阻温度系数。若保持电涡流式传感器的机、电、磁各参数不变，使传感器的输出只随被测导体的电阻率而变，就可测得温度的变化。上述原理可用来测量液体、气体介质的温度或金属材料的表面温度，适合于低温到常温的测量。

【项目小结】

电涡流现象是指将块状金属导体置于交变磁场中，或使其在磁场中切割磁力线时，导体内部会产生呈涡旋状的感应电流。根据电涡流效应原理制造的传感器称为电涡流式传感器，主要分为高频反射式电涡流传感器和低频透射式电涡流传感器两种类型。

1. 电涡流式传感器的结构和工作原理

（1）结构。由线圈和框架组成传感器的自身结构，传感器和被测物体构成测量系统。

（2）工作原理。线圈通交变电流，周围形成交变磁场，导体内产生电涡流，电涡流磁场反抗原磁场，引起线圈等效阻抗 Z 发生变化，其公式为 $Z = F(\rho, \mu, R, \omega, x)$，若改变公式中的其中一个参数，则可建立 Z 与该参量的单值函数的对应关系，测量出 Z 的变化，即可计算出被测量。

（3）简化模式。将被测金属导体上存在电涡流的部分等效成一个短路环，该短路环用于分析传感器的基本特性，该短路环称为简化模型。根据分析模型和等效电路，可知传感器测量系统的基本特性及传感器线圈受电涡流影响后的等效阻抗。

2. 电涡流的形成范围

（1）电涡流的径向分布特性。

（2）电涡流强度与距离 x 的关系。

（3）电涡流的轴向贯穿深度。

3. 被测导体的材料、形状和大小对传感器灵敏度的影响

（1）被测导体的电阻率、相对磁导率越小，传感器的灵敏度越高。

（2）短路环的外半径越大，灵敏度越高。

（3）当被测导体厚度大于 2 倍的贯穿深度时，灵敏度几乎不受影响。

（4）当不属于被测导体的金属物和线圈距离大于 2 倍的外半径时，灵敏度也几乎不受影响。

4. 电涡流式传感器的转换电路与应用

电涡流式传感器所用的谐振电路有调幅式、变频调幅式与调频式 3 种类型。电涡流式传感器作为典型应用，介绍了电涡流式传感器在位移、温度、厚度、探伤、转速、振幅等领域的应用。

【项目实施】

实验一　电涡流式传感器的位移特性实验

● 实验目的

了解电涡流式传感器测量位移的工作原理及特性。

● **实验原理**

根据电涡流式传感器的动态特性和位移特性，选择合适的工作点测量振幅。

● **实验设备**

1. -STIM08-差动变压器及支架模块，-STIM09-电容、电涡流式传感器模块，电涡流式传感器，不锈钢圆片。

2. 万用表（后面实验步骤及图画的示波器）。

3. 电子连线若干。

● **实验步骤及记录**

1. 接上各模块的电源，按图 5-19 连接电路。

2. 将电涡流式传感器放置在-STIM08-模块的支架上，测微头连接被测的圆片——不锈钢圆片。调节电涡流式传感器和不锈钢圆片的位置，使它们尽量贴近并且中心对准，固定传感器和测微头。

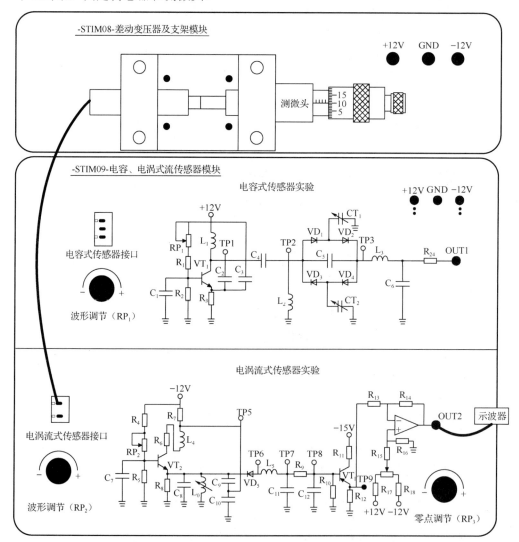

图 5-19　电涡流式传感器的位移特性实验接线图

3．向外旋转螺旋测微头，每旋转 0.2mm 读取一次示波器数据。将数据记录在表 5-1 中。

表 5-1　电涡流式传感器的位移变化与输出电压数据统计表 1

位移（mm）	0.2	0.4	0.6	0.8	1.0	1.2	1.4	1.6	1.8	2.0
电压（V）										

实验二　被测材质对电涡流式传感器的影响实验

● **实验目的**

了解不同的被测金属导体对于电涡流式传感器特性的影响。

● **实验原理**

根据电涡流式传感器的动态特性和位移特性，选择合适的工作点测量振幅。

● **实验设备**

1．-STIM09-电容、电涡流式传感器模块，电涡流式传感器。

2．铝圆片（大）、铜圆片。

3．万用表。

4．电子连线若干。

● **实验步骤及记录**

1．按照实验一的步骤，将被测圆片换成铝圆片，在表 5-2 中记录数据。

表 5-2　电涡流式传感器的位移变化与输出电压数据统计表 2

位移（mm）	0.2	0.4	0.6	0.8	1.0	1.2	1.4	1.6	1.8	2.0
电压（V）										

2．按照实验一的步骤，将被测圆片换成铜圆片，在表 5-3 中记录数据。

表 5-3　电涡流式传感器的位移变化与输出电压数据统计表 3

位移（mm）	0.2	0.4	0.6	0.8	1.0	1.2	1.4	1.6	1.8	2.0
电压（V）										

实验三　被测面积对电涡流式传感器的影响实验

● **实验目的**

了解被测金属体的面积大小对电涡流式传感器特性的影响。

● **实验原理**

根据电涡流式传感器的动态特性和位移特性，选择合适的工作点测量振幅。

● 实验设备

1．-STIM09-电容、电涡流式传感器模块，电涡流式传感器。

2．铝圆片（大）、铝圆片（小）。

3．万用表。

4．电子连线若干。

● 实验步骤及记录

1．按照实验一的步骤，将被测圆片换成大铝圆片，在表5-4中记录数据。

表5-4　电涡流式传感器的位移变化与输出电压数据统计表4

位移（mm）	0.2	0.4	0.6	0.8	1.0	1.2	1.4	1.6	1.8	2.0
电压（V）										

2．按照实验一的步骤，将被测圆片换成小铝圆片，在表5-5中记录数据。

表5-5　电涡流式传感器的位移变化与输出电压数据统计表5

位移（mm）	0.2	0.4	0.6	0.8	1.0	1.2	1.4	1.6	1.8	2.0
电压（V）										

实验四　电涡流式传感器的振动实验

● 实验目的

了解电涡流式传感器测量振动的工作原理及特性。

● 实验原理

根据电涡流式传感器的动态特性和位移特性，选择合适的工作点测量振幅。

● 实验设备

1．-STIM03-振动源模块，-STIM09-电容、电涡流式传感器模块。

2．电涡流式传感器。

3．示波器。

4．电子连线若干。

● 实验步骤及记录

1．接上各模块的电源，按图5-20连接电路。

2．将电涡流式传感器安装在-STIM03-模块的支架上，需要确保电涡流式传感器与振动盘上较大表贴焊盘的中心对准，并使两者的间距在5mm左右，固定传感器。

3．将信号发生器的LA/AF按钮置于LF位置，并用示波器观察输出波形的振幅和频率。在频率保持不变（使LF振荡器输出频率=15Hz）时，按表5-6中的数据调节实训台上LF振荡器的振幅调节旋钮或-STIM03-模块的振幅调节旋钮，改变LF_OUT的V_{p-p}值，并将对应的数据记录在表5-6中。

表 5-6　振幅与输出电压数据统计表

LF_OUT（V）	6	7	8	9	10	11	12	13	14	15
输出电压 V_{p-p}（V）										

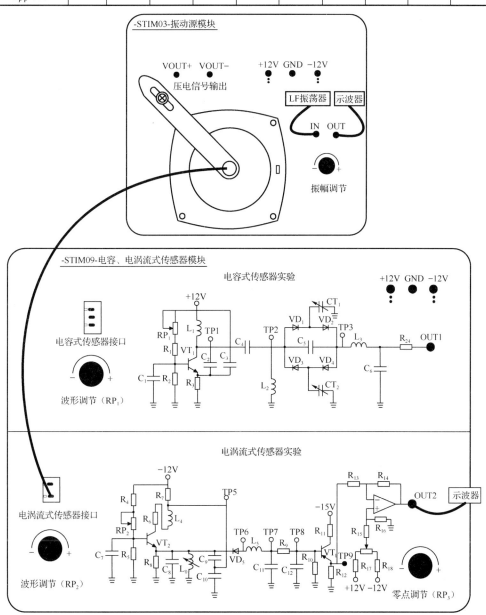

图 5-20　电涡流式传感器的振动实验接线图

实验五　电涡流式传感器的转速实验

● 实验目的

了解电涡流式传感器测转速的原理。

● **实验原理**

根据电涡流式传感器的动态特性和位移特性，选择合适的工作点测量振幅。

● **实验设备**

1．-STIM09-电容、电涡流式传感器模块，-STIM04-转速控制模块。
2．电涡流式传感器。
3．示波器。
4．电子连线若干。

● **实验步骤及记录**

1．接上各模块的电源，按图 5-21 连接电路。

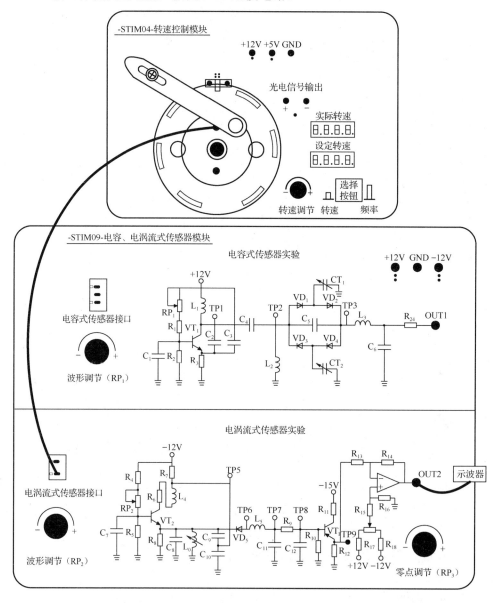

图 5-21　电涡流式传感器的测速实验接线图

2．将电涡流式传感器放置在-STIM04-模块的支架上，调节电涡流式传感器的位置，使其正对转盘上的磁铁，固定电涡流式传感器。

3．通过转速调节旋钮调节设定转速。电机转速对应的频率每增加5Hz读取一次电涡流式传感器输出信号的频率，将数值记录在表5-7中。

表 5-7　转速与输出电压值

设定转速对应的频率（Hz）	5	10	15	20	25	30	35	40
所测转速对应的频率（Hz）								

【项目训练】

一、单项选择题

1．电涡流接近开关可以利用电涡流原理检测出（　　）的靠近程度。

A．人体　　　　　　　　　　　B．水

C．黑色金属零件　　　　　　　D．塑料零件

2．电涡流探头的外壳用（　　）制作较为恰当。

A．不锈钢　　　　B．塑料　　　　C．黄铜　　　　D．玻璃

3．当电涡流线圈靠近非磁性导体（铜）板材后，线圈的等效电感 L（　　），调频转换电路的输出频率 f（　　）。

A．不变　　　　B．增大　　　　C．减小

4．欲探测埋藏在地下的金属物体，应选择直径为（　　）左右的电涡流探头。

A．0.1mm　　　　B．5mm　　　　C．50mm　　　　D．500mm

二、填空题

1．产生电涡流效应后，由于电涡流的影响，线圈的等效机械品质因数＿＿＿＿＿。

2．电涡流式传感器的测量电路主要有＿＿＿＿式和＿＿＿＿式。

3．电涡流式传感器可用于位移测量、＿＿＿＿、＿＿＿＿和＿＿＿＿。

4．调幅式测量电路的原理图包括＿＿＿＿、＿＿＿＿、＿＿＿＿等部分。

三、简答题

1．保证相敏检波电路可靠工作的条件是什么？

2．何谓电涡流效应？

3．怎样利用电涡流效应进行位移测量？

4．电涡流式传感器的基本特性是什么？它是基于何种模型得到的？

5．电涡流的形成范围包括哪些内容？它们的主要特点是什么？

项目六

压电式传感器

项目引入

　　压电式传感器基于某些介质材料的压电效应工作，是一种典型的自发电式和机电转换式传感器。它的敏感元件由压电材料制成，压电材料受力后表面产生电荷。此电荷经电荷放大器和测量电路放大和变换阻抗后，成为正比于所受外力的电量输出。压电式传感器可用于测量力和能变换为电量的非电物理量。它的优点是频带宽、灵敏度高、信噪比高、结构简单、工作可靠和质量小等，缺点是某些压电材料需要设置防潮措施，而且输出的直流响应差，需要采用高输入阻抗电路或电荷放大器来克服这个缺陷。随着电子技术的发展，配套的二次仪表及低噪声、小电容、高绝缘电阻的电缆相继问世，使压电式传感器在动态力、机械冲击与振动的测量等领域得到了应用。同时，它们在声学、医学、力学等领域也发挥了重要作用。

　　本项目通过对压电式传感器的工作原理、结构类型、测量方法的介绍，使学生能够准确判断压电式传感器的故障现象和分析其应用场合，并能够熟练掌握压电式传感器的测量方法。

项目目标

（一）知识目标

1. 掌握压电效应和逆压电效应的概念。
2. 掌握常用的压电材料及其特性。
3. 掌握压电式传感器的工作原理及前置放大器的特性。
4. 能选择和应用压电式传感器。

（二）技能目标

1. 能分析压电式传感器组成检测系统的工作原理，正确安装和调试压电式传感器。
2. 能分析和处理信号电路的常用故障。
3. 熟悉压电式传感器的应用。

（三）思政目标

1．激发学生的爱国情怀、培养学生的团队协作精神。
2．培养学生精益求精的工匠精神。

知识准备

　　压电式传感器是一种典型的自发电式传感器，它以某些电介质的压电效应为基础，在外力作用下，在电介质的表面产生电荷，从而实现力到电荷的转换，所以它能测量压力、加速度等物理量。

6.1 压电效应与压电材料

6.1.1 压电效应

1．压电效应概述

　　某些物质沿某个方向受到外力作用时，会产生变形，同时其内部产生极化现象，此时在这种材料的两个表面产生符号相反的电荷，当外力去掉后，它重新恢复到不带电的状态，这种现象称为压电效应。当作用力方向改变时，电荷极性也随之改变。这种机械能转化为电能的现象称为"正压电效应"或"顺压电效应"。

　　反之，当在某些物质的极化方向上施加电场时，这些材料在某个方向上产生机械变形或机械压力；当外加电场撤去时，这些变形或应力也随之消失。这种电能转化为机械能的现象称为"逆压电效应"或"电致伸缩效应"。

　　具有压电效应的材料称为压电材料，压电材料能实现机-电能量的相互转换，如图 6-1 所示。

图 6-1　压电效应的可逆性

2．压电效应的原理

　　具有压电效应的物质有很多，如石英晶体、钛酸钡、锆钛酸铅等材料是性能优良的压电材料。现以石英晶体为例，简要说明压电效应的机理。

　　石英晶体是一种应用广泛的压电晶体。它的化学成分是 SiO_2，是单晶结构，理想形状是六角锥体，如图 6-2（a）所示。石英晶体是各向异性材料，不同晶向具有各异的物理特性。用 x、y、z 轴来描述石英晶体的 3 个晶轴，如图 6-2（b）所示。

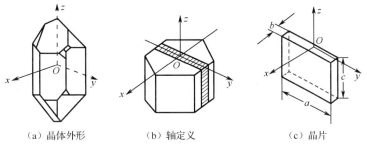

（a）晶体外形　　　　（b）轴定义　　　　（c）晶片

图 6-2　石英晶体

z 轴：通过锥顶端的轴线，是纵向轴，称为光轴，沿该方向受力不会产生压电效应。

x 轴：经过六棱柱的棱线并垂直于 z 轴的轴为 x 轴，称为电轴（压电效应只在该轴的两个表面产生电荷集聚），沿该方向受力产生的压电效应称为"纵向压电效应"。

y 轴：与 x、z 轴同时垂直的轴为 y 轴，称为机械轴（该方向只产生机械变形，不会出现电荷集聚）。沿该方向受力产生的压电效应称为"横向压电效应"。

从晶体上沿 x、y、z 轴线切下的一片平行六面体薄片称为晶体切片（简称切片）。它的 6 个面分别垂直于光轴、电轴和机械轴。通常将垂直于 x 轴的平面称为 x 面，将垂直于 y 轴的平面称为 y 面，如图 6-2（c）所示。当沿着 x 轴对晶片施加力时，将在 x 面上产生电荷，这种现象称为纵向压电效应。当沿着 y 轴施加力时，电荷仍出现在 x 面上，这种现象称为横向压电效应。当沿着 z 轴方向施加力时，不产生压电效应。

石英晶体的压电效应与其内部结构有关，产生极化现象的机理可用图 6-3 来说明。石英晶体的化学式为 SiO_2，它的每个晶胞中有 3 个硅离子和 6 个氧离子，一个硅离子和两个氧离子交替排列（氧离子是成对出现的）。沿光轴看去，可以等效地认为有如图 6-3（a）所示的正六边形排列结构。

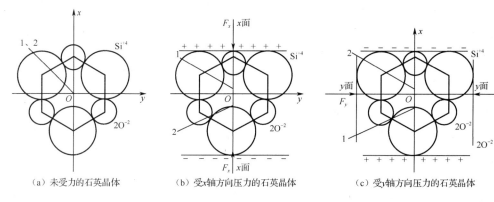

（a）未受力的石英晶体   （b）受 x 轴方向压力的石英晶体   （c）受 y 轴方向压力的石英晶体

图 6-3 石英晶体上电荷极性与受力方向的关系

（1）在无外力作用时，硅离子所带正电荷的等效中心与氧离子所带负电荷的等效中心是重合的，整个晶胞不呈现带电现象，如图 6-3（a）所示。

（2）当晶体沿电轴（x 轴）方向受到压力时，晶格产生变形，如图 6-3（b）所示。硅离子的正电荷中心上移，氧离子的负电荷中心下移，正、负电荷中心分离，在晶体的 x 面的上表面产生正电荷，x 面的下表面产生负电荷，形成电场。其 x 面上产生电荷的大小为

$$q_x = d_{11} \cdot f_x \tag{6-1}$$

式中　d_{11}——x 轴方向受力的压电系数；

f_x——x 轴方向的作用力。

电荷量 q_x 与作用力 f_x 成正比。从式（6-1）可见，沿电轴方向的力作用于晶体时所产生电荷量 q_x 的大小与切片的几何尺寸无关。

反之，受到拉力作用时，情况恰好相反，x 面的上表面产生负电荷，x 面的下表面产生正电荷。如果受到的力是交变力，那么在 x 面的上、下表面间将产生交变电场。如果在 x 面的上、下表面镀上银电极，那么能测出所产生电荷的大小。

（3）同样地，当晶体沿机械轴（y 轴）方向受到压力时，也会产生晶格变形，如图 6-3（c）所示。硅离子的正电荷中心下移，氧离子的负电荷中心上移，在 x 面的上表面产生负电荷，在 x 面的下表面产生正电荷，这个过程恰好与 x 轴方向受压力时的情况相反。

其电荷量为

$$q_y = d_{12} \cdot \frac{a}{b} \cdot f_y = -d_{11} \cdot \frac{a}{b} \cdot f_y \qquad （6-2）$$

式中　d_{12}——y 方向受力的压电系数（石英轴对称，$d_{12}=-d_{11}$）；

　　　a——切片的长度；

　　　b——切片的厚度；

　　　f_y——y 轴方向的作用力。

从式（6-2）可见，沿机械轴方向的力作用于晶体时产生的电荷量 q_y 的大小与晶体切片的几何尺寸有关。

（4）当晶体的光轴（z 轴）方向受到压力时，由于晶格的变形不会引起正、负电荷中心的分离，因此不会产生压电效应。

6.1.2　压电材料

1. 常用压电材料

在自然界中，大多数晶体都具有压电效应，但压电效应十分微弱。随着对材料的深入研究，发现石英晶体、钛酸钡、锆钛酸铅等材料是性能优良的压电材料。应用于压电式传感器中的压电元件材料一般有 3 类：石英晶体、经过极化处理的压电陶瓷和高分子压电材料。

（1）石英晶体。石英晶体是一种性能良好的压电晶体。它的突出优点是性能与压电系数的温度稳定性特别好，且居里点高，达到 575℃（到 575℃时，非常稳定）。此外，它还具有很高的机械强度和稳定的机械性能，绝缘性能好、石英晶体动态特性好、迟滞小等优点。但石英晶体的压电常数小（$d_{11}=2.31\times10^{-12}$C/N），灵敏度低，且价格较贵，所以只在标准传感器、高精度传感器或高温环境下工作的传感器中作为压电元件使用。石英晶体分为天然石英晶体与人造石英晶体两种。天然石英晶体的性能优于人造石英晶体的性能，但天然石英晶体价格昂贵。

（2）压电陶瓷。压电陶瓷是人工制造的多晶体压电材料。其材料内部的晶粒有许多自发极化的电畴，它有一定的极化方向，从而存在电场。在无外电场作用时，电畴在晶体中杂乱分布，它们各自的极化效应被相互抵消，压电陶瓷内的极化强度为零，因此原始的压电陶瓷呈中性，不具有压电性质。压电陶瓷如图 6-4 所示。

在陶瓷上施加外电场时，电畴的极化方向发生转动，趋向于按外电场方向排列，从而使材料得到极化。外电场越强，就有更多的电畴更完全地转向外电场方向。要使材料具备压电特性，外电场强度需要足够大，以使材料的极化达到饱和，此时所有电畴的极化方向都整齐地与外电场方向一致时。当外电场去掉后，电畴的极化方向基本没变化，即剩余极化强度很大，这时的材料才具有压电特性。

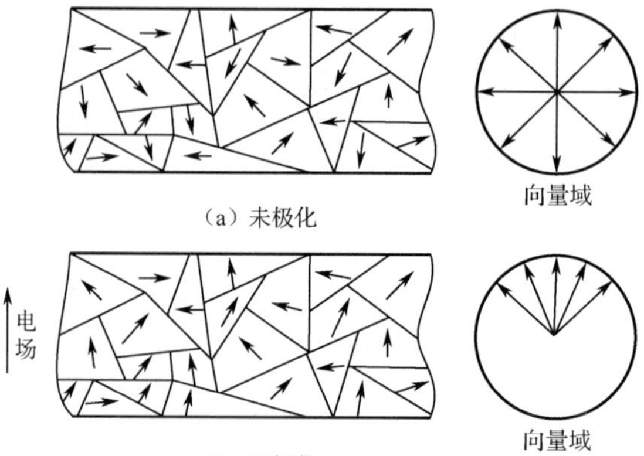

（a）未极化　　　　　　向量域

（b）已极化　　　　　　向量域

电
场

图 6-4　压电陶瓷

　　与石英晶体相比，压电陶瓷的压电系数大得多（压电效应更明显），因此用它做成的压电式传感器的灵敏度较高，但稳定性、机械强度等不如石英晶体。压电陶瓷材料有多种，最早的是钛酸钡（$BaTiO_3$），现在最常用的是锆钛酸铅（$PbZrO_3$-$PbTiO_3$，简称 PZT，即 Pb、Zr、Ti 3 个元素符号的首字母组合）等，前者工作温度较低（最高 70℃），后者工作温度较高，且有良好的压电性，得到了广泛应用。

学习笔记

> 📢 **知识拓展**
>
> **压电材料的主要特性参数**
>
> 　　（1）压电常数。压电常数是衡量压电材料的压电效应强弱的参数，它直接关系到压电输出的灵敏度。
>
> 　　（2）弹性常数。压电材料的弹性常数、刚度决定着压电元件的固有频率和动态特性。
>
> 　　（3）介电常数。对于一定形状、尺寸的压电元件，其固有电容与介电常数有关；而固有电容又影响着压电式传感器的频率下限。
>
> 　　（4）机械耦合系数。在压电效应中，机械耦合系数的值等于转换输出能量（如电能）与输入能量（如机械能）之比的平方根；它是衡量压电材料机电能量转换效率的一个重要参数。
>
> 　　（5）压电材料的绝缘电阻。压电材料的绝缘电阻可以减少电荷泄漏，从而改善压电式传感器的低频特性。
>
> 　　（6）居里点。压电材料开始丧失压电特性的温度称为居里点。

　　① 钛酸钡压电陶瓷。钛酸钡压电陶瓷是由 $BaCO_3$ 和 TiO_2 在高温下合成的，具有较高的压电常数（$d_{11}=190 \times 10^{-12}$C/N）和相对介电常数，但居里点较低（约为 120℃），机械强度也不如石英晶体，目前使用较少。

　　② 锆钛酸铅压电陶瓷。锆钛酸铅压电陶瓷是钛酸铅和锆酸铅材料组成的固溶体。它具有较高的压电常数 [$d_{11}=（200\sim500）\times 10^{-12}$C/N] 和居里点（300℃以上），工作温度可达 250℃，是目前经常采用的一种压电材料。在上述材料中掺入微量的镧（La）、铌（Nb）或锑（Sb）等，可以得到不同性能的材料。锆钛酸铅是工业中应用

较多的压电材料。

③ 铌酸盐系列压电陶瓷。铌酸盐系列压电陶瓷包括铌酸铅、铌酸钾和铌酸锂。铌酸铅具有很高的居里点和较低的介电常数。铌酸钾的居里点为435℃，常用于水声传感器。铌酸锂具有很高的居里点，适用于高温压电式传感器。

④ 铌镁酸铅（PMN）压电陶瓷。铌镁酸铅具有较高的压电常数 $[d_{11}=(800\sim900)\times10^{-12}\text{C/N}]$ 和居里点（260℃），它能在 70MPa 的压力下正常工作，因此适用于高压下的力传感器。

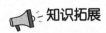
知识拓展

常用压电材料的性能参数比较

压电材料性能	石英	钛酸钡	锆钛酸钡 PZT-4	锆钛酸铅 PZT-5	锆钛酸铅 PZT-8
压电系数（pC/N）	d_{11}=2.31 d_{14}=0.73	d_{15}=260 d_{31}=−78 d_{33}=190	d_{15}=410 d_{31}=−100 d_{33}=230	$d_{15}\approx670$ d_{31}=−185 d_{33}=600	$d_{15}\approx3300$ d_{31}=−90 d_{33}=200
相对介电常数 ε_r	4.5	1200	1050	2100	1000
居里点温度/℃	576	115	310	260	300
密度/（10^3kg/m^3）	2.65	5.5	7.45	7.5	7.45
弹性模量/（10^3N/m^2）	80	110	83.3	117	123
机械品质因数	$10^5\sim10^6$		≥500	80	≥800
最大安全应力/（10^5N/m^2）	95～100	81	76	76	83
体积电阻率（Ω·m）	$>10^{12}$	10^{10}（25℃）	$>10^{10}$	$>10^{11}$（25℃）	
最高允许温度/℃	550	80	250	250	
最高允许湿度/%	100	100	100	100	

（3）高分子压电材料。高分子材料属于有机分子半结晶或结晶聚合物，其压电效应较复杂。这不仅要考虑晶格中均匀内应变对压电效应的贡献，还要考虑高分子材料中的非均匀内应变所产生的各种高次效应，以及同整个体系平均变形无关的电荷位移而表现出来的压电特性。

目前已发现的压电系数最高且已进行应用开发的高分子压电材料是聚偏二氟乙烯，其压电效应可采用类似铁电体的机理来解释。这种聚合物中碳原子的个数为奇数，经过机械滚压和拉伸制作成薄膜之后，带负电的氟离子和带正电的氢离子分别排列在薄膜的对应上、下两个边上，形成微晶偶极矩结构，经过一定时间的外电场和温度联合作用后，晶体内部的偶极矩进一步旋转定向，形成垂直于薄膜平面的碳-氟偶极矩固定结构。正是这种固定取向后的极化和外力作用时的剩余极化的变化，引起了压电效应。

2．压电材料的选取

选用合适的压电材料是设计、制作高性能传感器的关键。一般应考虑转换性能、机械性能、电性能、温度和湿度稳定性、时间稳定性。

学习笔记

6.2 压电元件的结构形式

压电式传感器是力敏感元件，所以它能测量最终能转换为力的物理量，如应力、压力、加速度等，压电式传感器具有响应频带宽、灵敏度高、信噪比大、结构简单、工作可靠、质量小等优点。

压电元件是压电式传感器的敏感部件，单片压电元件产生的电荷量很小，在实际应用中，通常将两片或更多同规格的压电元件黏结在一起，以提高压电式传感器的输出灵敏度。压电元件所产生的电荷具有极性区分，相应的连接方法有并联和串联两种，如图6-5所示。从作用力的角度看，压电元件是串联的，每片压电元件受到的作用力相同，产生的变形和电荷量大小也一致。

学习笔记

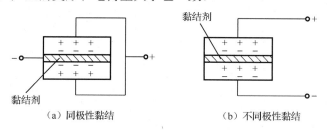

（a）同极性黏结　　　　　　（b）不同极性黏结

图 6-5　压电元件的连接方法

在图 6-5（a）中，将两个压电元件的负端黏结在一起，并在中间插入金属电极作为压电元件连接件的负极，将两边连接起来作为连接件的正极，这种连接方法称为并联法。与单片时相比，在外力作用下，两个压电元件并联时正负电极上的电荷量增加了一倍，总电容量增加了一倍，其输出电压与单片压电元件的输出电压相同。并联法输出电荷大、本身电容大、时间常数大，适用于测量慢变信号且以电荷作为输出量的场合。

在图 6-5（b）中，将两个压电元件的不同极性黏结在一起的连接方法称为串联法。与单片时相比，在外力作用下，两个压电元件串联时产生的电荷在中间黏结处会相互中和，上、下极板的电荷量 Q 不变，总电容量为单片时的一半，输出电压增大了一倍。串联法输出电压大、本身电容小，适用于以电压作为输出信号且测量电路输入阻抗很高的场合。

在安装压电晶片时，必须施加一定的预应力，一方面保证在交变力作用下，压电晶片始终受到压力；另一方面使两个压电晶片间接触良好，避免在受力的最初阶段因接触电阻随压力变化而产生非线性误差，但预应力太大可能会影响灵敏度。

6.3 压电式传感器测量电路

6.3.1 压电式传感器的等效电路

将压电元件产生电荷的两个晶面封装上金属电极后，就构成了压电元件。当压电元件受力时，就会在两个电极上产生电荷，因此，压电元件相当于一个电荷源；

两个电极之间是绝缘的压电介质，因此它又相当于一个以压电材料为介质的电容器，其结构如图 6-6（a）所示，其电容值为

$$C_a = \frac{\varepsilon_0 \varepsilon_r A}{d} \tag{6-3}$$

式中　A——压电元件的面积；

　　　d——压电元件的厚度；

　　　ε_r——压电材料的相对介电常数。

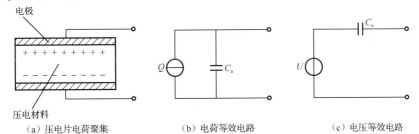

微课

图 6-6　压电式传感器等效电路

当压电元件受外力作用时，其两个表面产生等量的正、负电荷 Q，此时，压电元件的开路电压为

$$U = \frac{Q}{C_a} \tag{6-4}$$

因此，压电式传感器可以等效为一个电荷源（Q）和一个电容（电容值为 C_a）并联的等效电路，如图 6-6（b）所示。压电式传感器也可以等效为一个与电容相串联的电压源，如图 6-6（c）所示。

在实际使用中，压电式传感器总是与测量仪器或测量电路相连接，因此还须考虑连接电缆的等效电容 C_c，放大器的输入电阻 R_i，放大器输入电容 C_i 及压电式传感器的泄漏电阻 R_a，压电式传感器在测量系统中的实际等效电路如图 6-7 所示。

学习笔记

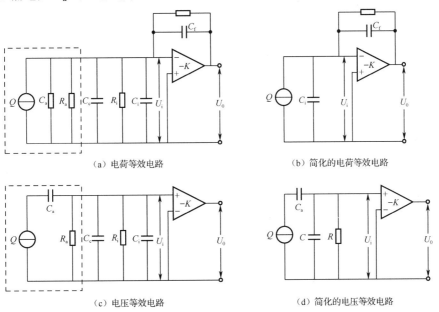

图 6-7　压电式传感器在测量系统中的实际等效电路

6.3.2 测量电路

由于压电式传感器本身的内阻抗很高（通常为 $10^{10}\Omega$ 以上），输出能量较小，因此它的测量电路通常需要接入一个高输入阻抗的前置放大器。其作用如下。

（1）将它的高输入阻抗（一般为 1000MΩ 以上）转换为低输出阻抗（小于100Ω）。

（2）对传感器输出的微弱信号进行放大。

根据压电式传感器的两种等效方式可知，压电式传感器的输出可以是电压信号或电荷信号，因此前置放大器也有两种形式：电荷放大器和电压放大器。

1. 电荷放大器

由于运算放大器的输入阻抗很高，其输入端几乎没有分流，因此可略去压电式传感器的泄漏电阻 R_a 和放大器输入电阻 R_i 两个并联电阻的影响，将压电式传感器等效电容 C_a、连接电缆的等效电容 C_c、放大器输入电容 C_i 合并为电容 C 后，电荷放大器的等效电路如图 6-7（b）所示。它由一个负反馈电容 C_f 和高增益运算放大器构成。图中 K 为运算放大器的增益。由于负反馈电容工作于直流时相当于开路，对电缆噪声敏感，放大器的零点漂移也较大，因此一般在反馈电容两端并联一个电阻 R_f，其作用是稳定直流工作点，减小零漂；R_f 通常为 $10^{10}\sim10^{14}\Omega$，当工作频率足够高时，$1/R_f \ll \omega C_f$，可忽略 $(1+K)\dfrac{1}{R_f}$。反馈电容折合到放大器输入端的有效电容为

$$C_f' = (1+K)C_f \tag{6-5}$$

由于

$$\begin{cases} U_i = \dfrac{Q}{C_a + C_c + C_i + C_f'} \\ U_o = -K \cdot U_i \end{cases} \tag{6-6}$$

因此其输出电压为

$$U_o = \dfrac{-K \cdot Q}{C_a + C_c + C_i + (1+K)C_f} \tag{6-7}$$

"–"号表示放大器的输入与输出反相。

当 $K \gg 1$（通常 $K=10^4\sim10^6$），满足 $(1+K)C_f > 10$（$C_a+C_c+C_f$）时，就可将上式近似为

$$U_o \approx \dfrac{-Q}{C_f} = U_{C_f} \tag{6-8}$$

由此可见：

① 放大器的输入阻抗极高，输入端几乎没有分流，电荷 Q 只对反馈电容 C_f 充电，充电电压 U_{C_f}（反馈电容两端的电压）接近于放大器的输出电压。

② 电荷放大器的输出电压 U_o 与电缆电容 C_c 近似无关，而与 Q 成正比，这是电荷放大器的突出优点。由于 Q 与被测压力呈线性关系，因此，输出电压与被测压力呈线性关系。

2. 电压放大器

电压放大器的原理及等效电路如图 6-7（c）和图 6-7（d）所示。

将图 6-7 中的 R_a、R_i 并联为等效电阻 R，将 C_c 与 C_i 并联为等效电容 C，于是有

$$R = \frac{R_a R_i}{R_a + R_i} \tag{6-9}$$

$$C = C_c + C_i \tag{6-10}$$

如果压电元件受正弦力 $f = F_m \sin\omega t$ 的作用，因此所产生的电荷为

$$Q = d \cdot f = d \cdot F_m \sin\omega t \tag{6-11}$$

对应的电压为

$$U_o = \frac{Q}{C_a} = \frac{d \cdot F_m}{C_a} \sin\omega t \tag{6-12}$$

式中　d——压电系数；

$U_m = (d \cdot F_m)/C_a$——压电元件输出电压的幅值。

因此它们总的等效阻抗为

$$Z = \frac{1}{j\omega C_a} + \frac{R}{1 + j\omega RC} \tag{6-13}$$

因此，送到放大器输入端的电压为

$$U_i = \frac{Z_{RC}}{Z} U_m \tag{6-14}$$

将式（6-12）和式（6-13）代入式（6-14）并整理可得

$$U_i = d \cdot F_m \frac{j\omega R}{1 + j\omega R(C_a + C)} = d \cdot F_m \frac{j\omega R}{1 + j\omega R(C_a + C_c + C_i)} \tag{6-15}$$

于是可得放大器输入电压的幅值为

$$U_{im} = \frac{d \cdot F_m \omega R}{\sqrt{1 + \omega^2 R^2 (C_a + C_c + C_i)^2}} \tag{6-16}$$

输入电压与作用力间的相位差为

$$\varphi = \frac{\pi}{2} - \arctan[\omega R(C_a + C_c + C_i)] \tag{6-17}$$

在理想情况下，传感器的泄漏电阻 R_a 和前置放大器的输入电阻 R_i 都为无穷大，根据式（6-9），有 R 无穷大，这时 $\omega R(C_a + C_c + C_i) \gg 1$，代入式（6-16）可得放大器的输入电压幅值为

$$U'_{im} = \frac{dF_m}{C_a + C_c + C_i} \tag{6-18}$$

式（6-18）表明：理想情况下，前置放大器输入电压与频率无关。为了扩展频带的低频段，必须提高回路的时间常数 $R(C_a + C_c + C_i)$。由于单靠增大测量回路电容量的方法将影响传感器的灵敏度 $S = \frac{U'_{im}}{F_m} = \frac{d}{C_a + C_c + C_i}$，因此常采用 R_i 很大的前置放大器。

联立式（6-16）和式（6-18）可得

$$\frac{U_{im}}{U'_{im}} = \frac{\omega R(C_a + C_c + C_i)}{\sqrt{1 + \omega^2 R^2 (C_a + C_c + C_i)^2}} \tag{6-19}$$

令

学习笔记

$$\omega_0 = \frac{1}{R(C_a + C_c + C_i)} = \frac{1}{\tau} \qquad (6\text{-}20)$$

式中 τ——测量电路时间常数。

则

$$\frac{U_{im}}{U'_{im}} = \frac{\omega/\omega_1}{\sqrt{1 + (\omega/\omega_1)^2}} \qquad (6\text{-}21)$$

对应的相角为

$$\varphi = \frac{\pi}{2} - \arctan(\omega/\omega_1) \qquad (6\text{-}22)$$

电压幅值比和相角与频率比的关系曲线如图 6-8 所示。由图 6-8 可知，一般认为 $\omega/\omega_1 > 3$ 时就可认为 U_{im} 与 ω 无关，这也表明压电式传感器有很好的高频响应特性，但当作用力为静态力（$\omega=0$）时，前置放大器的输入电压为 0，电荷会通过放大器输入电阻和传感器本身漏电阻漏掉，实际上，外力作用于压电材料上产生的电荷只有在无泄漏的情况下才能保存，即需要负载电阻（放大器的输入阻抗）无穷大，并且内部无漏电，但这实际上是不可能的，因此，压电式传感器要以时间常数 R_iC_a 按指数规律放电，不能用于测量静态量。压电材料在交变力的作用下能够不断产生电荷，因此非常适合动态测量。电荷的不断补充，使得压电材料可以为测量回路提供稳定的电流，从而快速有效检测变化的信号。

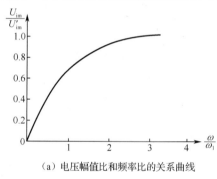 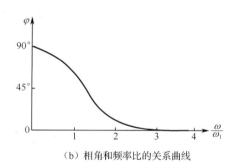

（a）电压幅值比和频率比的关系曲线   （b）相角和频率比的关系曲线

图 6-8   电压幅值比和相角与频率比的关系曲线

6.4   压电式传感器应用

6.4.1   压电式力传感器

根据压电效应，压电式传感器可以直接用于实现力-电转换。压电式力传感器的结构如图 6-9 所示。它主要由石英晶片、绝缘套、电极、上盖和基座等组成。上盖为传力元件，其外缘壁厚为 0.1～0.5mm，当受外力作用时，它将产生弹性形变，将力传递到石英晶片上，石英晶片采用 xy 切型，利用其纵向压电效应，通过 d_{11} 实现力-电转换。石英晶片的尺寸为 ϕ8mm×1mm。该传感器的测力范围为 0～50N，最小分辨率为 0.01，固有频率为 50～60Hz，整个传感器重 10g。绝缘套用于绝缘和定位。该传感器可用于机床动态切削力的测量。

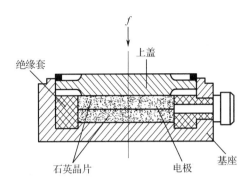

图 6-9　压电式力传感器的结构

6.4.2　压电式加速度传感器

微课

压电式加速度传感器的结构如图 6-10 所示。它主要由压电元件、质量块、预压弹簧、基座和壳体等组成。整个部件用螺栓固定。压电元件一般由两个压电晶片组成，在压电晶片的两个表面镀上一层银，并在银层上焊接输出引线，或在两个压电晶片之间夹一片金属片，引线就焊接在金属片上，输出端的另一根引线直接与传感器基座相连。在压电晶片上放置一个比重较大的质量块，用一个硬弹簧或螺栓、螺母对质量块预加载荷。整个组件装在一个厚基座的金属壳体中，为了防止试件的任何应变传递到压电元件上去，避免产生假信号输出，一般要使用加厚基座或选用刚度较大的材料来制造基座。

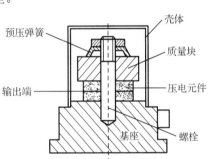

图 6-10　压电式加速度传感器的结构

测量时，将传感器基座与试件刚性固定在一起。当传感器与被测物体一起受到冲击振动时，由于弹簧的刚度相当大，而质量块的质量相对较小，可以认为质量块的惯性很小，因此，质量块与传感器基座感受到相同的振动，并受到与加速度方向相反的惯性力的作用，这样，质量块就有一个正比于加速度的交变力（$f=m\cdot a$）作用于压电晶片上。压电晶片的压电效应使它的两个表面上产生交变电荷 Q，当振动频率远低于传感器的固有频率时，传感器的输出电荷与作用力成正比，即与试件的加速度成正比：

$$Q = d_{11} \cdot f = d_{11} \cdot m \cdot a \qquad (6\text{-}23)$$

式中　　d_{11}——压电系数；

m——质量块的质量；

a——加速度。

6.4.3　压电式声传感器

当交变信号加在压电陶瓷片的两个端面时，压电陶瓷的逆压电效应使其在电极方向上产生周期性的伸长和缩短。

当一定频率的声频信号加在换能器上时，换能器上的压电陶瓷片受到外力作用而产生压缩变形，压电陶瓷的正压电效应使其产生充、放电现象，即将声频信号转换成了交变电信号，其结构如图 6-11 所示。这时的声传感器就是声频信号接收器。

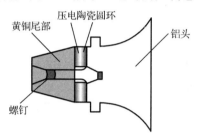

图 6-11　压电式声传感器的结构

学习笔记

如果换能器中压电陶瓷的振荡频率在超声波范围内，那么其发射或接收的声频信号即超声波，这样的换能器称为压电超声换能器。

6.4.4　压电式流量计

压电式流量计利用超声波在顺流和逆流方向的传播速度不同来进行测量。在管外设置两个相隔一定距离的收发两用压电超声换能器（其结构如图 6-12 所示），产生超声波和接收超声波的换能器都是利用压电元件构成的，压电元件几乎都采用锆钛酸铅压电陶瓷。

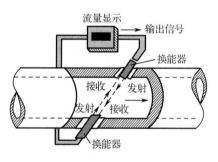

图 6-12　压电式流量计的结构

每隔一定时间发射和接收互换一次，在顺流和逆流的情况下，发射和接收的相位差与流速成正比，利用这个关系，可以精确测定流速。流速与管道截面积的乘积等于流量。发射超声波利用逆压电效应，即在压电材料切片上施加交变电压，使它产生电致伸缩振动而产生超声波。当外加交变电压的频率等于晶片的固有频率时产生共振，这时产生的超声波最强。接收超声波利用正压电效应，当超声波作用到压电晶片上时，使晶片伸缩，在晶片的两个界面上产生交变电荷，这种电荷被转换成电压并经放大后送到测量电路。

【项目小结】

1．石英晶体与压电陶瓷晶体具有正、逆压电效应。

2．石英晶体的右旋直角坐标系中，z 轴称为光轴，该方向上没有压电效应；x 轴称为电轴，垂直于 x 轴的晶面上压电效应最显著。沿 x 轴施加力时，在力作用的两个晶体面上产生异性电荷，称为纵向压电效应；y 轴称为机械轴，沿 y 轴方向上的机械变形最显著，沿 y 轴施加力时，受力的两个晶面上不产生电荷，而仍在沿 x 轴施加力的两个晶面上产生异性电荷，称为横向压电效应。用石英晶体制作的压电式传感器中主要利用纵向压电效应，其特点是晶面上产生的电荷的密度与作用在晶面上的压强成正比，而与晶片厚度、面积无关；横向压电效应产生的电荷密度除了与压强成正比，还与晶片厚度成反比。

3．压电陶瓷是人工制造的多晶体压电材料。其材料内部的晶粒有许多自发极化的电畴，它有一定的极化方向，从而存在电场。在无外电场作用时，电畴在晶体中杂乱分布，它们各自的极化效应被相互抵消，压电陶瓷内的极化强度为零。在陶瓷上施加外电场时，电畴的极化方向发生转动，趋向于按外电场方向排列，从而使材料得到极化。当陶瓷材料受到外力作用时，晶粒发生移动，将在垂直于极化方向（外电场方向）的平面上出现极化电荷，电荷量的大小与外力呈正比关系。

4．压电元件可以等效成一个电荷源和一个电容并联的等效电路。压电元件内阻很大的信号源常采用电荷放大器进行配接，该放大器的输出压电只与压电元件产生的电荷量和反馈电容有关，与配接的电缆长度无关，但电缆的分布电容影响测量精度。

5．压电元件是压电式传感器的敏感部件，单片压电元件产生的电荷量很小，在实际应用中，通常将两片或更多同规格的压电元件黏结在一起，以提高压电式传感器的输出灵敏度。

6．压电式传感器中的压电元件，按受力和变形方式区分，有厚度变形、长度变形、体积变形和厚度剪切或面剪切变形几种方式，应用最广的是厚度变形的压缩式。

7．压电式传感器具有体积小、质量小、结构简单、工作可靠、测量频率范围大的优点，但不能测量频率太低的被测物体，更不能测量静态量，多用于加速度和动态力或压力的测量。

【项目实施】

实验　压电式传感器的振动实验

● 实验目的

了解压电式传感器的原理及在振动测量中的应用。

● **实验设备**

1. -STIM03-振动源模块。

2. 示波器。

3. 电子连线若干。

● **实验步骤及记录**

1. 接上模块的电源，按图 6-13 连接电路。

2. 将-STIM03-模块的振臂梁转到转动盘上方，并用一个金属圆盘托住压电晶片固定支架。

3. 将信号发生器 LF/AF 置于 LF 位置，将 LF 输出频率调为 15Hz，将 LF 的信号输出端接到-STIM03-模块的低频信号输入端。并用示波器观察-STIM03-模块振动源 LF_OUT 输出低频信号波形的振幅。

4. 按表 6-1 调节-STIM03-振动源模块 LF_OUT 输出低频信号波形的振幅，读取示波器通道的输出波形的 V_{p-p} 值，并将数据记录在表 6-1 中。

表 6-1　LF_OUT 与输出电压关系表

LF_OUT（V）	6	7	8	9	10	11	12	13	14	15
输出电压（V_{p-p}）										

5. 低频信号波形的振幅不变，调节输出频率，观察示波器通道的输出波形，并读出 LF_OUT 输出低频信号波形的振幅与输出波形的 V_{p-p} 值，把相关数值记录在表 6-1 中。

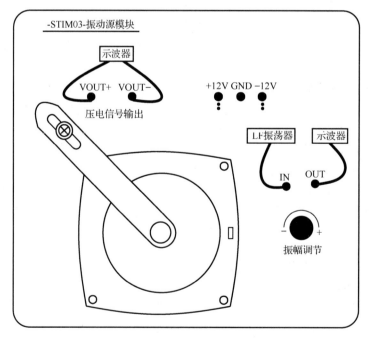

图 6-13　压电式传感器的振动实验接线图

【项目训练】

一、单项选择题

1. 对于石英晶体，下列说法正确的是（　　　）。

A. 沿光轴方向施加作用力，不会产生压电效应，也没有电荷产生

B. 沿光轴方向施加作用力，不会产生压电效应，但会有电荷产生

C. 沿光轴方向施加作用力，会产生压电效应，但没有电荷产生

D. 沿光轴方向施加作用力，会产生压电效应，也会有电荷产生

2. 关于石英晶体和压电陶瓷的压电效应对比，下列说法正确的是（　　　）。

A. 压电陶瓷比石英晶体的压电效应明显，稳定性也比石英晶体好

B. 压电陶瓷比石英晶体的压电效应明显，稳定性不如石英晶体好

C. 石英晶体比压电陶瓷的压电效应明显，稳定性也比压电陶瓷好

D. 石英晶体比压电陶瓷的压电效应明显，稳定性不如压电陶瓷好

3. 两个压电元件相并联时，与单片时相比，下列说法正确的是（　　　）。

A. 并联时输出电压不变，输出电容是单片时的一半

B. 并联时输出电压不变，电荷量增加了 2 倍

C. 并联时电荷量增加了 2 倍，输出电容为单片时的 2 倍

D. 并联时电荷量增加了 1 倍，输出电容为单片时的 2 倍

4. 两个压电元件相串联时，与单片时相比，下列说法正确的是（　　　）。

A. 串联时输出电压不变，电荷量与单片时相同

B. 串联时输出电压增大 1 倍，电荷量与单片时相同

C. 串联时电荷量增大 1 倍，电容量不变

D. 串联时电荷量增大 1 倍，电容量为单片时的一半

5. 用于厚度测量的压电陶瓷器件利用了（　　　）原理。

A. 磁阻效应　　　　B. 压阻效应　　　　C. 正压电效应　　D. 逆压电效应

6. 压电陶瓷传感器与压电石英晶体传感器相比，（　　　）。

A. 前者比后者灵敏度高　　　　　　　　B. 后者比前者灵敏度高

C. 前者比后者性能稳定性好　　　　　　D. 前者比后者机械强度高

7. 压电石英晶体表面上产生的电荷密度与（　　　）。

A. 晶体厚度成反比　　　　　　　　　　B. 晶体面积成正比

C. 作用在晶片上的压力成正比　　　　　D. 剩余极化强度成正比

8. 压电式传感器目前多用于测量（　　　）。

A. 静态的力或压力　　　　　　　　　　B. 动态的力或压力

C. 位移　　　　　　　　　　　　　　　D. 温度

9. 压电式加速度传感器适合测量（　　　）信号。

A. 任意　　　　　B. 直流　　　　　C. 缓变　　　　　　D. 动态

10. 石英晶体在沿机械轴（y 轴）方向的力的作用下会（　　　）。

A. 产生纵向压电效应　　　　　　　　　B. 产生横向压电效应

C. 不产生压电效应　　　　　　　　　　D. 产生逆向压电效应

11. 在运算放大器放大倍数很大时，压电式传感器的输入电路中的电荷放大器的输出电压与（　　）成正比。

A．输入电荷　　　B．反馈电容　　　C．电缆电容　　　D．放大倍数

12. 石英晶体在沿电轴（x 轴）方向的力的作用下会（　　）。

A．不产生压电效应　　　　　　　B．产生逆向压电效应

C．产生横向压电效应　　　　　　D．产生纵向压电效应

13. 关于压电式传感器中压电元件的连接，下列说法正确的是（　　）。

A．与单片时相比，并联时电荷量增大一倍、电容量增大一倍、输出电压不变

B．与单片时相比，串联时电荷量增大一倍、电容量增大一倍、输出电压增大一倍

C．与单片时相比，并联时电荷量不变、电容量减半、输出电压增大一倍

D．与单片时相比，串联时电荷量不变、电容量减半、输出电压不变

二、多项选择题

1. 压电晶体式传感器的测量电路通常采用（　　）。

A．频率放大器　　　　　　　　　B．电荷放大器

C．电流放大器　　　　　　　　　D．功率放大器

2. 压电式传感器是高阻抗传感器，要求前置放大器的输入阻抗（　　）。

A．很大　　　B．很低　　　C．不变　　　D．随意

3. 以下因素在选择合适的压电材料时必须考虑的有（　　）。

A．转换性能　　　B．电性能　　　C．时间稳定性　　　D．温度稳定性

4. 以下材料具有压电效应的有（　　）。

A．所有晶体　　　B．钛酸钡　　　C．锆钛酸铅　　　D．石英

三、填空题

1. 压电式传感器是以某些介质的_____作为工作基础的。

2. 将电能转换为机械能的压电效应称为_____。

3. 在石英晶体上沿_____方向施加作用力不会产生压电效应，没有电荷产生。

4. 压电陶瓷需要在_____和_____的共同作用下才会产生压电效应。

5. 压电式传感器可以等效为一个_____和一个_____并联，也可以等效为一个和_____相串联的电压源。

6. 压电陶瓷是人工制造的多晶体，是由无数细微的电畴组成的。电畴具有自己_____方向，经过_____的压电陶瓷才具有压电效应。

7. 压电式传感器是一种典型的_____传感器（或发电型传感器），其以某些电介质的_____为基础，来实现非电量电测的目的。

8. 压电式传感器的工作原理是基于某些_____材料的压电效应工作。

9. 在用石英晶体制作的压电式传感器中，晶面上产生的_____与作用在晶面上的压强成正比，而与晶片_____和面积无关。

10. 沿着压电陶瓷极化方向加力时，其_____发生变化，引起垂直于极化方向的平面上_____的变化而产生压电效应。

11. 压电式传感器具有体积小、结构简单等优点，但不能测量_____的被测

量，特别是不能测量_____。

12．压电式传感器使用_____放大器时，输出电压几乎不受连接电缆长度变化的影响。

13．压电式传感器在使用电压前置放大器时，连接电缆长度会影响系统_____；而使用电荷放大器时，其输出电压与传感器的_____成正比。

14．压电式传感器的输出须先经过前置放大器处理，此放大电路有_____和_____两种形式。

15．当对某些电介质沿一定方向施力而使其变形时，其内部产生极化现象，同时在它的表面产生符号相反的电荷，当外力去掉后又恢复不带电的状态，这种现象称为_____效应；在电介质极化方向施加电场时，电介质会产生形变，这种效应又称_____效应。

16．石英晶体的 x 轴称为_____，垂直于 x 轴的平面上_____最强；y 轴称为_____，沿 y 轴的_____最明显；z 轴称为光轴或中性轴，z 轴方向上无压电效应。

17．压电效应将_____转化为_____，逆压电效应将_____转化为_____。

18．压电材料的主要特性参数有_____、_____、_____、_____及_____。（任选 4 个做填空）

19．压电材料有 3 类：压电晶体、压电陶瓷和_____。

四、简答题

1．什么是正压电效应？

2．什么是逆压电效应？

3．什么是纵向压电效应？

4．什么是横向压电效应？

5．石英晶体的 x 轴、y 轴、z 轴的名称及其特点是什么？

6．简述压电陶瓷的结构及特性。

7．画出压电元件的两种等效电路。

8．压电元件在使用时常采用多片串联或并联的结构形式。试说明在不同接法下输出电压、电荷、电容的关系，它们分别适用于何种应用场合？

9．在压电式传感器中采用电荷放大器有何优点？

10．简述压电式传感器分别与电压放大器和电荷放大器相连时各自的特点。

11．压电材料有哪些？

12．压电式传感器的结构和应用特点是什么？能否用压电式传感器测量静态压力？

13．为什么压电式传感器通常都用来测量动态或瞬态参量？

14．设计压电式传感器检测电路的基本考虑点是什么？为什么？

15．试说明压电陶瓷的敏感机理。

16．试比较石英晶体和压电陶瓷的压电效应。

17．试从材料特性、灵敏度、稳定性等角度比较石英晶体和压电陶瓷的压电效应。

18．画出压电式元件的并联接法，试述其输出电压、输出电荷和输出电容的关系，并说明它的适用场合？

19．画出压电式元件的串联接法，试述其输出电压、输出电荷和输出电容的关系，并说明它的适用场合。

20．请简要说明什么是电荷放大器。

项目七

霍尔传感器

项目引入

对磁场参量（如磁感应强度、磁通量）敏感、通过磁电作用将被测量（如振动、位移、转速等）转换为电信号的器件或装置称为磁敏式传感器。磁电作用主要分为电磁感应和霍尔效应两种情况，本项目主要探讨利用霍尔效应制成的霍尔传感器。

霍尔传感器可以用来检测磁场及其变化，也可以在各种与磁场有关的场合中使用。霍尔传感器以霍尔效应为工作基础，是由霍尔元件和它的附属电路组成的集成传感器。霍尔传感器在工业生产、交通运输和日常生活中有着非常广泛的应用。

项目目标

（一）知识目标

1. 熟悉霍尔元件及其主要特性。
2. 了解霍尔传感器的基本测量电路。
3. 掌握霍尔效应及其应用。

（二）技能目标

1. 熟悉传感器的零位误差、温度误差等的补偿。
2. 能够应用霍尔传感器设计测量方案并实施测量过程。

（三）思政目标

1. 培养学生的创新思维。
2. 锻炼学生精益求精的工匠精神。

知识准备

7.1 霍尔元件

霍尔元件的结构比较简单，它由霍尔元件材料片、引线和壳体 3 部分组成。将霍尔元件材料制成一块矩形半导体单晶薄片，在长度方向焊有 a 和 b 两根控制电流端引线，它们在薄片上的焊点称为激励电极；在薄片的另外两个侧端面的中央以点的形式焊有对称的 c 和 d 两根输出引线，它们在薄片上的焊点称为霍尔电极。霍尔元件的壳体用非导磁性金属、陶瓷、塑料或环氧树脂封装而成。霍尔元件的外形、结构和图形符号如图 7-1 所示。

学习笔记

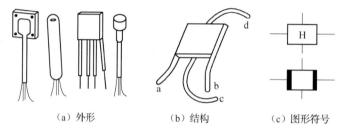

（a）外形　　　　（b）结构　　　　（c）图形符号

图 7-1　霍尔元件的外形、结构和图形符号

> 📢 知识拓展
>
> 霍尔元件的结构与其制造工艺有关。例如，体型霍尔元件是先将半导体单晶材料定向切片，经研磨抛光，然后用蒸发合金法或其他方法制作欧姆接触电极，最后焊上引线并封装而成的。而膜式霍尔元件则是在一块极薄（0.2mm）的基片上先用蒸发或外延的方法制成一种半导体薄膜，再制作欧姆接触电极，焊引线，最后封装而成的。由于霍尔元件的几何尺寸及电极的位置和大小等均直接影响它输出的霍尔电势，因此在制作时都有很严格的要求。

7.1.1　霍尔元件的基本特性

目前常用的霍尔元件材料是 N 型硅，它的霍尔灵敏度系数、温度特性、线性度均较好。锑化铟（InSb）、砷化铟（InAs）、N 型锗（Ge）等也是常用的霍尔元件材料。锑化铟元件的输出较大，受温度影响也较大；砷化铟和 N 型锗输出不及锑化铟大，但温度系数小，线性度好。砷化镓（GaAs）是新型的霍尔元件材料，温度特性和输出线性度都好，但价格较贵，表 7-1 所示为砷化镓（GaAs）霍尔元件的主要技术参数。

表 7-1　砷化镓霍尔元件的主要技术参数

项　目	符　号	测 试 条 件	最小值	典型值	最大值	单　位
额定功率	P_0	$T=25℃$	10	25	50	mW
无负载灵敏度	S_H	$I=1mA$, $B=1kGs$	2	20	30	mV/mA/kGs

续表

项　目	符　号	测试条件	最小值	典型值	最大值	单　位
不平衡电势	V_0	I=1mA，B=0	0.01	0.1	1.0	mV
输入电阻	R_i	I=1mA，B=0	200	500	1500	Ω
输出电阻	R_o	I=1mA，B=0	200	500	1500	Ω
磁线性度	r_1	I=1mA，B 的取值范围为 0～10kGs	0.1	0.2	0.5	%
电线性度	r_2	I 的取值范围为 0～10mA，B=1kGs	0.05	0.1	0.5	%
内温度系数	a	T 的取值范围为 0～150℃		0.3		%/℃
霍尔电势温度系数	β	I=1mA，B=1kGs	<0.5	1	5	10^{-4}/℃

1. 线性特性与开关特性

霍尔元件分为线性特性和开关特性两种。线性特性是指霍尔元件的输出电动势 U_H 分别和基本参数 I、B 呈线性关系。开关特性是指霍尔元件的输出电动势 U_H 在一定区域内随 B 的增加迅速增加的特性。

2. 不等位电阻 r_o

不等位电阻表示未加磁场时，不等位电势与相应电流的比值。产生不等位电阻的原因主要有：①霍尔电极安装位置不对称或不在同一个等电位上；②半导体材料不均匀造成了电阻率不均匀或几何尺寸不对称；③激励电极接触不良造成激励电流分配不均匀。

3. 负载特性

当霍尔电极间串联负载时，由于要流过霍尔电流，因此在其内阻上产生压降，实际的霍尔电势比理论值略小，这就是霍尔元件的负载特性。

4. 温度特性

通常，温度对半导体材料有较大的影响，用半导体材料制作的霍尔元件也不例外。霍尔元件的温度特性包括霍尔电势、灵敏度、输入阻抗和输出阻抗的温度特性，它们归结为霍尔系数和电阻率与温度的关系。

7.1.2 霍尔元件的误差及补偿

1. 霍尔元件的零位误差及补偿

霍尔元件在加控制电流但不加外磁场时，出现的霍尔电势称为零位误差，该误差由制造霍尔元件的工艺问题造成，使元件两侧的电极难以焊在同一个等电位上。霍尔元件的零位误差如图 7-2 所示，主要包括不等位电势和寄生直流电动势。

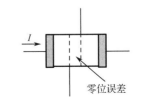

图 7-2　霍尔元件的零位误差

（1）不等位电势及其补偿。

不等位电势误差是零位误差中最主要的一种，它与霍尔电势具有相同的数量级，有时候甚至会超过霍尔电势。但在霍尔传感器的实际使用过程中，其不等位电势误差是很难消除的，一般采用的方法是利用补偿的原理来消除不等位电势误差的影响。霍尔元件可以等效为一个四臂电桥，当存在不等位电阻时，说明电桥不平衡，4 个电阻的阻值不相等。为了使电桥平衡，可以采用两种补偿方法，如图 7-3 所示。第一种补偿方法是在电桥阻值较大的桥臂上并联电阻，这种补偿方法相对简单，被称为不对称补偿。第二补偿方法是在两个桥臂上同时并联电阻，这种补偿方法被称为对称补偿，其补偿的温度稳定性较好。

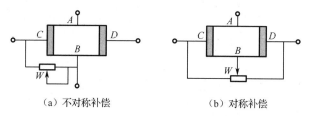

　　　　(a) 不对称补偿　　　　　　　　　　(b) 对称补偿

图 7-3　零位误差补偿电路

（2）寄生直流电动势及其补偿。

当霍尔元件的电极的焊点不是完全的欧姆接触、霍尔电极的焊点大小不等、热容量不同时，就会产生寄生直流电动势。寄生直流电动势与工作电流有关，随工作电流减小而减小。因此要求在元件制作和安装时，尽量使电极欧姆接触，并做到散热均匀。

2. 霍尔元件的温度误差及补偿

温度误差指的是霍尔元件的内阻（输入、输出电阻）随温度的变化而变化所产生的误差。一般半导体材料都具有较大的温度系数，所以当温度发生变化时，霍尔元件的载流子浓度、迁移率、电阻率及霍尔系数都会发生变化。为了减小温度误差，除了使用温度系数小的半导体材料（如砷化铟），还可以采用适当的补偿电路来进行补偿，如图 7-4 所示。

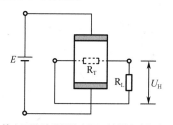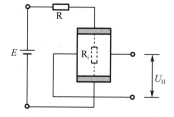

（a）输出回路并联温敏电阻（控制电流恒定）　　　（b）输入回路串联电阻（控制电压恒定）

图 7-4　温度误差补偿电路

7.2　霍尔传感器的工作原理和测量电路

7.2.1　霍尔传感器的工作原理

霍尔效应是磁电效应的一种，这个现象是霍尔于 1879 年在研究金属的导电机制时发现的。后来人们发现半导体、导电流体等也有这种效应，而半导体的霍尔效应比金属强得多，并利用这个现象制成了各种霍尔元件。当载流导体或半导体处于与电流相垂直的磁场中时，在其两端将产生电位差，这个现象称为霍尔效应。霍尔效应产生的电动势被称为霍尔电势。霍尔效应是运动电荷受磁场中洛伦兹力作用的结果。

如图 7-5 所示，在一块长度为 l、宽度为 b、厚度为 d 的长方形导电板上，两对垂直侧面上各装上电极，如果在长度方向通入控制电流为 I，在厚度方向施加磁感应强度为 B 的磁场时，导电板中的自由电子在电场作用下定向运动，此时，每个电子受到洛伦兹力 f_L 的作用，f_L 的大小为

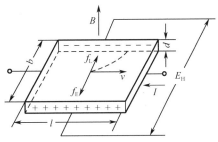

图 7-5　霍尔效应原理图

微课

$$f_L = eBv \qquad (7\text{-}1)$$

式中　e——单个电子的电荷量，$e = 1.6 \times 10^{-19} C$；

　　　B——磁场感应强度；

　　　v——电子平均运动速度。

电子除了沿电流反方向做定向运动，还在 f_L 的作用下向内飘移，结果在导电板的后端面积累电子，而在前端面积累正电荷，前后端面间形成附加内电场 E_H，这个电场称为霍尔电场。当金属体内的电子积累达到动态平衡时，电子所受洛伦兹力和电场力大小相等，即 $eE_H = eBv$，因此有

$$E_H = vB \qquad (7\text{-}2)$$

则相应的电动势称为霍尔电势 U_H，其大小可表示为

$$U_H = E_H b \qquad (7\text{-}3)$$

式中　b——导电板宽度。

当电子浓度为 n，电子定向运动平均速度为 v 时，对于不同的材料，可得出如表 7-2 所示的不同半导体材料的霍尔效应特征量。

表 7-2　不同半导体材料的霍尔效应特征量

项　　目	半导体材料	
特征量	N 型	P 型
电流 I	$-nevbd$	$nevbd$
霍尔电势 U_H	$-\dfrac{IB}{ned}$	$\dfrac{IB}{ned}$
霍尔系数 R_H	$-\dfrac{1}{ne}$	$\dfrac{1}{ne}$
霍尔灵敏度 K_H	$-\dfrac{1}{ned}$	$\dfrac{1}{ned}$

霍尔电势与霍尔系数或霍尔灵敏度的关系可表示为

$$U_H = R_H \frac{IB}{d} = K_H IB \qquad (7\text{-}4)$$

霍尔灵敏度 K_H 表征了一个霍尔元件在单位控制电流和单位磁感应强度下产生的霍尔电势的大小。

式（7-4）给出的霍尔电势是用控制电流来表示的，在霍尔元件的使用中，电源 U_C 是一个常量，由于 $U_C = E \cdot l$，而载流子在电场中的平均迁移速度为

$$v = \mu E \tag{7-5}$$

式中　μ——在单位电场强度下，载流子的迁移速率。

联立式（7-4）和式（7-5），得

$$U_H = \frac{\mu b U_C B}{l} \tag{7-6}$$

由上面的推导可知，霍尔电势除正比于激励电流、电压 U_C 及磁感应强度 B 外，还与材料的载流子迁移率及器件的宽度 b 成正比，与器件长度 l 成反比。其灵敏度与霍尔系数 R_H 成正比，而与霍尔元件厚度 d 成反比。

微课

为了提高霍尔传感器的灵敏度，霍尔元件常制成薄片形状，一般来说，霍尔元件的厚度 $d=0.1\sim0.2$mm（通常 $b=4$mm，$l=2$mm），薄膜型霍尔元件的厚度只有 1μm 左右。根据表 7-2 中的灵敏度定义，可以知道霍尔元件的灵敏度与载流子浓度成反比，由于金属的自由电子浓度过高，因此不适合用来制作霍尔元件。制作霍尔元件一般采用 N 型半导体材料。

学习笔记

霍尔效应是研究半导体材料性能的基本方法。通过霍尔效应实验测定的霍尔系数能够判断半导体材料的导电类型、载流子浓度及载流子迁移率等重要参数。

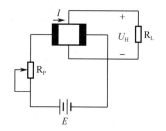

图 7-6　霍尔传感器的基本测量电路

7.2.2　霍尔传感器的测量电路

霍尔传感器的基本测量电路如图 7-6 所示，电源 E 提供激励电流，可变电阻 R_p 用于调节激励电流 I 的大小，R_L 为输出霍尔电势 U_H 的负载电阻，一般用于表征显示仪表、记录装置或放大器的输入阻抗。

7.3　霍尔传感器的应用

利用霍尔传感器的磁电转换特性可以十分方便地测量与磁场强度、电流等有关的物理量。基于它们的灵敏度高、体积小、功耗低、能识别磁极性等优点，它们的应用前景十分广泛。霍尔传感器根据输出信号的形式可以分为霍尔开关集成传感器和霍尔线性集成传感器两种类型。

7.3.1　霍尔开关集成传感器

霍尔开关集成传感器是利用霍尔效应与集成电路技术结合而制成的一种磁敏传感器，它能感知一切与磁信息有关的物理量，并以开关信号形式输出。霍尔开关集成传感器具有使用寿命长、无触点磨损、无火花干扰、无转换抖动、工作频率高、温度特性好、能适应恶劣环境等优点。

霍尔开关集成传感器的原理及工作过程如图 7-7 所示。当有磁场作用在传感器上时，根据霍尔效应原理，霍尔元件输出霍尔电压 U，该电压经放大器放大后，送至施

密特整形电路。当放大后的电压大于"开启"阈值时，施密特整形电路翻转，输出高电平，使半导体管导通，且具有吸收电流的负载能力，这种状态称为开状态。当磁场减弱时，霍尔元件输出的电压很小，经放大器放大后其值也小于施密特整形电路的"关闭"阈值，施密特整形器再次翻转，输出低电平，使半导体管截止，这种状态称为关状态。霍尔开关集成传感器的工作特性曲线如图 7-8 所示。

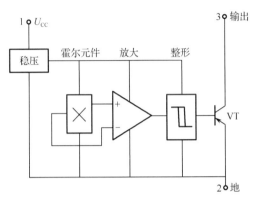
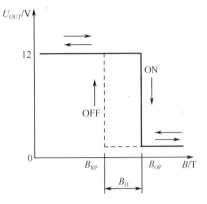

微课

图 7-7　霍尔开关集成传感器的原理及工作过程　　图 7-8　霍尔开关集成传感器的工作特性曲线

利用霍尔元件的开关特性可以实现对转速的测量，如图 7-9 所示，在被测非磁性材料的旋转体上粘贴一对或多对永磁体，图 7-9（a）所示为永磁体位于旋转体盘面，图 7-9（b）所示为永磁体位于旋转体盘侧。将导磁体霍尔元件组成的测量头置于永磁体附近，当被测物体以角速度 ω 旋转时，每当永磁体经过测量头，霍尔元件上就会产生一个相应的脉冲。通过测量单位时间内的脉冲数目，就可以推算出被测物体的旋转速度。

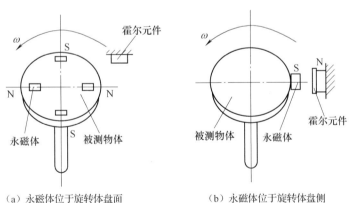

（a）永磁体位于旋转体盘面　　　　　　（b）永磁体位于旋转体盘侧

图 7-9　霍尔开关集成传感器的转速测量原理

设旋转体上固定有 n 个永磁体，采样时间 t（单位：s）内霍尔元件送入数字频率计的脉冲数为 N，则转速（单位：r/s）为

$$r = \frac{\dfrac{N}{n}}{t} = \frac{N}{t \cdot n} \quad (\text{r/s}) \tag{7-7}$$

　　霍尔开关集成传感器可用在出租车计价器上。将安装在车轮上的霍尔开关集成传感器检测到的信号送至单片机，经单片机处理计算，送至显示单元，这样便完成了里程计算。假设车轮的周长是 1m，那么车轮每转一圈，霍尔开关集成传感器就检测并输出信号，每当霍尔开关集成传感器输出一个低电平信号，单片机就中断一次，同时对脉冲计数，当里程计数器对里程脉冲计满 1000 次时，也就是 1km，单片机就控制将金额自动增加。当到达目的地时，由于霍尔开关集成传感器没有送来脉冲信号，因此停止计价，显示当前应付的金额和对应的单价。当再次启动计价器时，系统自动清零，并重新进行初始化过程。

7.3.2　霍尔线性集成传感器

　　霍尔线性集成传感器的输出电压与外加磁场强度呈线性关系。这类传感器一般由霍尔元件和放大器组成。当外加磁场时，霍尔元件产生与磁场呈线性比例变化的霍尔电压，经放大器放大后输出。在实际电路设计中，为了提高传感器的性能，往往在电路中设置稳压、电流放大输出级、失调调整和线性度调整等电路。霍尔开关集成传感器的输出有低电平或高电平两种状态，而霍尔线性集成传感器的输出却是对外加磁场的线性感应。因此，霍尔线性传感器广泛用于对位置、力、质量、厚度、速度、磁场、电流等量的测量或控制。

　　霍尔线性集成传感器有单端输出和双端输出两种，它们的电路结构如图 7-10 所示。

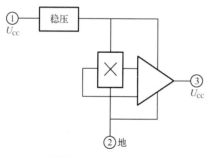

（a）单端输出传感器的电路结构

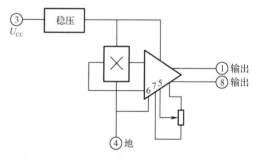

（b）双端输出传感器的电路结构

图 7-10　霍尔线性集成传感器的电路结构

　　通常利用霍尔元件的线性特性实现微位移等的测量。如图 7-11 所示，在极性相反、磁场强度相同的两个磁钢气隙中放入一个霍尔元件，当霍尔元件处于中间位置时，霍尔元件同时受到大小相等、方向相反的磁通作用，则有 $B=0$，此时霍尔电势 $U_H=0$；当霍尔元件沿着 $\pm z$ 方向移动时，有 $B\neq 0$，则霍尔电势发生变化，为

$$U_H = K_H IB = K\Delta z \tag{7-8}$$

式中　K——霍尔位移传感器的输出灵敏度。

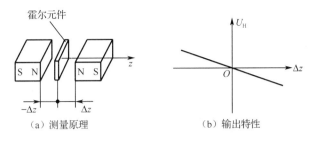

（a）测量原理　　　　　　　（b）输出特性

图 7-11　微位移测量原理及其输出特性

可见，霍尔电势与位移量 Δz 呈线性关系，并且霍尔电势的极性还会反映霍尔元件的移动方向。

【项目小结】

霍尔元件的基本结构是在一个半导体薄片的两个相对侧面安装一对控制电极，相应地焊接两根控制电流引线；在另两个相对侧面安装一对霍尔电极，相应地焊接两根霍尔电势输出引线，并进行封装即可。

在霍尔元件的平面法线方向施加磁感应强度 B，经控制电流引线通入控制电流 I，洛伦兹力的作用使两个霍尔电极上出现相反极性载流子的积累，从而在霍尔电势输出引线之间产生霍尔电势 U_H，这个现象称为霍尔效应，并且存在关系 $U_H = K_H I B$。$K_H t$ 称为霍尔元件的乘积灵敏度，它反映了霍尔元件的磁电转换能力。

将霍尔元件的控制电流引线经调节电阻接至电源构成输入回路，霍尔电势输出引线接至放大电路或表头等构成输出回路，就构成了基本测量电路。测出 U_H 就可求出 $I \times B$，或者已知 I 和 B 中的一个量而求出另一个量。因此，任何可转换成 $I \times B$ 或 I 或 B 的未知量均可通过霍尔元件进行测量。

在实际使用中，霍尔电势会受到温度变化的影响，一般用霍尔电势温度系数 α 来表征，即在一定的 I 和 B 下，温度每变化 1℃所引起的 U_H 变化的百分率。为了减小 α，需要对基本测量电路进行温度补偿的改进，常用的有以下方法：采用恒流源提供控制电流，并选择适当的与恒流源并联的补偿电阻，就可以在输入回路中对温度误差进行补偿；通过串、并联电阻调整负电阻的值，使其符合一定的要求，就可以在输出回路中对温度误差进行补偿；也可以在输入回路或输出回路中加入热敏元件进行温度误差的补偿。

由于霍尔元件在制造工艺方面的原因，当通入额定直流控制电流 I_C，而外磁场 $B = 0$ 时，霍尔电势输出并不为零，而存在一个不等位电势，因此使测量结果产生误差。霍尔元件可以等效为一个电桥，不等位电势产生的原因归结为该电桥的不平衡，因此可以在桥臂上（也就是霍尔元件的控制电流引线和霍尔电势引线之间）并联调节电阻，使电桥达到平衡状态而补偿不等位电势。但是温度的变化会破坏电桥的平衡，这时又需重新进行调节。为了解决这个问题，可采用具有温度补偿的桥式补偿电路。该电路本身也接成桥式电路，且其中一个桥臂采用热敏电阻，可以在霍尔元件的整个工作温度范围内对不等位电势进行良好的补偿。

【项目实施】

实验　霍尔传感器实验

● 实验目的

了解模拟式霍尔传感器的工作原理。

● 实验设备

1．-STIM07-热释电、霍尔传感器模块。

2．万用表。

3．电子连线若干。

● 任务实施及要求

1．接上各模块的电源，按图 7-12 连接电路。

2．当磁铁的 N 极或 S 极靠近霍尔传感器时，用万用表观察输出电压。

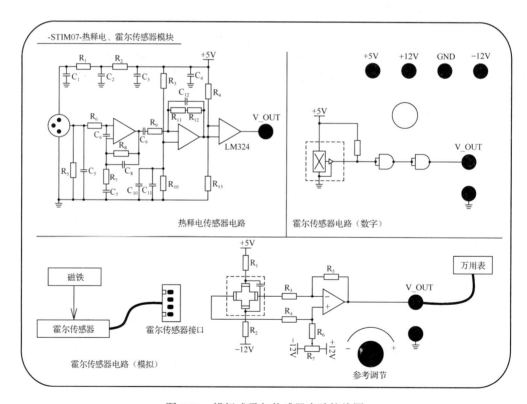

图 7-12　模拟式霍尔传感器实验接线图

【项目训练】

一、单项选择题

1. 下列不属于霍尔元件的基本特性参数的是（　　　）。

A. 控制极内阻　　　　　　　　　　B. 不等位电阻

C. 寄生直流电动势　　　　　　　　D. 零点残余电压

2. 在制造霍尔元件的半导体材料中，目前用得较多的是锗、锑化铟、砷化铟，其原因是（　　　）。

A. 半导体材料的霍尔常数比金属的霍尔常数大

B. 半导体材料的电子迁移率比空穴高

C. 半导体材料的电子迁移率比较高

D. N 型半导体材料较适合制造灵敏度较高的霍尔元件

3. 霍尔电势与（　　　）成反比。

A. 激励电流　　　　　　　　　　　B. 磁感应强度

C. 霍尔元件宽度　　　　　　　　　D. 霍尔元件长度

4. 霍尔元件不等位电势产生的主要原因不包括（　　　）。

A. 霍尔电极安装位置不对称或不在同一个等电位上

B. 半导体材料不均匀造成电阻率不均匀或几何尺寸不均匀

C. 周围环境温度变化

D. 激励电极接触不良造成激励电流分配不均匀

二、填空题

1. 通过＿＿＿＿＿＿＿＿将被测量转换为电信号的传感器称为磁敏式传感器。

2. 磁电作用主要分为＿＿＿＿＿＿和＿＿＿＿＿两种情况。

3. 磁电感应式传感器是利用导体和磁场发生相对运动而在导体两端输出＿＿＿＿＿＿＿＿＿＿的原理进行工作的。

4. 磁电感应式传感器是以＿＿＿＿＿＿＿＿原理为基础的。

5. 当载流导体或半导体处于与电流相垂直的磁场中时，在其两端将产生电位差，这个现象被称为＿＿＿＿＿＿＿＿。

6. 霍尔效应的产生是运动电荷受＿＿＿＿＿＿＿＿＿作用的结果。

7. 霍尔元件的灵敏度与＿＿＿＿＿＿＿＿和＿＿＿＿＿＿＿有关。

8. 霍尔元件的零位误差主要包括＿＿＿＿＿＿＿＿和＿＿＿＿＿＿＿＿＿。

9. 霍尔效应是导体中的载流子在磁场中受＿＿＿＿＿＿作用发生＿＿＿＿＿＿的结果。

10. 霍尔传感器的灵敏度与霍尔系数成正比而与＿＿＿＿＿＿＿＿＿成反比。

三、简答题

1. 简述霍尔效应、霍尔传感器的构成及应用场合。

2. 使用霍尔元件时，温度补偿的方法有哪几种？

3. 什么是霍尔效应？

4．霍尔电势与哪些因素有关？

5．影响霍尔元件输出零点的因素有哪些？如何补偿？

6．简述霍尔电势产生的原理。

7．霍尔元件能够测量哪些物理参数？

8．霍尔元件的不等位电势的概念是什么？

四、计算题

某霍尔元件的 l、b、d 尺寸分别是 1.0cm、0.35cm、0.1cm，沿 l 方向通以电流 $I=1.0$mA，在垂直于 l 与 b 所在平面的方向加有均匀磁场 $B=0.3$T，传感器的灵敏度系数为 22V/（A·T），试求其输出霍尔电势及载流子浓度。

项目八

温度传感器

温度是表示物体冷热程度的物理量，是一个十分重要的物理参数，在工农业生产、科学研究、国防和人们日常生活等领域，温度的测量和控制都是极为重要的。因此，在种类繁多的传感器产品和应用方面，温度传感器都处于前列。

在日常生活中，人们经常使用温度计、热水器、微波炉、冰箱等设备，这些设备都依赖于一种重要的器件——温度传感器。温度传感器能感受温度并将其转换为可用的输出信号，是温度测量仪表的核心部分。温度传感器在环境温度测量方面非常准确，广泛应用于农业、工业、车间、库房等领域，种类繁多。在本项目中，我们将一起学习热电偶温度传感器、热电阻温度传感器、热敏电阻传感器等。

（一）知识目标

1. 熟悉热电偶温度传感器的工作原理。
2. 了解热电偶的材料及常用热电偶。
3. 掌握热敏电阻的主要特性及参数。

（二）技能目标

1. 掌握热电偶的冷端温度补偿方法。
2. 熟悉金属热电阻及其应用。
3. 熟悉热敏电阻及其应用。

（三）思政目标

1. 培养学生的团队合作精神。
2. 培养学生爱岗敬业的态度。

知识准备

温度传感器利用传感元件的物理性质随温度变化的特性来测量温度。虽然温度不能直接测量，但许多物体属性会随温度变化，通过适当的测量电路，可以通过电路中电参数的变化间接表示温度的变化，因此，通过其他物理量能够间接测量温度。原则上，只要物体的属性随温度变化而发生单调、显著且可重复的变化，就都可以用于温度测量。常用的温敏器件物理量包括体积、压力、电阻、磁化率和热电动势等，这些物理量分别被用来制成气体温度计、液体温度计、铂电阻温度计、热电偶温度计和半导体温度计等。

对温度传感器的要求是，灵敏度高、线性度好、稳定性好、重复性好、工作范围大、互换性好、响应快、尺寸小、成本低、使用方便等。在各种热电式传感器中，将温度变化转换为电势和电阻的方法最为普遍。本项目学习的热电偶温度传感器就是利用热电效应将温度变化转换为电势大小变化输出的方法，而热敏电阻传感器和热电阻温度传感器则是利用将温度变化转换为阻值大小变化输出的方法。

学习笔记

8.1 热电偶

8.1.1 热电偶的工作原理

1. 热电效应

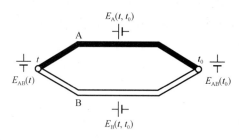

图 8-1 热电偶的结构原理图

将两种不同导体的两端相互紧密地连接在一起，组成一个闭合回路，如图 8-1 所示。当两个接点的温度不等时（设 $t > t_0$），回路中就会产生一个电动势，这个电动势的大小和方向与两种导体的性质和两个接点温度差有关，这个温度现象称为热电效应，有时也称温差电效应。该电动势称为热电动势；将这两种不同导体的组合称为热电偶，称 A、B 两个导体为热电极。两个接点，一个叫作工作端或热端（t），测温时将它置于被测温度场中；另一个叫作自由端或冷端（t_0），一般要求它恒定在某个温度。

2. 热电动势的产生

实际上，热电动势来源于两部分，一部分由两种导体的接触电动势构成，另一部分则是单一导体的温差电动势。

（1）两种导体的接触电动势。

不同导体的自由电子密度是不同的。当两种不同的导体 A、B 连接在一起时，如图 8-2 所示，由于两者内部单位体积的自由电子数目不同，因此，在 A、B 的接触处就会发生电子的扩散，且电子在两个方向上扩散的速率不相同。这种由于两种导体自由电子密度不同，因此在其接触

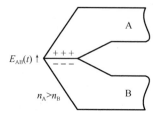

图 8-2 接触电动势

处形成的电动势称为接触电动势。接触电动势的大小与导体的材料和接点的温度有关，而与导体的直径、长度、几何形状等无关。两接点的接触电动势用符号 $E_{AB}(t)$ 表示：

$$E_{AB}(t) = \frac{kt}{e}\ln\frac{n_A(t)}{n_B(t)} \tag{8-1}$$

式中　$E_{AB}(t)$——A、B 两种材料在温度为 t 时的接触电动势；

　　　k——波尔兹曼常数（$k = 1.38 \times 10^{-23}\dfrac{J}{K}$）；

　　　e——单个电子的电荷量（$e = 1.6 \times 10^{-19}$C）；

　　　$n_A(t), n_B(t)$——材料 A、B 分别在温度 t 下的自由电子密度。

由此可知，接触电动势的大小与接点处的温度高低和导体电子密度有关。温度越高，接触电动势越大；两种导体的电子密度比值越大，接触电动势也越大。

（2）单一导体的温差电动势。

对于单一导体，如果将导体两端分别置于不同的温度场 t、t_0 中（$t > t_0$），那么在导体内部，热端的自由电子具有较大的动能，将更多地向冷端移动，导致热端失去电子带正电，冷端得到电子带负电，这样，导体两端将产生一个热端指向冷端的静电场。该电场阻止电子从热端继续向冷端转移，并使电子反方向移动，最终将达到动态平衡状态。这样，在导体两端产生的电位差称为温差电动势。温差电动势的大小取决于导体材料和两端的温度，可表示为

$$E_A(t, t_0) = \frac{k}{e}\int_{t_0}^{t}\frac{1}{n_A(t)}\mathrm{d}[n_A(t)t] \tag{8-2}$$

式中　$E_A(t, t_0)$——导体 A 在两端温度为 t、t_0 时形成的温差电动势。

由式（8-2）可知，$E_A(t, t_0)$ 与导体材料的电子密度、温度及其分布呈积分关系。若导体为均质导体，即热电极材料均匀，其电子密度只与温度有关，与其长度和粗细无关，在相同的温度下电子密度相同，则 $E_A(t, t_0)$ 的大小与中间温度分布无关，只与导体材料及两端温度有关。

（3）热电偶回路的总电动势。

实践证明，热电偶回路中所产生的热电动势主要是由接触电动势引起的，温差电动势所占比例极小，可以忽略不计；因为 $E_{AB}(t)$ 和 $E_{AB}(t_0)$ 的极性相反，假设导体 A 的电子密度大于导体 B 的电子密度，且 A 为正极、B 为负极，因此回路的总电动势为

$$\begin{aligned}
E_{AB}(t, t_0) &= E_{AB}(t) - E_A(t, t_0) + E_B(t, t_0) - E_{AB}(t_0)\\
&\approx E_{AB}(t) - E_{AB}(t_0)\\
&= \frac{kt}{e}\ln\frac{n_A(t)}{n_B(t)} - \frac{kt_0}{e}\ln\frac{n_A(t_0)}{n_B(t_0)}
\end{aligned} \tag{8-3}$$

由此可见，热电偶总电动势与两种材料的电子密度及两个接点的温度有关，可得出以下结论。

① 当由一种均质材料（导体或半导体）两端焊接组成闭合回路时，无论导体截面如何及温度如何分布，都不会产生接触电动势。此时，温差电动势相互抵消，回路中的总电动势为零。

② 如果热电偶的两个端点的温度相同，那么即使由两种材料焊接形成闭合回路，回路中的总电动势也为零。

③ 热电偶回路中的热电动势大小仅与材料和端点温度有关，而与热电偶的尺寸和形状无关。

热电偶在接点温度为 t_1、t_3 时的热电动势等于此热电偶在接点温度为 t_1、t_2 与 t_2、t_3 两个不同状态下的热电动势之和，即

$$\begin{aligned} E_{AB}(t_1,t_3) &= E_{AB}(t_1,t_2)+E_{AB}(t_2,t_3) \\ &= E_{AB}(t_1)-E_{AB}(t_2)+E_{AB}(t_2)-E_{AB}(t_3)=E_{AB}(t_1)-E_{AB}(t_3) \end{aligned} \tag{8-4}$$

电子密度取决于热电偶材料的特性和温度，当选定热电极 A、B 后，热电动势 $E_{AB}(t,t_0)$ 就是两个接点温度 t 和 t_0 的函数差，即

$$E_{AB}(t,t_0)=f(t)-f(t_0) \tag{8-5}$$

如果自由端的温度保持不变，即 $f(t_0)=C$（常数），那么 $E_{AB}(t,t_0)$ 成为 t 的单一函数，即

$$E_{AB}(t,t_0)=f(t)-f(t_0)=f(t)-C=\phi(t) \tag{8-6}$$

式（8-6）在实际测温中得到了广泛应用。当保持热电偶自由端温度 t_0 不变时，只要用仪表测出总电动势，就可以求得工作端温度 t。在实际应用中，常把自由端温度保持在 0℃或室温。

学习笔记

对于不同金属组成的热电偶，温度与热电动势之间有不同的函数关系，一般通过实验方法来确定，并将不同温度下所测得的结果列成表格，编制出针对各种热电偶的热电动势与温度的对照表，称为分度表，供使用时查阅。

3. 热电偶的基本定律

使用热电偶测温时，要依据以下几条基本定律。

（1）中间导体定律。

在热电偶测温回路中接入第三种导体，只要其两端温度相同，对回路的总热电动势就没有影响。中间导体定律的意义在于：在实际的热电偶测温应用中，测量仪表（如动圈式毫伏表、电子电位差计等）和连接导线可以作为第三种导体对待，如图 8-3 所示。

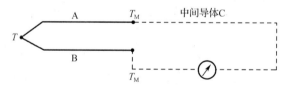

图 8-3 热电偶接入中间导体

（2）中间温度定律。

如图 8-4 所示，热电偶在回路的两个接点温度为 t、t_0 时的热电动势 $E_{AB}(t,t_0)$ 等于它在接点温度 t、t_c 和 t_c、t_0 时的热电动势 $E_{AB}(t,t_c)$ 和 $E_{AB}(t_c,t_0)$ 的代数和，即

$$E_{AB}(t,t_0)=E_{AB}(t,t_c)+E_{AB}(t_c,t_0) \tag{8-7}$$

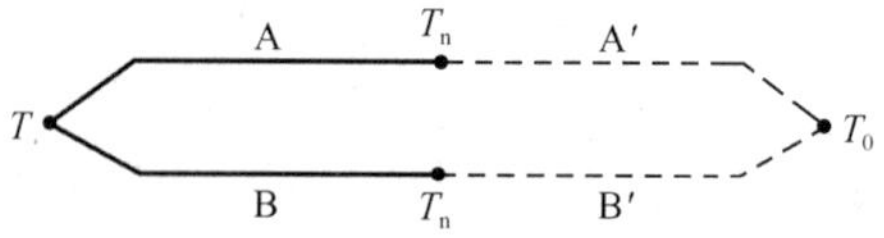

图 8-4 热电偶接入补偿导线

中间温度定律为补偿导线的使用提供了理论依据。该定律表明：如果热电偶的两个电极通过连接两根导体的方式来延长，只要这两根导体的热电特性与被延长的两个电极的热电特性一致，并且它们之间连接的两点间温度相同，那么回路的总热电动势仅与延长后的两端温度有关，与连接点的温度无关。

（3）标准电极定律。

如果两种导体 A、B 分别与第三种导体 C 组成的热电偶所产生的热电动势已知，那么由这两个导体 A、B 组成的热电偶产生的热电动势可由下式来确定：

$$E_{AB}(t,t_0) = E_{AC}(t,t_0) - E_{BC}(t,t_0) \qquad (8-8)$$

标准电极定律的意义在于，纯金属和合金的种类繁多，要得出这些金属间组成热电偶的热电动势是一项复杂的工作。在实际应用中，由于铂的物理和化学性质稳定，因此通常选用高纯铂丝作为标准电极。只需要测量铂与各种金属组成的热电偶的热电动势，就可以根据标准电极定律计算出不同金属组合成热电偶的热电动势。

（4）均质导体定律。

如果组成热电偶的两个热电极的材料相同，那么无论两个接点的温度是否相同，都不会产生接触电动势；而产生的温差电动势由于上、下回路的电势相等且方向相反，因此温差电动势的总和为零。

均质导体定律有助于检验两个热电极材料成分是否相同，以及热电极材料的均匀性。

8.1.2 热电偶的结构与种类

1. 热电偶的结构

热电偶结构简单，由热电极金属材料丝、绝缘材料、保护材料及接线部分组成，热电偶的感受部分是工作端节点，该节点通过焊接而成。热电偶温度传感器广泛应用于工业生产过程中的温度测量。根据用途和安装位置的不同，热电偶可以进行分类，常用热电偶具有多种结构形式。

为了适应不同测量对象的测温条件和要求，热电偶的结构形式有普通型热电偶和特殊型热电偶。

（1）普通型热电偶。

普通型热电偶通常由热电极、绝缘套管、保护套管和接线盒等主要部分组成。其中，热电极、绝缘套管和接线座组成热电偶的感温元件，通常制成通用性部件，可以装在不同的保护套管和接线盒中。接线座作为热电偶感温元件与接线盒的连接件，负责将感温元件固定在接线盒上，材料一般使用耐火陶瓷。

① 热电极。热电极作为测温敏感元件，是热电偶温度传感器的核心部分，其测量端通常采用焊接方式构成。

② 绝缘套管。两个热电极之间要求有良好的绝缘，绝缘套管用于防止两个热电极短路。

③ 保护套管。为延长热电偶的使用寿命，使之免受化学和机械损伤，通常将热电极（含绝缘套管）装入保护套管内，以保护、固定和支撑热电极。保护套管的材料应有良好的气密性，有效防止外部介质渗透到保护套管内；有足够的机械强度，

抗弯抗压；物理、化学性能稳定，不应对热电极造成腐蚀；在高温环境下使用时，耐高温和抗震性能好。

④ 接线盒。热电偶的接线盒用于固定接线座和连接外接导线，主要作用是保护热电极免受外界环境侵蚀，并确保外接导线与接线柱良好接触。接线盒通常由铝合金制成，设计上可根据被测量温度对象和现场环境条件要求分为普通型、防溅型、防水型、接插型等多种类型。接线盒与感温元件的保护套管装配后，形成相应类型的热电偶温度传感器。普通型热电偶的结构如图8-5所示。

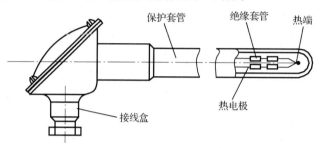

图 8-5　普通型热电偶的结构

（2）特殊型热电偶。

① 铠装型热电偶。它是由热电极、绝缘材料和金属保护套管一起拉制加工而成的坚实缆状组合体。金属保护套管通常采用钢、不锈钢和镍基高温合金等，而绝缘材料常使用电熔氧化镁、氧化铝、氧化铍等的粉末。热电极本身没有特殊要求。

铠装型热电偶的结构如图8-6所示。它可以制造得非常长，使用时可以根据需要任意弯曲，测温范围通常在 1100℃以下。铠装型热电偶的优点：测温端热容量小，热惯性低，动态响应快；寿命长，机械强度高，弯曲性好，适合安装在结构复杂的装置上。

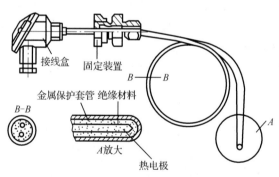

图 8-6　铠装型热电偶的结构

② 薄膜型热电偶。它是由两种薄膜热电极材料通过真空蒸镀、化学涂层等方式沉积到绝缘基板（云母、陶瓷片、玻璃或酚醛塑料纸等）上制成的。薄膜型热电偶的结构如图8-7所示。薄膜热电偶的接点可以做得很小、很薄（0.01～0.1μm），具有热容量小、响应速度快（ms级）等特点。它特别适用于微小面积表面的温度及快速变化的动态温度的测量。使用时，薄膜型热电偶通过黏结剂贴在被测物体表面，从而减小热损失，提高测量精度。然而，由于黏结剂和衬垫材料的使用限制，因此薄膜型热电偶的工作温度范围通常为-200～300℃。

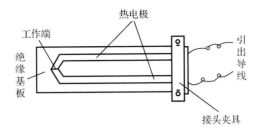

图 8-7　薄膜型热电偶的结构

③ 表面热电偶。表面热电偶主要用于测量金属块、炉壁、涡轮叶片、轧辊等固体的表面温度。

④ 浸入式热电偶。浸入式热电偶主要用于测量钢水、铜水、铝水及熔融合金的温度。通常用于 300℃以下的环境。

2．热电极材料的选取

根据金属的热电效应原理，理论上任何两种不同材料的导体都可以组成热电偶，但为了准确可靠地测量温度，所用材料必须满足严格的选择条件。在实际应用中，热电极的材料通常应具备以下条件。

（1）性能稳定。

（2）温度测量范围大。

（3）物理、化学性能稳定。

（4）导电率要高，并且电阻温度系数要小。

（5）材料应具有高机械强度、良好的复制性、简单的加工工艺及合理的价格。

热电偶材料主要有以下 3 种类型。

一般金属材料：镍铬-镍硅、铜-康铜、镍铬-镍铝、镍铬-铑铜等。

贵金属材料：铂铑$_{10}$-铂、铂铑$_{30}$-铂铑$_{6}$、铱铑$_{60}$-铱等。

难熔金属材料：铂铑$_{30}$-铂铑$_{6}$、钨铼$_{5}$-铂铑$_{6}$等。

3．热电偶的种类

（1）标准化热电偶。

目前，国际电工委员会（IEC）向世界各国推荐了 8 种标准化热电偶。国际上称之为"字母标志热电偶"，即其名称用专用字母表示，这个字母是热电偶的型号标志，称为分度号，是各种类型热电偶的一种很方便的缩写形式。热电偶名称由热电极材料命名，正极写在前面，负极写在后面。表 8-1 所示为标准化热电偶的主要性能和特点。

表 8-1　标准化热电偶的主要性能和特点

热电偶名称	正热电极	负热电极	分度号	测温范围	特　　点
铂铑$_{30}$-铂铑$_{6}$	铂铑$_{30}$	铂铑$_{6}$	B	0～1700℃（超高温）	适用于氧化性气氛中的温度测量，测温上限高，稳定性好。在冶金、钢水等高温领域得到广泛应用
铂铑$_{10}$-铂	铂铑$_{10}$	纯铂	S	0～1600℃（超高温）	适用于氧化性、惰性气氛中的温度测量，热电性能稳定，抗氧化性强，精度高，但价格贵，热电动势较小。常用作标准热电偶或用于高温测量

学习笔记

续表

热电偶名称	正热电极	负热电极	分度号	测温范围	特　　点
镍铬-镍硅	镍铬合金	镍硅合金	K	-200~1200℃（高温）	适用于氧化和中性气氛中的温度测量，测温范围很宽，热电动势与温度关系近似线性，热电动势大，价格低。稳定性不如B、S型热电偶，但是属于非贵金属热电偶中性能最稳定的一种
镍铬-康铜	镍铬合金	铜镍合金	E	-200~900℃（中温）	适用于还原性或惰性气氛中的温度测量，热电动势较其他热电偶大，稳定性好，灵敏度高，价格低
铁-康铜	铁	铜镍合金	J	-200~750℃（中温）	适用于还原性气氛中的温度测量，价格低，热电动势较大，仅次于E型热电偶。缺点是铁极易氧化
铜-康铜	铜	铜镍合金	T	-200~350℃（低温）	适用于还原性气氛中的温度测量，精度高，价格低。在-200~0℃范围内可制成标准热电偶。缺点是铜极易氧化

（2）非标准化热电偶。

非标准化热电偶在生产工艺上还不够成熟，在应用范围和数量上均不如标准化热电偶，它没有统一的分度表，也没有与其配套的显示仪表。但这些热电偶具有某些特殊性能，能满足一些特殊条件下的测温需要，如超高温、极低温、高真空或核辐射环境，因此在应用方面仍有重要意义。非标准化热电偶有铂铑系、铱铑系、钨铼系及金铁热电偶、双铂钼等热电偶。

知识拓展

热电偶传感器的特点

由于热电偶能直接进行温度-电势转换，且体积小、测量范围大、耐用，因此在测温领域获得了十分广泛的应用。具体特点如下。

（1）结构简单，制造容易，使用方便，电极不受大小和形状的限制，可按照需要进行配制。

（2）它的输出信号为电动势，测量时不需要外加电源。输出灵敏度在室温下为 $\mu V/℃$ 数量级。

（3）测量范围大，范围为-270~2800℃。

（4）测量精度高，与被测对象直接接触，不受中间介质影响。

（5）便于远距离测量、自动记录及多点测量。

8.1.3　热电偶的冷端温度补偿

为了便于统一，一般手册上所提供的热电偶特性分度表是在保持热电偶冷端温度0℃的条件下，给出热电动势与热端温度的数值对照。因此，当使用热电偶测量温度时，如果冷端温度保持 0℃，那么只要正确地测得电势，通过对应分度表，即可查到所测温度。

由热电偶的测温原理可知，热电偶产生的热电动势大小与两端温度有关，热电偶的输出电动势只有在冷端温度不变的条件下，才与工作端温度呈单值函数关系。但在实际测量中，热电偶冷端温度将受环境温度或热源温度的影响，并不是 0℃，为了使用特性分度表，对热电偶进行标定，实现对温度的准确测量。对热电偶冷端温度变化所引起的冷端温度误差，采用下述补偿方法。

1. 补偿导线法

热电偶的长度一般不超过 1m，要保证热电偶的冷端温度不变，可以将热电极加长，使自由端远离工作端，放置到恒温或温度波动较小的地方，但这种方法对于由贵金属材料制成的热电偶来说将使投资增加，解决方法是，采用一种称为补偿导线的特殊导线，将热电偶的冷端延伸出来。补偿导线实际上是一对与热电极化学成分不同的导线，在 0～150℃温度范围内与配接的热电偶具有相同的热电特性，但价格相对便宜。利用补偿导线将热电偶的冷端延伸到温度恒定的场所（如仪表室），且它们具有一致的热电特性，相当于将热电极延长，根据中间温度定律，只要热电偶和补偿导线的两个接触点温度一致，就不会影响热电动势的输出。

2. 冷端恒温法

冷端恒温法就是将热电偶的冷端置于某些温度不变的装置中，以保证冷端温度不受热端测量温度的影响。恒温装置可以是电热恒温器或冰点槽（槽中装冰水混合物，温度保持在 0℃），此方法仅适用于实验室环境，但能够完全消除冷端温度误差。

3. 冷端温度修正法

热电偶的分度表是在冷端温度为 0℃的条件下测得的，如果冷端温度不为 0℃，但保持恒定不变，那么可采用修正法。如果热电偶的冷端温度偏离 0℃，但稳定在 t_0，那么按中间温度定律对仪表指示值进行修正。

4. 自动补偿法

在实际应用中，冷端温度是随环境而变化的，不可能保持恒定，此时须加接冷端温度自动补偿器。自动补偿法也称电桥补偿法，它是在热电偶与仪表间加上一个补偿电桥，当热电偶冷端温度升高，导致回路总电动势降低时，这个电桥感受自由端温度的变化，产生一个电位差，其数值刚好与热电偶降低的电动势相同，两者互相补偿。这样，测量仪表上所测得的电动势将不随自由端温度而变化。自动补偿法解决了冷端温度修正法不适合连续测温的问题。

如图 8-8 所示，加接的补偿电桥的一个桥臂为铜电阻，阻值随温度升高而变大，使电桥不平衡，产生一个不平衡电流，若该电流与热电偶冷端温度变化产生的热电动势大小相等、方向相反，则相互抵消，达到自补偿的作用。设计时，使电桥在 20℃时处于平衡。

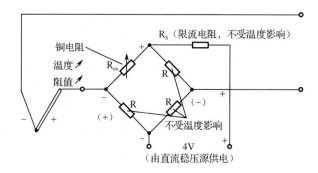

图 8-8　电桥补偿法

8.1.4　热电偶的实用测温线路

（1）测量单点的温度。

图 8-9 所示为热电偶单点温度测量线路图，图中 A、B 组成热电偶。热电偶在测温时，也可以与温度补偿器连接，将热电动势转换为标准电流信号输出。

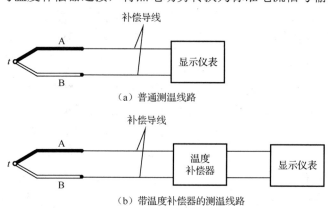

（a）普通测温线路

（b）带温度补偿器的测温线路

图 8-9　热电偶单点温度测量线路图

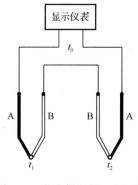

图 8-10　热电偶测量两点间的温度差的线路图

（2）测量两点间的温度差（反极性串联）。

图 8-10 所示为热电偶测量两点间的温度差的线路图。将两个同型号的热电偶配用相同的补偿导线，其接线应使两个热电偶反向串联（A 接 A、B 接 B），使得两个热电动势方向相反，故输入仪表的信号是两个热电动势的差值，这个差值反映了两个热电偶热端的温度差。

（3）测量多点的平均温度（同极性并联或串联）。

有些大型设备有时需要测量多点（两点或两点以上）的平均温度，可以通过将多个同型号的热电偶同极性并联或串联的方式来实现。

① 热电偶的并联。将多个同型号热电偶的正极和负极分别连接在一起的线路称为热电偶的并联线路。图 8-11 所示为热电偶的并联测温线路图，将 3 个同型号的热电偶并联在一起，在每一个热电偶线路中分别串联均衡电阻 R。根据电路理论，可得回路中总的电动势为

$$E_{\mathrm{T}} = \frac{E_1 + E_2 + E_3}{3} = \frac{E_{\mathrm{AB}}(t_1, t_0) + E_{\mathrm{AB}}(t_2, t_0) + E_{\mathrm{AB}}(t_3, t_0)}{3}$$

$$= \frac{E_{\mathrm{AB}}(t_1 + t_2 + t_3, 3t_0)}{3} = E_{\mathrm{AB}}\left(\frac{t_1 + t_2 + t_3}{3}, t_0\right) \tag{8-9}$$

式中　E_1、E_2、E_3——单个热电偶的热电动势。

特点：当有一个热电偶烧断时，难以觉察出来。当然，它也不会中断整个测温系统的工作。

② 热电偶的串联。将多个同型号热电偶的正负极依次连接形成的线路称为热电偶的串联线路。图 8-12 所示为热电偶的串联测温线路图，图中将 3 个同型号的热电偶的正、负极相连串联起来，此时，回路总的热电动势等于 3 个热电偶的热电动势之和，即回路的总电动势为

$$E_{\mathrm{T}} = E_1 + E_2 + E_3 = E_{\mathrm{AB}}(t_1, t_0) + E_{\mathrm{AB}}(t_2, t_0) + E_{\mathrm{AB}}(t_3, t_0)$$
$$\underset{t_0 = 0}{=} E_{\mathrm{AB}}(t_1 + t_2 + t_3, 3t_0) = E_{\mathrm{AB}}(t_1 + t_2 + t_3, t_0) \tag{8-10}$$

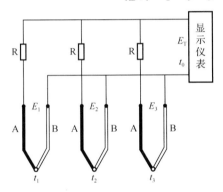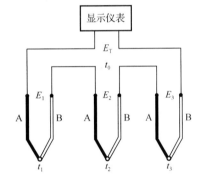

图 8-11　热电偶的并联测温线路图　　　图 8-12　热电偶的串联测温线路图

可见对应得到的是 3 点的温度之和，如果将结果除以 3，那么可以得到 3 点的平均温度。

串联线路的主要优点：热电动势大，仪表的灵敏度大大提高，且避免了热电偶并联线路存在的缺点，只要有一个热电偶断路，总的热电动势就会消失，可以立即发现有断路。

串联线路的缺点：只要有一个热电偶断路，整个测温系统就会停止工作。

8.1.5　热电偶的应用

图 8-13 所示为热电偶的温度测量电路实例，图中采用 AD594C 进行温度测量。AD594C 片内除有放大电路外，还有温度补偿电路，对于 J 型热电偶，经激光修整后可得到 10mV/℃输出。在 0～300℃测量范围内，精度为±1℃。测量时，热电偶内产生的与温度相对应的热电动势经 AD594C 的-IN 和+IN 两个引脚输入，经初级放大和温度补偿后，送入主运算放大器 A_1，A_1 输出的电压信号 U_o' 反映了被测温度的高低。若 AD594C 输出接 A/D 转换器，则可构成数字温度计。

学习笔记

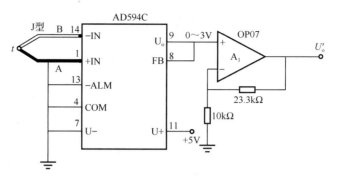

图 8-13　热电偶的温度测量电路实例

热电偶炉温控制系统如图 8-14 所示。毫伏定值器给出给定温度的相应毫伏值，将热电偶的热电动势与定值器的毫伏值相比较，若有偏差则表示炉温偏离给定值，此偏差经微伏放大器送入 PID 调节器，再经过晶闸管触发器推动执行器来调整电炉丝的加热功率，直到偏差被消除，从而实现对温度的自动控制。

学习笔记

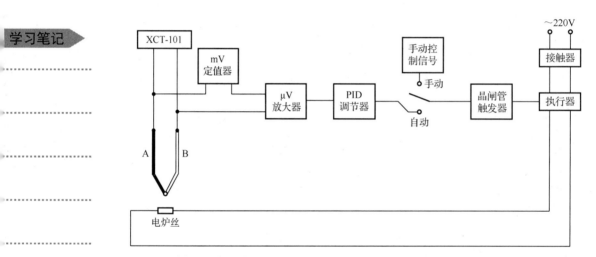

图 8-14　热电偶炉温控制系统

8.2　热电阻

热电阻作为一种感温元件，是利用导体的阻值随温度变化而变化的特性来实现对温度的测量的。热电阻最常用的材料是铂和铜，工业上被广泛用来测量中低温区（-200～650℃）的温度。

热电阻由电阻体、保护套管和接线盒等部件组成，如图 8-15（a）所示。热电阻的电阻丝是绕在支架上的，支架采用石英、云母、陶瓷或塑料等材料制成，可根据需要将支架制成不同的外形。为了防止电阻体出现电感，电阻丝通常采用双线并绕法，如图 8-15（b）所示。

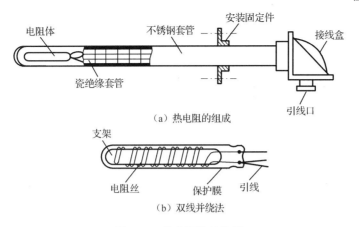

（a）热电阻的组成

（b）双线并绕法

图 8-15　热电阻的结构图

微课

8.2.1　铂热电阻

铂热电阻在氧化性介质中，甚至在高温下的物理、化学性能稳定，电阻率大，精度高，能耐较高的温度，因此，国际温标 IPTS-68 规定，在-200～850℃温度域内，以铂热电阻温度计作为基准器。铂热电阻的缺点是价格高，且在还原介质中使用时容易被还原，使得铂丝变脆，从而改变其电阻与温度的关系。因此，工业铂热电阻必须采用外保护套。

在 0～850℃ 范围内，铂热电阻的阻值与温度的关系为

$$R_t = R_0(1 + At + Bt^2) \tag{8-11}$$

在-200～0℃ 范围内，铂热电阻的阻值与温度的关系为

$$R_t = R_0[1 + At + Bt^2 + C(t-100)t^3] \tag{8-12}$$

式中　R_t——温度为 t 时的阻值；

R_0——温度为 0℃ 时的阻值。

温度系数 $A = 3.908 \times 10^{-3}$，$B = -5.802 \times 10^{-7}$，$C = -4.274 \times 10^{-12}$。

从式（8-12）可以看出，热电阻在温度为 t 时的阻值与 R_0（标称电阻）有关。目前，我国规定工业用铂热电阻有 $R_0 = 10\Omega$ 和 $R_0 = 100\Omega$ 两种，它们的分度号分别为 Pt10 和 Pt100，后者为常用。在实际测量中，只要测得热电阻的阻值 R_t，便可从表中查出对应的温度值。

8.2.2　铜热电阻

铂热电阻虽然优点多，但价格昂贵，在测量精度要求不高且温度较低的场合广泛应用的则是铜热电阻。在-50～150℃的温度范围内，铜热电阻与温度近似呈线性关系，可用下式表示：

$$R_t = R_0(1 + \alpha \cdot t) \tag{8-13}$$

式中　α——0℃时铜热电阻的温度系数（$\alpha = 4.289 \times 10^{-3}/℃$）。

铜热电阻的优点是电阻温度系数较大，线性度好，价格便宜；缺点是电阻率较低，电阻体的体积较大，热惯性较大，稳定性较差，抗腐蚀性能差，在 100℃ 以上长

期使用时容易氧化，因此应增加保护套管或只用于低温及没有侵蚀性的介质中。

铜热电阻有两种分度号：Cu50（$R_0=50\Omega$）和 Cu100（$R_0=100\Omega$），后者为常用。

8.2.3 热电阻的测量电路

热电阻的阻值较低，工业用热电阻安装在生产现场，离控制室较远，因此，热电阻的引线电阻对测量结果产生较大的影响。目前，热电阻的接线方式有 3 种：两线制接法、三线制接法和四线制接法。

（1）两线制接法（用于引线转短的测量场景，精度较低）。

两线制接法如图 8-16 所示，在热电阻感温体的两端各连接一根导线。设每根导线的阻值为 r，则电桥平衡条件为

$$R_1R_3 = R_2(R_t + 2r) \tag{8-14}$$

因此有

$$R_t = \frac{R_1R_3}{R_2} - 2r \tag{8-15}$$

很明显，如果在实际测量中不考虑导线电阻，即忽略式（8-15）中的 $2r$，则测量结果将引入误差。

（2）三线制接法（用于工业测量，一般精度）。

为解决导线电阻的影响，工业热电阻大多采用三线制接法，如图 8-17 所示。图 8-17 中的 R_t 为热电阻，其 3 根引出导线相同，阻值都是 r。其中一根与电桥电源相串联，它对电桥的平衡没有影响；另外两根分别与电桥的相邻两个桥臂串联，当电桥平衡时，可得下列关系：

$$(R_t + r)R_2 = (R_3 + r)R_1 \tag{8-16}$$

所以有

$$R_t = \frac{(R_3 + r)R_1 - rR_2}{R_2} \tag{8-17}$$

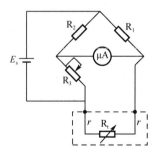

图 8-16　两线制接法

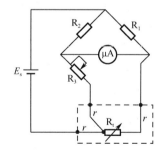

图 8-17　三线制接法

如果使 $R_1=R_2$，那么式（8-17）就和 $r=0$ 时的电桥平衡公式完全相同，即说明此种接法中的导线电阻对热电阻的测量毫无影响。注意：以上结论只有在 $R_1=R_2$，且只有在平衡状态下才成立。为了消除从热电阻感温体到接线端子间的导线对测量结果的影响，一般要求从热电阻感温体的根部引出导线，且要求引出线一致，以保证它们的阻值相等。

（3）四线制接法（实验室用，高精度测量）。

三线制接法是工业测量中广泛采用的方法。在高精度测量中，可设计成四线制的测量电路，如图 8-18 所示。

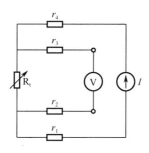

图 8-18　四线制接法

图 8-18 中的 I 为恒流源，测量仪表 V 通常使用直流电位差计，热电阻上引出阻值分别为 r_1、r_4、r_2 和 r_3 的 4 根导线，分别接在电流和电压回路，电流导线上 r_1、r_4 引起的电压降，不在测量范围内，而电压导线上虽有电阻但无电流（认为内阻无穷大，测量时没有电流流过电位差计），所以 4 根导线的电阻对测量都没有影响。

8.2.4　热电阻的应用

图 8-19 所示为铂电阻测温电路，图中采用 EL-700（100Ω，Pt100）铂电阻进行高精度温度测量，测温范围为 20～120℃，对应的输出电压为 0～2V，输出电压可直接输入单片机作为显示和控制信号。

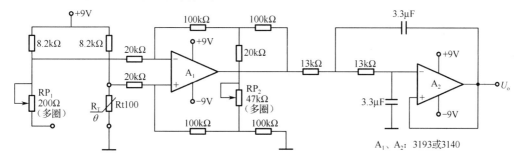

图 8-19　铂电阻测温电路

8.3 热敏电阻

热敏电阻是材料的电阻值随温度显著变化的器件。它通常是由金属氧化物半导体材料制成，也有一部分由单晶半导体、玻璃和塑料制成。热敏电阻的测温范围一般为-50～350℃，可用于液体、气体、固体、高空气象、深井等方面对温度测量精度要求不高的场合。

热敏电阻主要由敏感元件、引线和壳体组成，根据使用要求，可制成珠状、片状、杆状、垫圈状等各种形状。热敏电阻的图形符号如图 8-20 所示。

图 8-20　热敏电阻的图形符号

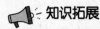

> **知识拓展**
>
> **你了解热敏电阻与热电阻的区别吗？**
>
> 热敏电阻与热电阻相比，具有阻值和电阻温度系数大、灵敏度高（比热电阻大 1～2 个数量级）、体积小（最小直径可达 0.1～0.2mm，可用来测量"点温"）、结构简单坚固（能承受较大的冲击、振动）、热惯性小、响应速度快（适用于快速变化的测量场合）、使用方便、寿命长、易于实现远距离测量（本身阻值一般较大，无须考虑引线电阻对测量结果的影响）等优点，得到了广泛的应用。尽管目前存在互换性较差、稳定性不足和非线性问题，特别是在高温下的使用限制，但随着技术的发展和工艺的成熟，这些缺点有望得到改善。

微课

学习笔记

8.3.1　热敏电阻的特性

根据半导体的电阻-温度特性，热敏电阻可分为 3 类，即正温度系数（PTC）热敏电阻、临界温度热敏电阻（CTR）和负温度系数（NTC）热敏电阻。热敏电阻的温度特性曲线如图 8-21 所示。

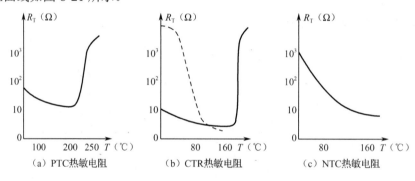

图 8-21　热敏电阻的温度特性曲线

正温度系数的热敏电阻的阻值与温度的关系可表示为

$$R_t = R_0 \exp[A(t - t_0)] \tag{8-18}$$

式中　R_t、R_0 ——温度为 t 和 t_0 时的阻值；

　　　A ——热敏电阻的材料常数；

　　　$t_0 = 273.15\,\text{K}$，即 0℃时的绝对温度。

大多数热敏电阻具有负温度系数，其阻值与温度的关系可表示为

$$R_t = R_0 \exp\left(\frac{B}{t} - \frac{B}{t_0}\right) \tag{8-19}$$

式中　B ——热敏电阻的材料常数（单位为 K，由材料、工艺及结构决定，B 的取值范围一般在 1500～6000K）。

PTC 热敏电阻：具有正温度系数，当温度超过某个数值时，其电阻随温度升高而快速增大，且有斜率最大的区域。常用于窄温区范围内的温度检测和温度控制，如电子驱蚊器的加热芯片、电热毯的控温元件、彩电消磁、各种电器设备的过热保护等。

CTR：具有临界负温度系数，在临界温度（约为68℃）附近，电阻率产生突变，阻值急剧下降，突变数量级为 2～4，曲线在此区段特别陡峭，灵敏度极高，主要用作温度开关。

NTC 热敏电阻：具有很高的负温度系数。NTC 的电阻率随温度的增加均匀减小，这使得它非常适合用于较宽范围的温度检测。NTC 热敏电阻是构成热敏传感器的主要元件。目前实用化的 NTC 材料通常是 Mn、Co、Ni、Fe、Cu 等 2～4 种成分的氧化物烧结体，有时为了调整电阻率及温度系数也掺入了 Ti、Al 的氧化物。

各种热敏电阻的阻值在常温下很大，通常都在数千欧以上，所以连接导线的阻值（最多不过 10Ω）几乎对测温没有影响。这意味着在实际使用中，不必采用三线制或四线制接法，测量使用更为方便。

另外，热敏电阻的阻值随温度变化显著，即使很小的电流流过热敏电阻，也能引起明显的电压变化，而电流对热敏电阻自身有加热作用，所以应注意不要使电流过大，防止带来测量误差。

8.3.2 热敏电阻的应用

1. 温度控制

图 8-22 所示为热敏电阻温度控制电路，电位器 RP 用于调节不同的控温范围。测温用的热敏电阻 R_T 作为偏置电阻接在 VT_1、VT_2 组成的差分放大器电路中，当温度变化时，热敏电阻的阻值变化引起 VT_1 集电极电流的变化，影响二极管 VD 的支路电流，从而使电容 C 的充电电流发生变化，相应的充电速度发生变化，则电容电压升到单结晶体管 VT_3 峰点电压的时刻发生变化，即单结晶体管的输出脉冲产生相移，改变了晶闸管 VT_4 的导通角，从而改变了加热丝的电源电压，达到自动控制温度的目的。

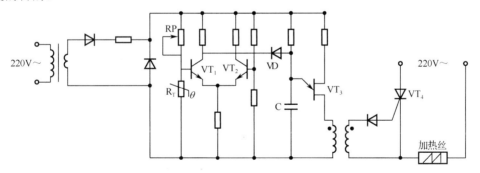

图 8-22　热敏电阻温度控制电路

2. 管道流量测量

图 8-23 所示为管道流量测量电路。图 8-23 中的 R_{T1} 和 R_{T2} 是热敏电阻，R_{T1} 放在被测流量管道中，R_{T2} 放在不受流体干扰的容器内，R_1 和 R_2 是普通电阻，4 个电阻组成电桥。

当流体静止时，使电桥处理平衡状态。当流体流动时，要带走热量，使热敏电阻 R_{T1} 和 R_{T2} 的散热情况不同，R_{T1} 因温度变化引起阻值变化，电桥失去平衡，电流表有指示。因为 R_{T1} 的散热条件取决于流量的大小，所以测量结果反映流量的变化。

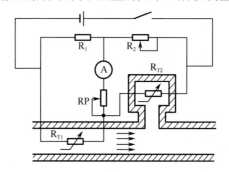

图 8-23　管道流量测量电路

知识拓展

其他温度传感器

集成温度传感器：一种将热敏晶体管、放大器、偏置电源及线性电路制作在同一个芯片上的设备。利用温度变化对晶体管的基极-发射极电压 V_{BE} 进行调整，从而保持电流的稳定，使得输出信号正比于绝对温度。根据这个原理制作而成的温度传感器也叫作 PTAT 电路。

晶体管温度传感器：在电子线路中，曾将 PN 结电压随温度变化的特性（约 $-2.3mV/℃$）作为半导体二极管和三极管的一个误差因素，要求在线路设计中设法解决。然而，在温度测量中却可以利用晶体管的该特性制作成相应的温度传感器。

磁式温度传感器：有些磁性材料，如热敏铁氧体，它的磁导率随着温度变化而明显地变化，而且在一个特定温度下，其特性将发生剧烈地变化，因此，利用热敏铁氧体的这种特性，可以将其与开关机构联动，或将磁铁、热敏铁氧体与弹簧开关组合应用，制成定温控制开关。改变铁氧体成分，可使其控制范围达 $-40\sim200℃$，定温精度可达 $±1℃$。

电容式温度传感器：以 $BaSrTiO_3$ 为主的陶瓷电容器的介电常数随温度的变化而变化，因此其电容量亦随温度而变化。据此可将被测温度转换为相应的电容，结晶陶瓷电容器的低温特性较好，可用于较低温度的测量。但是，这类陶瓷电容器的容量大都会在高温、高湿状态下发生变化，必须注意防潮。

【项目小结】

温度是生产、生活中经常测量的变量。本项目重点介绍热电偶、热电阻及热敏电阻 3 种常用于对温度和与温度有关的参量进行检测的传感器。

1. 热电偶基于热电效应原理而工作。中间温度定律和中间导体定律是使用热电偶测温的理论依据，要认真理解，以指导热电偶实际应用和回路电势分析。热电偶种类较多，其适用环境、测温范围、精度、线性度不尽相同，热电偶有 4 种冷端温度补偿法，应该综合应用，准确把握。热电偶温度传感器属于自发电型传感器，它的测温范围为-270~2800℃，是广泛应用的温度检测系统。

2．电阻式温度传感器广泛被用于测量-200~960℃范围内的温度。它是利用导体或半导体的电阻随温度变化而变化的性质而工作的，电阻式温度传感器分为金属热电阻传感器和半导体热电阻传感器两类。前者称为热电阻，后者称为热敏电阻。

（1）金属热电阻传感器的热电阻变化一般要经过不平衡电桥转换为不平衡电压输出，以提供后续处理；为克服连线电阻阻值随环境温度变化而产生温度附加误差，热电阻连入不平衡电桥通常采用三线制接法。热电阻温度传感器与热电偶温度传感器的外形基本相同。

（2）热敏电阻是半导体测温元件。按温度系数可分为负温度系数（NTC）热敏电阻和正温度系数（PTC）热敏电阻两大类。广泛应用于温度测量、电路的温度补偿及温度控制。

【项目实施】

实验一　K型热电偶实验

● **实验目的**

1．了解热电偶的特性。

2．了解热电偶的应用。

3．了解K型热电偶转换电路的原理。

● **实验设备**

1．-STIM11-温度传感器模块。

2．-STIM10-加热源模块。

3．万用表。

4．K型热电偶。

5．电子连线若干。

● **实验步骤及记录**

1．接上各模块的电源，按图8-24连接电路。

2．接好K型热电偶（红正，黑负）。

3．按表8-2调节温控箱的温度，并读取和记录各温度下电压表显示的数据。

表8-2　温度变化对应的电压输出变化1

温度（℃）	30	35	40	45	50	55	60	65	70
电压（mV）									

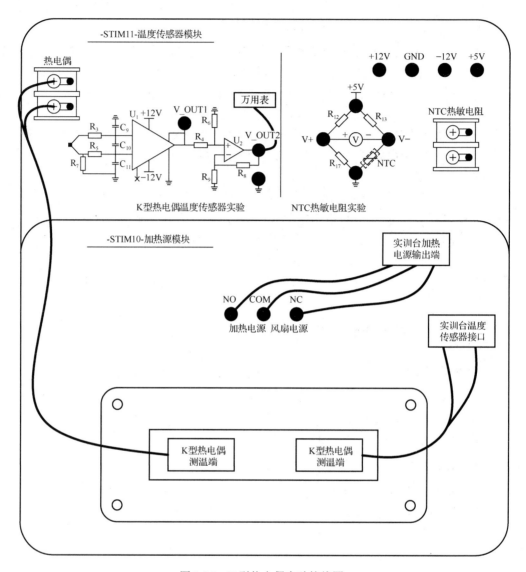

图 8-24　K 型热电偶实验接线图

实验二　NTC 热敏电阻实验

● 实验目的

了解 NTC 热敏电阻的特性。

● 实验设备

1．-STIM11-温度传感器模块。

2．-STIM10-加热源模块。

3．万用表。

4．NTC 热敏电阻。

5．电子连线若干。

● 实验步骤及记录

1．接上各模块的电源，按图 8-25 连接电路。

2．按表 8-3 调节温控箱的温度，并读取和记录各温度下电压表显示的数据。

表 8-3　温度变化对应的电压输出变化 2

温度（℃）	30	35	40	45	50	55	60	65	70
电压（mV）									

3．根据表 8-3 将电压转化为阻值，画出 NTC 热敏电阻的温度曲线。

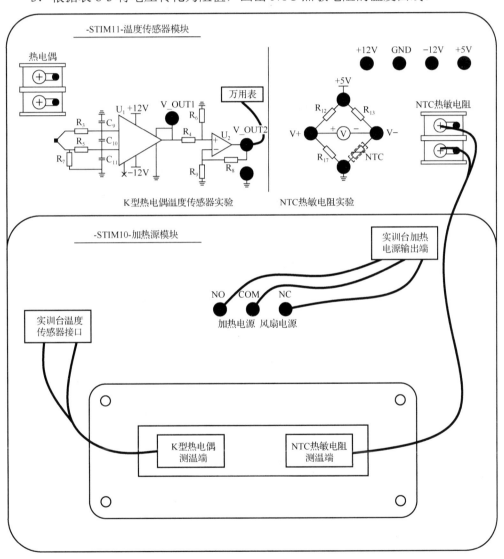

图 8-25　NTC 热敏电阻实验接线图

【项目训练】

一、单项选择题

1．热电偶的基本组成部分是（　　　）。

A．热电极　　　　　B．保护套管　　　　C．绝缘套管　　　　D．接线盒

2．在实际应用中，用作热电极的材料一般应具备的条件不包括（　　　）。

A．物理化学性能稳定　　　　　　　B．温度测量范围大

C．电阻温度系数要大　　　　　　　D．材料的机械强度要高

3．为了减小热电偶测温时的测量误差，需要进行的温度补偿方法不包括（　　　）。

A．补偿导线法　　B．电桥补偿法　　C．冷端恒温法　　D．差动放大法

4．用热电阻测温时，热电阻在电桥中采用三线制接法的目的是（　　　）。

A．接线方便

B．减小引线电阻变化产生的测量误差

C．减小桥路中其他电阻对热电阻的影响

D．减小桥路中电源对热电阻的影响

5．目前，我国生产的铂热电阻的初始阻值为（　　　）。

A．30Ω　　　　　　B．50Ω　　　　　　C．100Ω　　　　　　D．40Ω

6．热敏电阻是用一种对（　　　）极为敏感的（　　　）材料制成的非线性敏感器件。

A．温度；导体　　　　　　　　　B．温度；半导体

C．湿度；半导体　　　　　　　　D．湿度；半导体

7．我国目前使用的铜热电阻的测量范围是（　　　）。

A．−200～150℃　　　　　　　　B．0～150℃

C．−50～150℃　　　　　　　　D．−50～650℃

8．热电偶中的热电动势为（　　　）。

A．感应电动势　　B．补偿电动势　　C．接触电动势　　D．切割电动势

二、填空题

1．热电偶是将温度变化转换为＿＿＿＿＿＿的测温元件；热电阻和热敏电阻是将温度变化转换为＿＿＿＿＿＿＿＿＿变化的测温元件。

2．热电动势来源于两个部分，一部分由两种导体的＿＿＿＿＿＿＿＿＿＿构成，另一部分是单一导体的＿＿＿＿＿＿＿＿＿。

3．由于两种导体＿＿＿＿＿＿＿＿不同，因此在其＿＿＿＿＿＿＿形成的电动势称为接触电动势。

4．接触电动势的大小与导体的＿＿＿＿＿＿＿＿、＿＿＿＿＿＿＿＿＿有关，而与导体的直径、长度、几何形状等无关。

5．温差电动势的大小取决于＿＿＿＿＿＿＿＿和＿＿＿＿＿＿＿。

6．热电偶的＿＿＿＿＿＿＿与＿＿＿＿＿＿＿＿＿的对照表称为分度表。

7．电阻丝通常采用双线并绕法的目的是＿＿＿＿＿＿＿＿＿＿。

8．热电阻是利用_____的阻值随温度变化而变化的特性来实现对温度的测量的；热敏电阻是利用_____的阻值随温度显著变化这个特性制成的一种热敏元件。

9．热电阻在电桥测量电路中的接法有_____制接法、_____制接法和_____制接法。

10．补偿导线法常用作热电偶的冷端温度补偿，它的理论依据是_____定律。

三、简答题

1．什么是热电效应和热电动势？什么是接触电动势？什么是温差电动势？

2．什么是热电偶的中间导体定律？中间导体定律有什么意义？

3．什么是热电偶的标准电极定律？标准电极定律有什么意义？

4．热电偶串联测温线路和并联测温线路主要用于什么场合？简述各自的优缺点。

5．目前热电阻常用的引线方法主要有哪些？简述各自的应用场合。

6．热电偶冷端温度对热电偶的热电动势有什么影响？为消除冷端温度影响可采用哪些措施？

四、计算题

1．铜热电阻的阻值 R_t 与温度 t 的关系可用式 $R_t \approx R_0(1+\alpha t)$ 表示。已知 0℃时铜热电阻的阻值 R_0 为 50Ω，温度系数 α 为 4.28×10^{-3}/℃，求当温度为 100℃时的阻值。

2．已知分度号为 S 的热电偶冷端温度为 $t_0=20$℃，现测得热电动势为 11.71mV，求热端温度为多少度。

3．已知分度号为 K 的热电偶热端温度 $t=800$℃，冷端温度为 $t_0=30$℃，求回路实际总电势。

4．现用一个铜–康铜热电偶测温，其冷端温度为 30℃，动圈仪表（未调机械零位）指示 320℃。若认为热端温度为 350℃对不对？为什么？若不对，正确温度值应为多少？

5．一个热敏电阻在 0℃和 100℃时的阻值分别为 200kΩ 和 10kΩ。试计算该热敏电阻在 20℃时的阻值。

项目九

光学传感器

项目引入

光学传感器主要利用光作为媒介进行工作，所以它的检测距离很长，能够通过设计将灯光集中成一个光束聚焦在一个小光点上，实现高分辨率，也可以进行微小物体的检测和高精度的位置检测。对于一些非接触式的检测，光学传感器可以在不接触检测物体的前提下，实现内部状况检测，而不会对检测物体和传感器造成损伤。其非接触式检测特性使其在医疗领域的应用更加安全，也使得光学传感器能够长期使用。此外，光学传感器也可用来判别颜色，它通过监测物体形成的光的反射率和吸收率进行分辨，从而应用这种性质来检测物体的颜色。

项目目标

（一）知识目标

1. 熟悉光栅的结构和工作原理。
2. 了解光电效应的产生机理。
3. 熟悉几种光电元件的结构及特性。
4. 熟悉光纤的结构和传光原理。
5. 了解光纤传感器的结构及种类。

（二）技能目标

1. 熟悉计量光栅的应用。
2. 掌握光电元件的选取和应用。
3. 熟悉光纤传感器的应用。

（三）思政目标

1. 激发学生的爱国情怀，增强学生的民族自豪感和使命感。
2. 培养学生精益求精的工匠精神。

光学传感器是一种基于光学原理进行测量的传感器，主要包括光学计量仪器、编码器、光纤、光栅等器件。这些器件相互配合，使光学传感器正常工作并精确地测量各种数据。光学传感器具有许多优点，如非接触式和非破坏性测量、抗干扰能力强、高速传输及可遥测和遥控等，广泛应用于各种工业产品、电子产品等零部件是否能够达到目标要求的检测。本项目具体介绍光栅传感器、光电式传感器及光纤传感器。

9.1 光栅传感器

光栅传感器具有测量精度高、动态测量范围大、可进行无接触测量且易实现系统的自动化和数字化等优点，因而在机械工业中得到了广泛的应用。与长度（或直线位移）和角度（或角位移）测量有关的精密仪器都经常使用光栅传感器。特别是在量具、数控机床的闭环反馈控制、工作母机的坐标测量等方面，光栅传感器都起着重要作用。此外，在测量振动、速度、应力、应变等机械量测量中也有应用。

在玻璃（或金属）上进行刻画，可得到一系列密集刻线，这种具有周期性的刻线分布的光学元件称为光栅。利用光栅的莫尔条纹现象进行精密测量称为计量光栅。计量光栅以线位移和角位移为基本测试内容，通常应用于高精度加工机床、光学坐标镗床、制造大规模集成电路的设备及检测仪器等。计量光栅种类很多，按基体材料的不同可分为金属光栅和玻璃光栅；按刻线的形式不同可分为振幅光栅（黑白光栅）和相位光栅（炫耀光栅）；按所用光是透射还是反射可分为透射光栅和反射光栅；按其用途不同可分为长光栅和圆光栅。本章节主要按用途对计量光栅进行介绍。光栅传感器有如下特点。

（1）精度高。光栅传感器在大量程测量长度或直线位移方面的精度仅低于激光干涉传感器。在圆分度和角位移连续测量方面，光栅传感器属于精度最高的。

（2）大量程测量兼有高分辨率。感应同步器和磁栅式传感器也具有大量程测量的特点，但其分辨率和精度都不如光栅传感器。

（3）可实现动态测量。易于实现测量及数据处理的自动化。

（4）具有较强的抗干扰能力。光栅传感器对环境条件的要求不像对激光干涉传感器的要求那样严格，但不如感应同步器和磁栅式传感器的适应性强，油污和灰尘会影响它的可靠性。光栅传感器主要适合在实验室和环境较好的车间使用。

9.1.1 光栅的结构和工作原理

这里以黑白、透射型长光栅为例介绍光栅的结构和工作原理。

1. 光栅的结构

在一块长条形镀膜玻璃上均匀刻制许多明暗相间、等间距分布的细小条纹（称为刻线），这就是光栅，如图 9-1 所示。图 9-1 中的 a 为栅线的宽度（不透光），b 为栅线的间距（透光），

图 9-1 透射长光栅

$a+b=W$ 称为光栅的栅距（也称光栅常数），通常 $a=b$。目前常用的光栅在每毫米宽度上刻有 10、25、50、100、125、250 条线。

2. 光栅的工作原理

莫尔条纹如图 9-2 所示。两块具有相同栅线宽度和栅距的长光栅（选用两块同型号的长光栅）叠合在一起，中间留有很小的间隙，并使两者的栅线之间形成一个很小的夹角 θ，则在大致垂直于栅线的方向上出现明暗相间的条纹，这种条纹称为莫尔条纹。莫尔（Moire）在法文中的原意是水面上产生的波纹。由图 9-2 可知，在两块光栅栅线重合的地方，透光面积最大，出现亮带（图 9-2 中的 d-d），相邻亮带之间的距离用 B_H 表示；有的地方两块光栅的栅线错开，形成了不透光的暗带（图 9-2 中的 f-f），相邻暗带之间的距离用 B'_H 表示。很明显，当光栅的栅线宽度和栅距相等（$a=b$）时，则所形成的亮、暗带距离相等，即 $B_H = B'_H$，将它们统一称为条纹间距。当夹角 θ 减小时，条纹间距 B_H 增大，适当调整夹角 θ 可获得所需的条纹间距。

莫尔条纹测位移具有以下特点。

① 对位移的放大作用。光栅每移动一个栅距 W，莫尔条纹移动一个间距 B_H。可得出莫尔条纹的间距 B_H 与两块光栅夹角 θ 的关系为

$$B_H = \frac{W/2}{\sin\frac{\theta}{2}} \approx \frac{W/2}{\theta/2} = \frac{W}{\theta} \tag{9-1}$$

式中 W——光栅的栅距；

θ——刻线夹角（单位：rad）。

莫尔条纹间距与栅距和夹角之间的关系如图 9-3 所示。

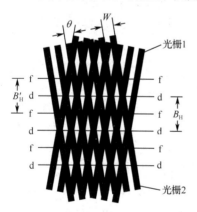

图 9-2　莫尔条纹

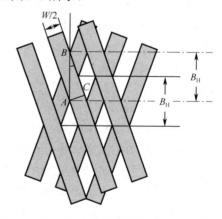

图 9-3　莫尔条纹间距与栅距和夹角之间的关系

由此可见，θ 越小，B_H 越大，莫尔条纹有放大作用，两个位移信号间实现了线性比例放大，B_H 相当于将 W 放大了 $1/\theta$ 倍。因此，尽管栅距很小，难以观察到，但莫尔条纹却清晰可见。这非常有利于布置接收莫尔条纹信号的光电器件。

② 莫尔条纹的移动方向。莫尔条纹的移动量和移动方向与两块光栅的相对位移量和位移方向有着严格的对应关系，光栅每移动一个光栅间距 W，条纹跟着移动一个条纹宽度 B_H。当固定一个光栅时，另一个光栅向右移动时，那么莫尔条纹将向上移动；反之，如果另一个光栅向左移动，那么莫尔条纹将向下移动。因此，莫尔条

纹的移动方向有助于判别光栅的运动方向。在光栅传感器的测量过程中，观察到的莫尔条纹移动量和移动方向直接对应于光栅的位移量和位移方向。

③ 莫尔条纹的误差平均效应。因为莫尔条纹是由光栅的大量刻线（常为数百条）共同产生的，所以光电元件接收到的是进入其视场内所有光栅刻线的总的光能量，这是许多光栅刻线共同作用所导致的光强调制的集体效应。个别刻线在加工过程中产生的误差、断线等对整体的影响大大减小，所以对光栅的刻画误差有一定的平均作用。这在很大程度上消除了栅线的局部缺陷和短周期误差的影响，个别栅线的栅距误差对莫尔条纹的影响非常微小，从而提高了光栅传感器的测量精度。如其中某一条刻线的加工误差为 δ_0，根据误差理论，那么它所引起的光栅测量系统的整体误差可表示为

$$\Delta = \pm \frac{\delta_0}{\sqrt{n}} \tag{9-2}$$

式中　　n ——光电元件能接收到对应信号的光栅刻线的条数。

利用光栅具有莫尔条纹的特性，可以通过测量莫尔条纹的移动数，来测量两块光栅的相对位移量，这比直接对光栅的线纹计数更容易。由于莫尔条纹是由光栅的大量刻线形成的，对光栅刻线的本身刻画误差有平均抵消作用，因此成为精密测量位移的有效手段。

9.1.2　计量光栅的组成

计量光栅由光电转换装置（光栅读数头）和光栅数显表两部分组成。

1. 光电转换装置

光电转换装置利用光栅原理将输入量（位移量）转换成电信号，实现了将非电量转换为电量，即计量光栅涉及 3 种信号：输入的非电量信号、光媒介信号和输出的电量信号。如图 9-4 所示，光电转换装置主要由主光栅（用于确定测量范围）、指示光栅（用于检取信号-读数）、光源和光电元件等组成。

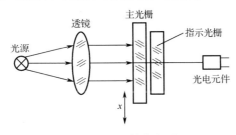

图 9-4　光电转换装置

用光栅的莫尔条纹测量位移时，需要两块光栅。长的称主光栅，与运动部件连在一起，它的大小与测量范围一致；短的称为指示光栅，固定不动。主光栅与指示光栅之间的距离为

$$d = \frac{W^2}{\lambda} \tag{9-3}$$

式中　　W ——光栅栅距；
　　　　λ ——有效光波长。

根据前面的分析已知，莫尔条纹呈现为一个明暗相间的带，其光强变化过程是从最暗逐渐变亮，达到最亮再逐渐变暗，最后回到最暗的循环。

通过光电元件接收莫尔条纹移动时的光强变化，可将光信号转换为电信号。上述的遮光作用和光栅位移呈线性变化，故光通量的变化是理想的三角形，但实际情况并非如此，实际输出波形更接近于近似正弦周期信号，之所以称为"近似"正弦信号，是因为最后输出的波形是在理想三角形的基础上被削顶和削底造成的，原因在于为了使两块光栅不致发生摩擦，它们之间存在间隙、衍射、刻线边缘的不平整和弯曲等。光电元件的输出信号波形如图9-5所示。

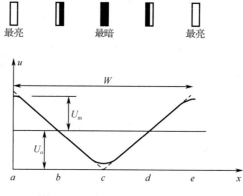

图9-5　光电元件的输出信号波形

其电压输出近似用正弦信号形式表示为

$$u = U_o + U_m \sin\left(\frac{\pi}{2} + \frac{2\pi x}{W}\right) \tag{9-4}$$

式中　u ——光电元件输出的电压；

　　　U_o ——输出电压中的平均直流分量；

　　　U_m ——输出电压中正弦交流分量的幅值；

　　　W ——光栅的栅距；

　　　x ——光栅位移。

由式（9-4）可见，输出电压反映了瞬时位移量的大小。当x从0变化到W时，相当于角度变化了360°，一个栅距W对应一个周期。如果采用50线/mm的光栅，当主光栅移动了x mm时，指示光栅上的莫尔条纹就移动了$50x$条（对应光电元件检测到莫尔条纹的亮条纹或暗条纹的条数，即脉冲数p），将此条数用计数器记录，就可以知道移动的相对距离x，即

$$x = \frac{p}{n} \text{（mm）} \tag{9-5}$$

式中　p ——检测到的脉冲数；

　　　n ——光栅的刻线密度（单位：线/mm）。

2. 辨向与细分

光电转换装置能够将位移量由非电量转换为电量，但其输出仅为正弦信号，实现确定位移量的大小。为了进一步确定位移方向并提高测量分辨率，需要引入辨向和细分技术。想要实现数字显示的目的，必须将光栅读数头的输出信号送入光栅数

显表做进一步的处理。光栅数显表由整形放大电路、细分电路、辨向电路及数字显示电路等组成。

（1）辨向原理。根据前面的分析可知：莫尔条纹每移动一个间距 B_H，对应着光栅移动一个栅距 W，相应输出信号的相位变化一个周期（2π），因此，在相隔 $B_H/4$ 间距的位置上，放置两个光电元件 1 和 2（见图 9-6），得到两个相位差为 $\pi/2$ 的正弦信号 u_1 和 u_2［设已消除式（9-4）中的直流分量］，经过整形后得到两个方波信号 u_1' 和 u_2'。

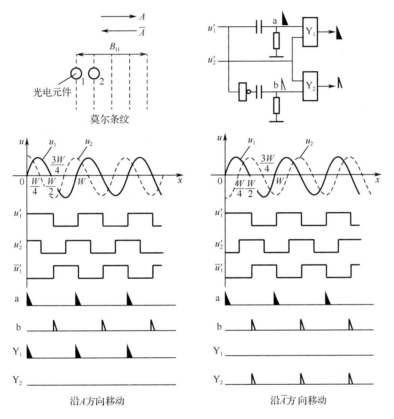

图 9-6　辨向原理

从图 9-6 中的波形对应关系可以看出，当光栅沿 A 方向移动时，u_1' 经微分电路后产生的脉冲正好发生在 u_2' 的"1"电平时，从而经 Y_1 输出一个计数脉冲；而 u_1' 经反相并微分后产生的脉冲则与 u_2' 的"0"电平相遇，与门 Y_2 被阻塞，无脉冲输出。

当光栅沿 $\overline{A}$ 方向移动时，u_1' 的微分脉冲发生在 u_2' 为"0"电平时，与门 Y_1 无脉冲输出；而 u_1' 的反相微分脉冲则发生在 u_2' 的"1"电平时，与门 Y_2 输出一个计数脉冲，则说明 u_2' 的电平状态作为与门的控制信号，用于控制在不同的移动方向时，u_1' 所产生的脉冲输出。这样，就可以根据运动方向正确地给出加计数脉冲或减计数脉冲，再将其输入可逆计数器。根据式（9-5）可知脉冲数对应的位移量，因此通过计算能实时显示出相对于某个参考点的位移量，参考图如 9-6 所示。

（2）细分原理。光栅测量原理是以移过的莫尔条纹的数量来确定位移量的，其分辨率为光栅栅距。随着现代测量对高精度的不断追求，数字读数的最小分辨值也逐步减小。为了提高分辨率，能够测量比光栅栅距更小的位移量，可以采用细分技术。

细分就是为了得到比栅距更小的分度值，即在莫尔条纹信号变化的一个周期内，发出若干个计数脉冲，以减小每个脉冲的位移，相应地提高测量精度，如一个周期内发出 N 个脉冲，计数脉冲频率提高到原来的 N 倍，每个脉冲相当于原来栅距的 $1/N$，则测量精度将提高到原来的 N 倍。

细分方法可以采用机械或电子方式实现，常用的有倍频细分法和电桥细分法。利用电子方式可以使分辨率提高几百倍甚至更高。

9.1.3 计量光栅的应用

光栅传感器通常作为测量元件应用于机床定位、长度和角度的计量仪器中，并用于测量速度、加速度、振动等。

图 9-7 所示为光栅式万能测长仪的工作原理图。由于主光栅和指示光栅之间的透光和遮光效应，因此形成莫尔条纹。当两块光栅相对移动时，能接收到周期性变化的光通量。光敏三极管接收到的原始信号经差分放大器放大、移相电路分相、整形电路整形、辨向电路辨向、倍频电路细分，最终进入可逆计数器计数，最后由显示器显示读出。

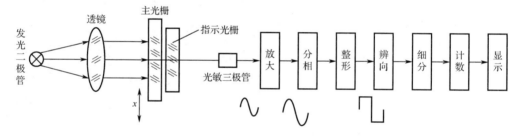

图 9-7　光栅式万能测长仪的工作原理图

9.2　光电式传感器

光电式传感器（又称光敏传感器）是利用光电器件将光信号转换为电信号（电压、电流、电荷、电阻等）的装置。光电式传感器工作时，先将被测量转换为光学量的变化，然后通过光电器件将光学量的变化转换为相应的电量变化，从而实现对非电量的测量。

光电式传感器可以直接检测光信号，也可以间接测量温度、压力、位移、速度、加速度等，虽然它是发展较晚的一类传感器，但其发展速度快、应用范围大，具有很大的应用潜力。

9.2.1 光电式传感器的基本形式

光电式传感器可用来测量光学量或已转换为光学量的其他被测量，从而输出电信号。测量光学量时，光电器件作为敏感元件使用；测量其他物理量时，光电器件作为转换元件使用。按照工作原理的不同，可将光电式传感器分为 4 类：光电效应传感器、红外热释电探测器、固体图像传感器、光纤传感器。

光电式传感器由光路部分及电路部分两大部分组成。光路部分实现被测信号对光学量的调制；电路部分完成从光信号到电信号的转换。按测量光路的组成分类，光电式传感器可分为 4 种基本形式：透射式光电传感器、反射式光电传感器、辐射式光电传感器、开关式光电传感器。

9.2.2　光电器件的工作原理

1．光电效应

光子是具有能量的粒子，每个光子的能量可表示为

$$E = h \cdot v_0 \tag{9-6}$$

微课

式中　h ——普朗克常数（$h=6.626\times10^{-34}\text{J}\cdot\text{s}$）；

　　　v_0 ——光的频率。

根据爱因斯坦假设：一个光子的能量只给一个电子。因此，如果一个电子要从物体中逸出，那么必须使光子能量 E 大于表面逸出功 A_0，这时，逸出表面的电子具有的动能可用光电效应方程表示为

$$E_k = \frac{1}{2}mv^2 = h \cdot v_0 - A_0 \tag{9-7}$$

式中　m ——电子的质量；

　　　v ——电子逸出的初始速度。

根据光电效应方程，当光照射在某些物体上时，光能量作用于被测物体而释放出电子，即物体吸收具有一定能量的光子后所产生的电效应就是光电效应。光电效应中所释放出的电子叫作光电子，能产生光电效应的敏感材料叫作光电材料。光电效应一般分为外光电效应和内光电效应两大类。根据光电效应可以制造出相应的光电转换元件，简称光电器件或光敏器件，它是构成光电式传感器的主要部件。

2．光电器件

光电器件作为将光能转换为电能的一种传感器器件，它具有响应快、结构简单、使用方便、性能可靠、能完成非接触式测量等优点，因此在自动检测、计算机和控制领域中应用非常广泛。

1）外光电效应型光电器件

当光照射到金属或金属氧化物的光电材料上时，光子的能量传给光电材料表面的电子，如果入射到材料表面的光能使电子获得足够的能量，那么电子会克服正离子对它的吸引力，脱离材料表面而进入外界空间，这种现象称为外光电效应，即外光电效应是在光线作用下，电子逸出物体表面的现象。

根据外光电效应制作的光电器件有光电管和光电倍增管。

（1）光电管及其基本特性。

① 结构与工作原理。光电管分为真空光电管和充气光电管两类。真空光电管的结构如图 9-8（a）所示，它由一个阴极（K 极）和一个阳极（A 极）构成，并且密封

学习笔记

在一个真空玻璃管内。阴极装在玻璃管内壁上，其上涂有光电材料，或者在玻璃管内装入柱面形金属板，在此金属板内壁上涂有阴极光电材料。阳极通常用金属丝弯曲成矩形或圆形或金属丝柱，置于玻璃管的中央。在阴极和阳极之间加有一定的电压，且阳极为正极、阴极为负极。当光通过光窗照在阴极上时，光电子就从阴极发射出去，在阴极和阳极之间的电场作用下，光电子被加速并朝阳极移动，最终在阳极处形成电流，光电流的大小主要取决于阴极灵敏度和入射光辐射的强度。

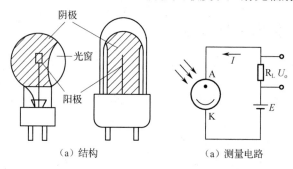

（a）结构　　　　　　　　（a）测量电路

图 9-8　真空光电管的结构与测量电路

　　充气光电管的结构相同，只是管内充有少量的惰性气体（如氩或氖），当充气光电管的阴极被光照射后，光电子在飞向阳极的途中和气体的原子发生碰撞，使气体电离，电离过程中产生的新电子与光电子一起被阳极接收，正离子向反方向运动被阴极接收，因此增大了光电流，通常能形成数倍于真空型光电管的光电流，从而使光电管的灵敏度增加，但充气光电管的光电流与入射光强度不呈比例关系，因而使其具有稳定性较差、惰性大、温度影响大、容易衰老等一系列缺点。随着半导体光电器件的发展，真空光电管已逐步被半导体光电器件所替代。

　　② 主要性能。光电管的性能主要由伏安特性、光照特性、光谱特性、响应时间、峰值探测率和温度特性等来描述。

　　（2）光电倍增管及其基本特性。

　　① 结构与工作原理。当入射光很微弱时，普通光电管产生的光电流很小，只有零点几微安，很不容易探测，这时常用光电倍增管对电流进行放大，图 9-9 所示为光电倍增管的外形和结构。

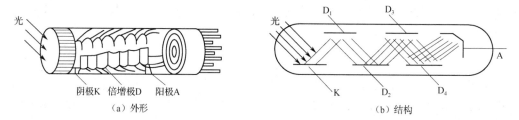

（a）外形　　　　　　　　　　　（b）结构

图 9-9　光电倍增管的外形和结构

　　光电倍增管主要由光阴极、次阴极（倍增极）及阳极 3 部分组成。阳极是最后用来收集电子的，它输出的是电压脉冲。光电倍增管是灵敏度极高、响应速度极快的光探测器，其输出信号在很大范围内与入射光子数呈线性关系。光电倍增管电路如图 9-10 所示。

光电倍增管除光阴极外，还有若干个倍增极。使用光电倍增管时，在各个倍增极上均加上电压。阴极电位最低，从阴极开始，各个倍增极的电位依次升高，阳极电位最高。同时这些倍增极用次级发射材料制成，这种材料在具有一定能量的电子轰击下，能够产生更多的"次级电子"。由于相邻两个倍增极之间有电位差，因此存在加速电场，对电子加速。从阴极发出的光电子在电场的加速下打到第一个倍增极上，引起二次电子发射。每个电子能从这个倍增极上打出 3～6 个次级电子，被打出来的次级电子经过电场的加速后，打在第二个倍增极上，电子数又增加3～6倍，如此不断倍增，阳极最后收集到的电子数将达到阴极发射电子数的 $10^5 \sim 10^8$ 倍，即光电倍增管的放大倍数可达到几十万倍甚至到上亿倍，因此光电倍增管的灵敏度就比普通光电管高几十万倍到上亿倍，相应的电流可由零点几微安放大到 A 级或 $10A$ 级，即使在很微弱的光照下，它仍能产生很大的光电流。

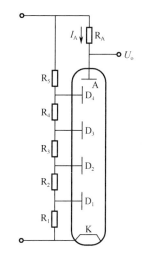

图 9-10 光电倍增管电路

② 主要参数。

倍增系数 M：倍增系数 M 等于各倍增极的二次电子发射系数 δ 的乘积。如果 n 个倍增极的 δ 都一样，那么阳极电流为

$$I = i \cdot M = i \cdot \delta^n \tag{9-8}$$

式中 I ——光电阳极的光电流；

  i ——光电阴极发出的初始光电流；

  δ ——倍增极的电子发射系数；

  n ——光电倍增极数（一般为9～11 个）。

光电倍增管的电流放大倍数为

$$\beta = I/i = \delta^n = M \tag{9-9}$$

光电阴极的灵敏度和光电倍增管的总灵敏度：一个光子在阴极上所能激发的平均电子数叫作光电阴极的灵敏度。一个光子入射在阴极上，最后在阳极上能收集到的总的电子数叫作光电倍增管的总灵敏度，该值与加速电压有关。光电倍增管的最大灵敏度可达 10A/lm，极间电压越高，灵敏度越高。但极间电压也不能太高，太高反而会使阳极电流不稳定。另外，由于光电倍增管的灵敏度很高，因此不能受强光照射，否则易被损坏。

暗电流：一般将光电倍增管放在暗室中避光使用，使其只对入射光起作用（称为光激发）。然而，受到环境温度、热辐射和其他因素的影响，即使没有光信号输入，加上电压后阳极仍有电流，这种电流称为暗电流。光电倍增管的暗电流在正常应用情况下是很小的，一般为 $10^{-16} \sim 10^{-10}A$。暗电流主要是热电子发射引起的，它随温度增加而增加（称为热激发）；影响光电倍增管暗电流的因素还包括欧姆漏电（光电倍增管的电极之间玻璃漏电、管座漏电、灰尘漏电等）、残余气体放电（光电倍增管中高速运动的电子会使管中的气体电离产生正离子和光电子）等。有时暗电流可能很大甚至使光电倍增管无法正常工作，需要特别注意；暗电流通常可以用补偿电路加以消除。

光电倍增管的光谱特性：光电倍增管的光谱特性与相同材料的光电管的光谱特

性相似，主要取决于光阴极材料。

2）内光电效应型光电器件

内光电效应是指物体受到光照后所产生的光电子只在物体内部运动，而不会逸出物体的现象。内光电效应多发生于半导体内，可分为因光照引起半导体电阻率变化的光电导效应和因光照产生电动势的光生伏特效应两种。光电导效应是指物体在入射光能量的激发下，其内部产生光生载流子（电子-空穴对），使物体中载流子数量显著增加而电阻减小的现象；这种效应在大多数半导体和绝缘体中都存在，但金属因电子能态不同，不会产生光电导效应。光生伏特效应是指光照在半导体中激发出的光电子和空穴在空间分开而产生电位差的现象，是将光能变为电能的一种效应。光照在半导体 PN 结或金属-半导体接触面上时，在 PN 结或金属-半导体接触面的两侧会产生光生电动势，这是因为 PN 结或金属-半导体接触面因材料不同质或不均匀而存在内建电场，半导体受光照激发产生的电子或空穴会在内建电场的作用下向相反方向移动和积聚，从而产生电位差。

基于光电导效应的光电器件有光敏电阻；基于光生伏特效应的光电器件典型的有光电池，此外，光敏二极管、光敏三极管也是基于光生伏特效应的光电器件。

学习笔记

（1）光敏电阻。

① 光敏电阻的结构和工作原理。当入射光照到半导体上时，若光电导体为本征半导体材料，且光辐射能量又足够强，则电子受光子的激发由价带越过禁带而跃迁到导带，在价带中就留有空穴，在外加电压下，导带中的电子和价带中的空穴同时参与导电，即载流子数增多，电阻率下降。光的照射使半导体的电阻变化，因此该电阻称为光敏电阻。

如果将光敏电阻连接到外电路中，那么在外加电压的作用下，电路中有电流流过，用检流计可以检测到该电流；如果改变照射到光敏电阻上的光度量（照度），那么可以发现流过光敏电阻的电流发生了变化，即用光照射能改变电路中电流的大小，实际上是光敏电阻的阻值随照度发生了变化，图 9-11（a）所示为单晶光敏电阻的结构。一般单晶的体积小，受光面积也小，额定电流容量低。为了加大感光面，通常采用微电子工艺先在玻璃（或陶瓷）基片上均匀地涂敷一层薄薄的光电导多晶材料，经烧结后放上掩蔽膜，蒸镀上两个金（或铟）电极，再在光敏电阻材料表面覆盖一层漆保护膜（用于减小周围介质的影响，但要求该漆保护膜对光敏层最敏感波长范围内的光线透射率最大）。感光面大的光敏电阻的表面大多采用图 9-11（b）所示的梳状电极结构，这样可以得到比较大的光电流。图 9-11（c）所示为单晶光敏电阻的测量电路。

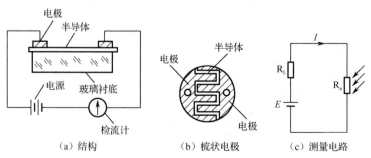

（a）结构　　　（b）梳状电极　　　（c）测量电路

图 9-11　单晶光敏电阻

② 典型的光敏电阻。典型的光敏电阻有硫化镉（CdS）、硫化铅（PbS）、锑化铟（InSb）及碲化镉汞（Hg1-xCdxTe）系列光敏电阻。

③ 光敏电阻的主要参数和基本特性。暗电阻、亮电阻和光电流：暗电阻、亮电阻和光电流是光敏电阻的主要参数。光敏电阻在未受到光照时的阻值称为暗电阻，此时流过的电流称为暗电流；在受到光照时的阻值称为亮电阻，此时流过的电流称为亮电流。亮电流与暗电流之差称为光电流。

光敏电阻的伏安特性：在一定照度下，光敏电阻两端所加的电压与光电流之间的关系称为伏安特性。硫化镉光敏电阻的伏安特性曲线如图 9-12 所示，虚线为允许功耗线或额定功耗线（使用时应不使光敏电阻的实际功耗超过额定值）。

光敏电阻的光照特性：光敏电阻的光照特性用于描述光电流和光照强度（照度）之间的关系，绝大多数光敏电阻的光照特性曲线是非线性的，不同光敏电阻的光照特性是不同的，硫化镉光敏电阻的光照特性曲线如图 9-13 所示。光敏电阻一般在自动控制系统中用作开关式光电信号转换器而不宜用作线性测量元件。

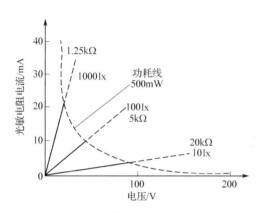

图 9-12　硫化镉光敏电阻的伏安特性曲线

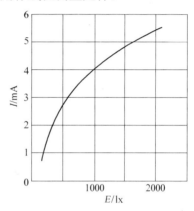

图 9-13　硫化镉光敏电阻的光照特性曲线

光敏电阻的光谱特性：对于不同波长的光，不同的光敏电阻的灵敏度是不同的，即不同的光敏电阻对不同波长的入射光有不同的响应特性。光敏电阻的相对灵敏度与入射光波长的关系称为光谱特性。

几种常用光敏电阻材料的光谱特性曲线如图 9-14 所示。

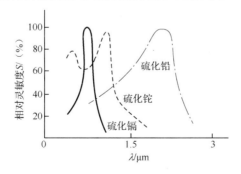

图 9-14　几种常用光敏电阻材料的光谱特性曲线

光敏电阻的响应时间和频率特性：实验证明，光敏电阻的光电流不能随着光照量的改变而立即改变，即光敏电阻产生的光电流有一定的惰性，这个惰性通常用时间常数来描述。时间常数越小，响应越迅速。但大多数光敏电阻的时间常数都较大，这是它的缺点之一。不同材料的光敏电阻有不同的时间常数，因此其频率特性也各不相同，这与入射的辐射信号的强弱有关。

图 9-15 所示为硫化镉和硫化铅光敏电阻的频率特性曲线。硫化铅的使用频率范围最大，其他都较差。目前正在通过改进生产工艺来改善各种材料光敏电阻的频率特性。

光敏电阻的温度特性：光敏电阻的温度特性与光电导材料有密切关系，不同材料的光敏电阻有不同的温度特性；光敏电阻的光谱响应、灵敏度和暗电阻都会受到温度变化的影响。受温度变化影响最大的例子是硫化铅光敏电阻。硫化铅光敏电阻的温度特性曲线如图 9-16 所示。

学习笔记

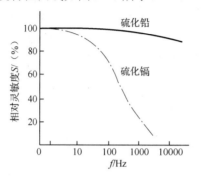
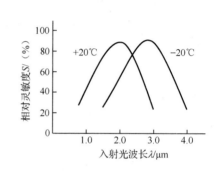

图 9-15　硫化镉和硫化铅光敏电阻的频率特性曲线　图 9-16　硫化铅光敏电阻的温度特性曲线

随着温度的升高，其光谱响应曲线向左（短波长的方向）移动，因此，要求硫化铅光敏电阻在低温、恒温的条件下使用。

④ 光敏电阻的应用。这里以火灾探测报警器应用为例。图 9-17 所示为以光敏电阻为敏感探测元件的火灾探测报警器电路，在 $1mW/cm^2$ 照度下，硫化铅光敏电阻的暗电阻为 $1M\Omega$，亮电阻为 $0.2M\Omega$，峰值响应波长为 $2.2\mu m$，与火焰的峰值辐射光谱波长接近。

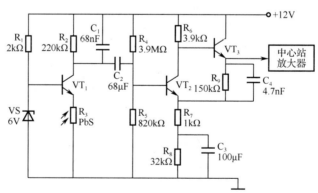

图 9-17　以光敏电阻为敏感探测元件的火灾探测报警器电路

由 VT_1、电阻 R_1、R_2 和稳压二极管 VS 构成对光敏电阻 R_3 的恒压偏置电路，该电路在更换光敏电阻时只要保证光电导灵敏度不变，输出电路的电压灵敏度就不会改变，可保证前置放大器的输出信号稳定。当被探测物体的温度高于燃点或被探测物体被点燃而发生火灾时，火焰将发出波长接近于 2.2μm 的辐射（或"跳变"的火焰信号），该辐射光将被硫化铅光敏电阻接收，使前置放大器的输出跟随火焰"跳变"信号，并经电容 C_2 耦合，由 VT_2、VT_3 组成的高输入阻抗放大器放大。放大的输出信号再送给中心站放大器，由其发出火灾报警信号或自动执行喷淋等灭火动作。

（2）光电池。

① 光电池原理。光电池实质上是一个电压源，是利用光生伏特效应将光能直接转换为电能的光电器件。由于它广泛用于将太阳能直接转换为电能，因此也称为太阳能电池。一般能用于制造光电阻器件的半导体材料均可用于制造光电池。例如，硒光电池、硅光电池、砷化镓光电池等。

硅光电池的结构如图 9-18（a）所示。硅光电池是在一块 N 型硅片上，用扩散的方法掺入一些 P 型杂质形成 PN 结。当入射光照射在 PN 结上时，若光子能量 $h v_0$ 大于半导体材料的禁带宽度 E，则在 PN 结内附近激发出电子−空穴对，在 PN 结内电场的作用下，N 型区的光生空穴被拉向 P 型区，P 型区的光生电子被拉向 N 型区，结果使 P 型区带正电，N 型区带负电，这样 PN 结就产生了电位差，若将 PN 结两端用导线连接起来，则电路中有电流流过，电流方向由 P 型区流经外电路至 N 型区（见图 9-19）。若将外电路断开，则可以测出光生电动势。

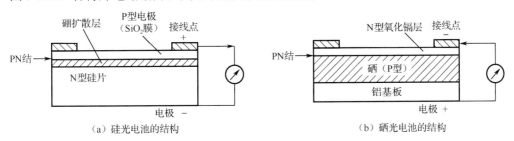

（a）硅光电池的结构　　　　　　　　　（b）硒光电池的结构

图 9-18　光电池的结构示意图

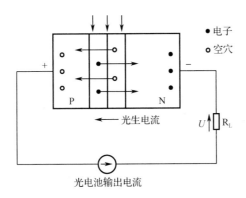

图 9-19　光电池的工作原理

硒光电池的制造过程涉及在铝片上涂硒（P 型），再采用溅射的工艺在硒层上形成一层半透明的氧化镉（N 型）。在正、反两面喷上低融合金作为电极，如图 9-18（b）所示。在光线照射下，镉材料带负电，硒材料带正电，从而形成电动势或光电流。

光电池的符号、基本电路及等效电路如图 9-20 所示。

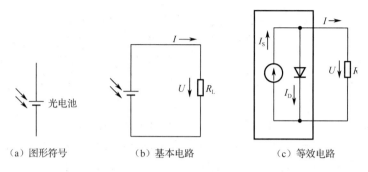

（a）图形符号   （b）基本电路   （c）等效电路

图 9-20 光电池的图形符号、基本电路及等效电路

② 光电池的种类。光电池的种类有很多，有硅光电池、硒光电池、锗光电池、砷化镓光电池、氧化亚铜光电池等，但最受人们重视的是硅光电池。这是因为它具有性能稳定、光谱范围大、频率特性好、转换效率高、能耐高温辐射、价格便宜、寿命长等特点。

③ 光电池的特性。

学习笔记

光谱特性：光电池对不同波长的光的灵敏度是不同的。硅光电池的光谱响应波长范围为 $0.4 \sim 1.2 \mu m$，而硒光电池的光谱响应波长范围为 $0.38 \sim 0.75 \mu m$，相对而言，硅光电池的光谱响应波长范围更大。硒光电池在可见光谱范围内有较高的灵敏度，适宜测可见光。不同材料的光电池的光谱响应峰值所对应的入射光波长也是不同的。硅光电池在 $0.8 \mu m$ 附近，硒光电池在 $0.5 \mu m$ 附近。因此，使用光电池时对光源应有所选择。

光照特性：光电池在不同照度（指单位面积上的光通量，表示被照射平面上某一点的光亮程度，单位：勒克斯，lm/m^2 或 lx）下，其光电流和光生电动势是不同的，它们之间的关系称为光照特性。由实验可知：对于不同的负载电阻，可在不同的照度范围内，使光电流与照度保持线性关系。负载电阻越小，光电流与照度间的线性关系越好，线性范围也越宽。因此，应用光电池时，所用负载电阻的大小应根据光照的具体情况来决定。

频率特性：光电池的 PN 结面积大，极间电容大，因此频率特性较差。

温度特性：半导体材料易受温度的影响，将直接影响光电流的值。光电池的温度特性用于描述光电池的开路电压和短路电流随温度变化的情况。温度特性将影响测量仪器的温漂和测量或控制的精度等。

（3）光敏管。

大多数半导体二极管和三极管都对光敏感，当二极管和三极管的 PN 结受到光照射时，通过 PN 结的电流将增大，因此，常规的二极管和三极管都用金属罐或其他壳体密封起来，以防光照；而光敏管（包括光敏二极管和光敏三极管）则必须使 PN 结能接收最大的光照射。光电池与光敏二极管、三极管都是 PN 结，它们的主要区别在于后者的 PN 结处于反向偏置，无光照时反向电阻很大、反向电流很小，相当于处于截止状态。当有光照时，将产生光生电子-空穴对，在 PN 结电场作用下，电子向 N 型区移动，空穴向 P 型区移动，形成光电流。

① 光敏管的结构和工作原理。光敏二极管是一种 PN 结型半导体器件，与一般半导体二极管类似，其 PN 结装在管的顶部，以便接受光照，上面有一个透镜制成的

窗口，可使光线集中在敏感面上。光敏二极管的工作原理和基本电路如图 9-21 所示。在无光照射时，处于反偏的光敏二极管工作在截止状态，这时只有少数载流子在反向偏压下越过阻挡层，形成微小的反向电流即暗电流。当光敏二极管受到光照射之后，光子在半导体内被吸收，使 P 型区的电子数增多，也使 N 型区的空穴增多，即产生新的自由载流子（光生电子-空穴对）。这些载流子在结电场的作用下，空穴向 P 型区移动，电子向 N 型区移动，从而使通过 PN 结的反向电流大为增加，这就形成了光电流，此时光敏电阻处于导通状态。当入射光的强度发生变化时，光生载流子的多少相应发生变化，通过光敏二极管的电流也随之变化，这样就把光信号变成了电信号。这样的载流子运动，使得 PN 结内电场势垒降低，从而使得正向电流增加，当光电流和正向电流达到平衡时，在 PN 结的两端将建立起稳定的电压差，这就是光生电动势。

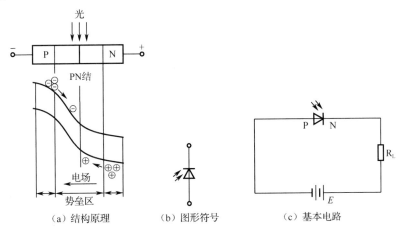

图 9-21　光敏二极管的工作原理和基本电路

学习笔记

　　光敏三极管（习惯上常称为光敏晶体管）是光敏二极管和三极管放大器一体化的结果，它有 NPN 型和 PNP 型两种基本结构，用 N 型硅材料为衬底制作的光敏三极管为 NPN 型，用 P 型硅材料为衬底制作的光敏三极管为 PNP 型。

　　以 NPN 型光敏三极管为例，其结构与普通三极管相似，只是它的基极做得很大，以扩大光的照射面积，且其基极往往不直接接引线；即相当于在普通三极管的基极和集电极之间连接了一个光敏二极管，且对电流加以放大。光敏三极管的工作原理分为光电转换和光电流放大两个过程。光电转换过程与一般光敏二极管相同，光集电极加上相对于发射极为正的电压而不接基极时，集电极就是反向偏压，当光照在基极上时，就会在基极附近光激发产生电子-空穴对，在反向偏置的 PN 结势垒电场作用下，自由电子向集电区（N 型区）移动并被收集，而空穴流向基区（P 型区），被发射结中的正向偏置的自由电子填充。这样，就形成了从集电极到发射极的光电流，相当于三极管的基极电流 I_b。空穴在基区的积累提高了发射结的正向偏置，使发射区的多数载流子（电子）穿过很薄的基区向集电区移动，在外电场作用下形成集电极电流 I_C，结果表现为基极电流将被集电结放大 β 倍，这个过程与普通三极管放大基极电流的作用相似，不同的是普通三极管是通基极向发射结注入空穴载流子来控制发射极的扩散电流，而光敏三极管则是通过注入发射结的光生电流控制的。PNP

型光敏三极管的工作原理与 NPN 型相同，只是它采用 P 型硅作为衬底材料，工作时的电压极性与 NPN 型相反，集电极的电位为负。

光敏三极管是兼有光敏二极管特性的器件，它在将光信号变为电信号的同时又将信号电流放大，光敏三极管的光电流可达 0.4～4mA，而光敏二极管的光电流只有几十微安，因此光敏三极管有更高的灵敏度。图 9-22 所示为光敏三极管的结构和基本电路。

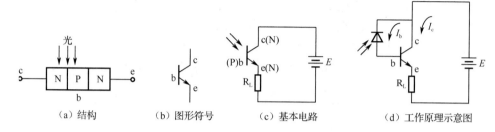

（a）结构   （b）图形符号   （c）基本电路   （d）工作原理示意图

图 9-22　光敏三极管的结构和基本电路

② 光敏管的基本特性。

光谱特性：光谱特性是指光敏管在照度一定时，输出的光电流（或光谱相对灵敏度）随入射光的波长而变化的关系。图 9-23 所示为光敏管的光谱特性曲线。对一定材料和工艺制成的光敏管，必须对应一定波长范围（光谱）的入射光才会响应，这就是光敏管的光谱响应。从图 9-23 中可以看出：硅光敏管适用于 0.4～1.1μm 波长，最灵敏的响应波长为 0.8～0.9μm；而锗光敏管适用于 0.6～1.8μm 的波长，其最灵敏的响应波长为 1.4～1.5μm。

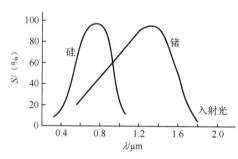

图 9-23　光敏管的光谱特性曲线

由于锗光敏管的暗电流比硅光敏管的暗电流大，因此在可见光作为光源时，都采用硅管；但是在用红外光源探测时，则锗管较为合适。光敏二极管、光敏三极管几乎全用锗或硅材料做成。由于硅管比锗管无论在性能上还是制造工艺上都更为优越，因此目前硅管的发展与应用更为广泛。

伏安特性：伏安特性是指光敏管在照度一定的条件下，光电流与外加电压之间的关系。图 9-24 所示为光敏管的伏安特性曲线。由图 9-24 可见，光敏三极管的光电流比相同管型的光敏二极管的光电流大上百倍。由图 9-24（b）可见，光敏三极管在偏置电压为零时，无论照度有多大，集电极的电流都为零，说明光敏三极管必须在一定的偏置电压作用下才能工作，偏置电压要保证光敏三极管的发射结处于正向偏置、集电结处于反向偏置；随着偏置电压的增高，伏安特性曲线趋于平坦。由图 9-24（a）可以看出，与光敏三极管不同的是，一方面，在零偏压时，光敏二极管仍有光电流输出，这是因为光敏二极管存在光生伏特效应；另一方面，随着偏置电压的增高，光敏三极管的伏安特性曲线向上偏斜，间距增大，这是因为光敏三极管除了具有光电灵敏度，还具有电流增益 β，且 β 值随光电流的增加而增大。图 9-24（b）中光敏三极管的特性曲线始端弯曲部分为饱和区，在饱和区，光敏三极管的偏置电压提供给集电结的反偏电压太低，集电极的电子收集能力低，造成光敏三极管饱和，因此，应使光敏三极管工作在偏置电压大于 5V 的线性区域。

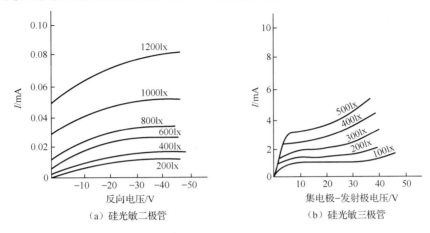

图 9-24　光敏管的伏安特性曲线

光照特性：光照特性就是光敏管的输出电流 I 和照度 E 之间的关系。硅光敏管的光照特性曲线如图 9-25 所示，从图 9-25 中可以看出，照度越大，产生的光电流越强。光敏二极管的光照特性曲线的线性较好；光敏三极管在照度较小时，光电流随照度增加缓慢，而在照度较大（照度为几千勒克斯时），光电流存在饱和现象，这是由于光敏三极管的电流放大倍数在小电流和大电流时都有下降。

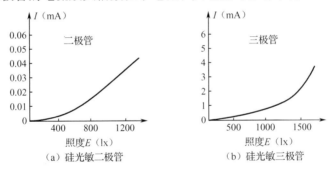

图 9-25　硅光敏管的光照特性曲线

频率特性：光敏管的频率特性是光敏管输出的光电流（或相对灵敏度）与光强变化频率的关系。光敏二极管的频率特性好，其响应时间可以达到 $9^{-7}\sim10^{-8}$s，因此它适用于测量快速变化的光信号。由于光敏三极管存在发射结电容和基区渡越时间（发射极的载流子通过基区所需要的时间），因此光敏三极管的频率响应比光敏二极管差，而且和光敏二极管一样，负载电阻越大，高频响应越差，因此，在高频应用时应尽量减小负载电阻的阻值。图 9-26 所示为硅光敏三极管的频率特性曲线。

③ 光敏管的应用举例。图 9-27 所示为路灯自动控制器的电路原理图。VD 为光敏二极管。当夜晚来临时，光线变暗，VD 截止，VT_1 饱和导通，VT_2 截止，继电器 K 线圈失电，其常闭触点 K_1 闭合，路灯 HL 被点亮。天亮后，当光线亮度达到预定值时，VD 导通，VT_1 截止，VT_2 饱和导通，继电器 K 线圈带电，其常闭触点 K_1 断开，路灯 HL 熄灭。

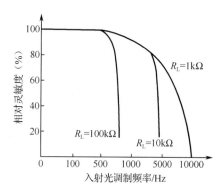

图 9-26 硅光敏三极管的频率特性曲线

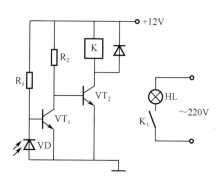

图 9-27 路灯自动控制器的电路原理图

（4）光电耦合器件。

光电耦合器件是将发光元件和光敏元件合并使用，以光为媒介实现信号传递的光电器件。发光元件通常采用砷化镓发光二极管，它由一个 PN 结组成，有单向导电性，随着正向电压的提高，正向电流增加，产生的光通量也增加。光敏元件可以是光敏二极管或光敏三极管等。为了保证灵敏度，要求发光元件与光敏元件在光谱上得到最佳匹配。

光电耦合器件将发光元件和光敏元件集成在一起，封装在一个外壳内，如图 9-28 所示。光电耦合器件的输入电路和输出电路在电气上完全隔离，仅仅通过光的耦合才把二者联系在一起。工作时，将电信号加到输入端，使发光器件发光，光敏元件则在此光照下输出光电流，从而实现电-光-电的两次转换。

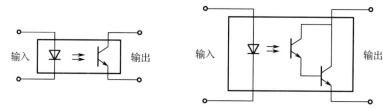

图 9-28 光电耦合器

光电耦合器实际上能起到电量隔离的作用，具有抗干扰和单向信号传输功能。光电耦合器件广泛应用于电量隔离、电平转换、噪声抑制、无触点开关等领域。

9.2.3 光电式传感器的应用

1. 光电式传感器在点钞机中的计数作用

点钞机中必不可少的组成之一就是光电式传感器。点钞机的计数器采用非接触式红外光电检测技术，具有结构简单、精度高和响应速度快等优点。

点钞机的计数器采用两组红外光电式传感器。每一个传感器由一个红外发光二极管和一个接收红外线的光敏三极管组成，两者之间留有适当距离。

当无钞票通过时，接收管受光照而导通，输出为 0。当有钞票通过的瞬间，挡住红外线，接收管光通量不足，输出为 1。钞票通过后，接收管又接收到红外线导通。这样就在该部分电路输出端产生一个脉冲信号，这些信号经后续电路整形放大后输入单片机，单片机驱动执行电机，并相应地完成计数和显示。点钞机之所以采用两组光电式传感器，是为了检测纸币的完整性，避免残币被计入。

通过光电式传感器来检测钞票的计数情况，进而实现钞票数目的累计，最后用液晶及外部显示部分直观地将钞票数显示给用户，并且在出现异常时可自动向用户报警。

2. 光电式传感器在条形码扫描笔中的应用

当扫描笔头在条形码上移动时，若遇到黑色线条，则发光二极管的光线将被黑线吸收，光敏三极管接收不到反射光，呈高阻抗，处于截止状态。当遇到白色间隔时，发光二极管发出的光线被反射到光敏三极管的基极，光敏三极管产生光电流而导通。整个条形码被扫描过之后，光敏三极管将条形码的信息转化为一系列电脉冲信号，该信号经放大、整形后便形成脉冲列，再经计算机处理，完成对条形码信息的识别。

3. 光电式传感器在烟尘浊度监测仪中的应用

防止工业烟尘和粉尘污染是环境保护的重要任务之一。要消除工业烟尘和粉尘污染，需要先了解粉尘的排放情况，所以对粉尘源进行监测是很有必要的，要能自动显示并及时发现超标排放现象。烟气浊度是用来检测在烟道中通过的光的传输过程中的变化。如果烟道浊度增加，那么由光源发出的光经过烟尘颗粒的吸收和折射，最后达到光检测器，而光检测器的输出信号强度可以反映烟道浊度的变化。

📢 **知识拓展**

智能手机传感器初探——手机中的光线传感器

在绝大多数智能手机的"额头"都能看到光线传感器和距离传感器的开孔，光线传感器用于检测周围环境光线的强弱，距离传感器则用于检测手机与障碍物之间的距离远近。

光线传感器的工作原理是，光敏三极管在接收到外界光线时，会产生强弱不等的电流，从而感知环境光亮度。

光线传感器的用途：光线传感器可以使手机感测到环境光线的强度，用来调节手机屏幕的亮度。而因为屏幕通常是手机最耗电的部分，所以运用光线传感器来协助调整屏幕亮度能进一步达到延长电池寿命的作用，同时可保护使用者的视力。光线传感器也可用于拍照时自动白平衡，还可搭配距离传感器一同来侦测手机是否被放置在口袋中，以防止误触。

距离传感器的工作原理是红外 LED 发射红外线，被近距离物体反射后，红外探测器通过接收到红外线的强度，测定距离，一般有效距离在 10cm 内。距离传感器同时拥有发射装置和接收装置，一般体积较大。

距离传感器的用途：检测手机是否贴在耳旁通话，以便自动熄灭屏幕，达到省电及防止脸部误触屏幕的目的，也可用于皮套、口袋模式下自动解锁与锁屏动作。

9.3 光纤传感器

光纤传感器是一种将被测对象的状态转变为可测的光信号的传感器。光纤传感器是近年来随着光导纤维技术的发展而出现的新型传感器，它具有抗电磁干扰能力强、安全性能高、灵巧轻便、使用方便等特点。

近几年来，光纤在传感技术领域中的发展迅速，吸引了大量的科学工作者，成为目前国外传感技术领域中研究的一个热门课题。目前已有力、热、声、电、磁、核物理等各个领域的几十种光纤传感器，可以检测位移、速度、加速度、压力、波面、流量、振动、水产、温度、电流、电场、磁场、核辐射等物理量的光纤传感器。

9.3.1 光纤

微课

学习笔记

1. 光纤及其传光原理

光纤是一种多层介质结构的同心圆柱体，包括纤芯、包层和保护层（涂敷层及护套）。核心部分是纤芯和包层，纤芯粗细、纤芯材料和包层材料的折射率对光纤的特性起决定性作用。其中纤芯由高度透明的材料制成，是光波的主要传输通道；纤芯材料的主体是 SiO_2 玻璃，并掺入微量的 GeO_2、P_2O_5，以提高材料的光折射率。纤芯直径为 $5\sim75\mu m$。包层可以是一层、两层或多层结构，总直径为 $100\sim200\mu m$，包层材料主要也是 SiO_2，掺入微量的 B_2O_3 或 SiF_4 以降低包层对光的折射率；包层的折射率略小于纤芯，这样的构造可以保证入射到光纤内的光波集中在纤芯内传输。涂敷层保护光纤不受水汽的侵蚀和机械擦伤，同时又增加光纤的柔韧性，起着延长光纤寿命的作用。护套采用不同颜色的塑料管套，一方面起保护作用，另一方面以颜色区分多条光纤。许多条光纤组成光缆。

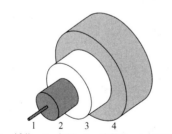

1—纤芯；2—包层；3—涂敷层；4—护套。

图 9-29　单模光纤的内部结构

图 9-29 所示为单模光纤的内部结构，包括 4 部分，其中，纤芯的直径为 $8\mu m$，包层的直径为 $125\mu m$，涂敷层的直径为 $250\mu m$，护套的直径为 $400\mu m$。

光线在同一种介质中是沿直线传播的，如图 9-30 所示。当光线以不同的角度入射到光纤端面时，在端面发生折射进入光纤后，又入射到折射率为 n_1（较大）的光密介质（纤芯）与折射率为 n_2（较小）的光疏介质（包层）的交界面，光线在该处有一部分透射到光疏介质口，一部分反射回光密介质。根据折射定理有

$$\frac{\sin\theta_k}{\sin\theta_r} = \frac{n_2}{n_1} \tag{9-10}$$

$$\frac{\sin\theta_i}{\sin\theta'} = \frac{n_1}{n_0} \tag{9-11}$$

式中　θ_i——光纤端面的入射角；

θ'——光纤端面处的折射角；

θ_k——光密介质与光疏介质界面处的入射角；

θ_r——光密介质与光疏介质界面处的折射角。

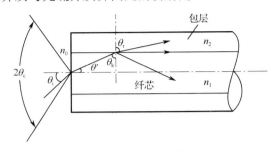

图 9-30　光纤传输原理

在光纤材料确定的情况下，$\dfrac{n_1}{n_0}$、$\dfrac{n_2}{n_1}$ 均为定值，因此若减小 θ_i，则 θ' 也将减小，相应地，θ_k 将增大，则 θ_r 也增大。当 θ_i 达到 θ_c 并使折射角 $\theta_r=90°$ 时，即折射光将沿界面方向传播，则称此时的入射角 θ_c 为临界角。所以有

$$\sin\theta_c = \frac{n_1}{n_0}\sin\theta' = \frac{n_1}{n_0}\cos\theta_k = \frac{n_1}{n_0}\sqrt{1-\left(\frac{n_2}{n_1}\sin\theta_r\right)^2} = \frac{1}{n_0}\sqrt{n_1^2-n_2^2} \qquad (9\text{-}12)$$

外界介质一般为空气，$n_0=1$，所以有

$$\theta_c = \arcsin\sqrt{n_1^2-n_2^2} \qquad (9\text{-}13)$$

当入射角 θ_i 小于临界角 θ_c 时，光线就不会透过其界面而全部反射到光密介质内部，即发生全反射。全反射的条件为

$$\theta_i < \theta_c \qquad (9\text{-}14)$$

在满足全反射的条件下，光线就不会射出纤芯，而是在纤芯和包层界面不断地产生全反射向前传播，最后从光纤的另一个端面射出。光的全反射是光纤传感器工作的基础。

 知识小讲堂

"世界光纤之父"——高锟

华裔科学家"高锟博士"，中国科学院外籍院士，诺贝尔物理学奖获得者，提出用玻璃丝制作光纤。1966 年，"光纤之父"高锟发表了题为《光频率介质纤维表面波导》的论文，提出光纤传输的理论。该理论提出后并没有立即获得社会认同，但他没有放弃，一直进行相关研究和改进，在争论中，高锟的设想逐步变成现实：利用石英玻璃制成的光纤应用越来越广泛，全世界掀起了一场光纤通信的革命。高锟因在"有关光在纤维中的传输以用于光学通信方面"做出突破性成就，获得 2009 年诺贝尔物理学奖。

"中国光纤之父"——赵梓森

中国工程院院士赵梓森：追光 40 年，在一无技术、二无设备、三无人员的艰苦条件下，在厕所旁拉制出了具有中国自主知识产权的第一根实用光纤。

从本质上来说，光纤就是一根细细的玻璃棒，是使用四氯化硅、四氯化锗等原材料制成的。对于一般的石英光纤来说，标准的制作工序有两个：制棒和拉丝。

2．光纤的主要特性

（1）数值孔径。

由式（9-14）可知，θ_c 是出现全反射的临界角，且某种光纤的临界入射角的大小是由光纤本身的性质——折射率 n_1、n_2 决定的，与光纤的几何尺寸无关。通常，将 $\sin\theta_c = \sqrt{n_1^2 - n_2^2}$ 定义为光纤的数值孔径（Numerical Aperture，NA）。即

$$\sin\theta_c = \sqrt{n_1^2 - n_2^2} \qquad (9\text{-}15)$$

数值孔径是光纤的一个重要参数，它能反映光纤的集光能力，光纤的 NA 越大，表明它可以在较大入射角 θ_i 范围内输入全反射光，集光能力就越强，光纤与光源的耦合越容易，且保证实现全反射向前传播。即在光纤端面，无论光源的发射功率有多大，只有 $2\theta_c$ 内的入射光才能被光纤接收、传播。如果入射角超出这个范围，那么进入光纤的光线将会进入包层而散失（产生漏光）。但 NA 越大，光信号的畸变也越大，所以要适当选择 NA 的大小。石英光纤的 NA 的取值范围为 0.2～0.4（对应的 $\theta_c = 11.5°\sim23.5°$）。

（2）光纤模式。

光波在光纤中的传播途径和方式称为光纤模式。对于不同入射角的光线，在界面反射的次数是不同的，传递的光波间的干涉也是不同的，这就是传播模式不同。一般总希望光纤信号的模式数量要少，以减小信号畸变的可能。

光纤分为单模光纤和多模光纤。单模光纤直径较小（2～12μm），只能传输一种模式。其优点是，信号畸变小、信息容量大、线性好、灵敏度高；缺点是，纤芯较小，制造、连接、耦合较困难。多模光纤的直径较大（50～100μm），传输模式不止一种，其缺点是，性能较差；优点是，纤芯面积较大，制造、连接、耦合容易。

（3）传输损耗。

光信号在光纤中的传播不可避免地存在着损耗。光纤传输损耗主要有材料吸收损耗（由材料密度及浓度不均匀引起）、散射损耗（由光纤拉制时粗细不均匀引起）、光波导弯曲损耗（由光纤在使用中可能发生弯曲引起）。

9.3.2 光纤传感器的结构及分类

温度、压力、电场、磁场、振动等外界因素作用于光纤时，会引起光纤中传输的光波特征参量（振幅、相位、频率、偏振态等）发生变化，只要测出这些参量随外界因素的变化关系，就可以确定对应物理量的大小变化，这就是光纤传感器的基本工作原理。

1．光纤传感器的结构

光纤传感器的结构包括光源、入射光纤、调制器、出射光纤和光敏器件，如图 9-31 所示。

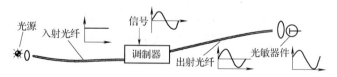

图 9-31　光纤传感器的结构

2．光纤传感器的分类

（1）按光纤在传感器中功能的不同分类。

① 非功能型（传光型）光纤传感器：非功能型光纤传感器（None Function Filter，NFF）又称传光型光纤传感器，光纤仅作为传播光的介质，在传感器中仅起传光的作用。对外界信息的"感觉"功能是依靠对光的性质加以调制的调制器来完成的。

② 功能型（传感型）光纤传感器：功能型光纤传感器（Function Filter，FF）又称传感性光纤传感器，它采用对外界信息具有敏感能力和检测功能的光纤作为传感元件，是将"传光"和"感知"合为一体的传感器。在这类传感器中，光纤不仅起传光的作用，而且利用光纤在外界物理量的作用下，能够引起在光纤内传输的光的某些性质变化，例如光强、相位、偏振态等，从而实现传感器的功能。因此，光纤本身就是调制器，充当着对外界信息进行采集的单元。

（2）按光纤传感器调制的光波参数不同分类。

① 强度调制光纤传感器。

② 相位调制光纤传感器。

③ 波长（频率）调制光纤传感器。

④ 时分调制光纤传感器。

⑤ 偏振调制光纤传感器。

9.3.3　光纤传感器的应用

1．光纤温度传感器

（1）辐射温度计。

辐射温度计是利用非接触方式检测来自被测物体的热辐射方法，若采用光导纤维将热辐射引导到传感器中，则可实现远距离测量；利用多束光纤可对物体上多点的温度及其分布进行测量；可在真空、放射线、爆炸性和有毒气体等特殊环境下进行测量。400～1600℃的黑体辐射的光谱主要由近红外线构成。采用高纯石英玻璃的光导纤维在 1.1～1.7μm 的波长带域内可以显示出低于 1dB/km 的低传输损失，所以最适合于上述温度范围的远距离测量。

图 9-32 所示为探针型光纤温度传感器系统。将直径为 0.25～1.25μm、长度为 0.05～0.3m 的蓝宝石纤维接于光纤的前端，蓝宝石纤维的前端用 Ir（铱）的溅射薄膜覆盖。用这种温度计可以检测具有 0.1μm 带宽的可见单色光（$\lambda=0.5\sim0.7\mu m$），从而可测量 600～2000℃ 范围内的温度。

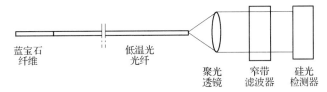

蓝宝石
纤维　　　　低温光
　　　　　光纤
聚光
透镜　窄带
滤波器　硅光
检测器

图 9-32　探针型光纤温度传感器系统

（2）光强调制型光纤温度传感器。

图 9-33 所示为光强调制型光纤温度传感器。它利用了多数半导体材料的能量带

隙随温度的升高几乎线性减小的特性。如图 9-34 所示，半导体材料的透光率特性曲线边沿的波长 λ_g 随温度的升高而向长波方向移动。如果适当地选定一种光源，那么它发出的光的波长在半导体材料工作范围内，当此种光通过半导体材料时，其透射光的强度将随温度 T 的升高而减小，即透光率随温度升高而降低。

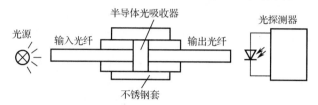

图 9-33　光强调制型光纤温度传感器

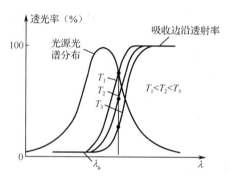

图 9-34　半导体的透光率特性

敏感元件是一个半导体光吸收器（薄片），光纤用于传输信号。当光源发出的光以恒定的强度经输入光纤到达半导体光吸收器时，透过半导体光吸收器的光强先受薄片温度调制（温度越高，透过的光强越小），然后透射光再由输出光纤传到光探测器。它将光强的变化转化为电压或电流的变化，达到传感温度的目的。

这种传感器的测量范围随半导体材料和光源而变，通常在-100～300℃范围内，响应时间大约为 2s；测量精度为±3℃。目前，国外光纤温度传感器可探测到 2000℃ 高温，灵敏度达到±1℃，响应时间为 2s。

2. 光纤图像传感器

图 9-35　光纤图像传输的原理

光纤图像是由数目众多的光纤组成的一个图像单元，典型数目为 0.3 万股～10 万股，每一股光纤的直径约为 10μm，光纤图像传输的原理如图 9-35 所示。在光纤的两端，所有的光纤都是按同一规律整齐排列的。投影在光纤束一端的图像被分解成许多像素，每一个像素（包含图像的亮度与颜色信息）通过一根光纤单独传送，因此，整个图像是作为一组亮度与颜色不同的光点传送的，并在另一端重建原图像。

工业用内窥镜用于检查系统的内部结构，它采用光纤图像传感器，将探头放入系统内部，通过光束的传输在系统外部可以观察监视，如图 9-36 所示。光源发出的光通过传光束照射到被测物体上，通过物镜和传像束把内部图像传送出来，以便观察、照相，或通过传像束送入 CCD 器件，将图像信号转换为电信号，送入计算机进行处理，可在屏幕上显示和打印观测结果。

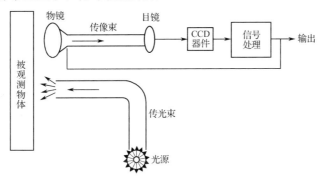

图 9-36　工业用内窥镜的原理

3. 光纤旋涡式流量传感器

光纤旋涡式流量传感器是将一根多模光纤垂直地装入管道，当液体或气体流经与其垂直的光纤时，光纤受到流体涡流的作用而振动，振动的频率与流速有关。测出光纤振动的频率就可以确定液体的流速。光纤旋涡流量传感器的结构如图 9-37 所示。

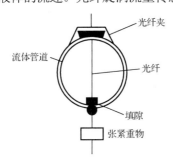

图 9-37　光纤旋涡流量传感器的结构

当流体运动受到一个垂直于流动方向的非流线体阻碍时，根据流体力学原理，在某些条件下，在非流线体的下游两侧产生有规律的旋涡，其旋涡的频率 f 与流体的流速 v 之间的关系可表示为

$$f = S_t \cdot \frac{v}{d} \tag{9-16}$$

式中　d ——流体中物体的横向尺寸大小（光纤的直径）；

S_t ——斯特劳哈尔（Strouhal）系数，它是一个无量纲的常数。

在多模光纤中，光以多种模式进行传输，在光纤的输出端，各模式的光形成了干涉图样，这就是光斑。一根没有外界扰动的光纤所产生的干涉图样是稳定的，当光纤受到外界扰动时，干涉图样的明暗相间的斑纹或斑点发生移动。如果外界扰动是流体的涡流引起的，那么干涉图样斑纹或斑点就会随着振动的周期变化来回移动，这时测出斑纹或斑点的移动，即可获得对应于振动频率的信号，根据式（9-16）推算流体的流速。

光纤旋涡式流量传感器可测量液体和气体的流量，传感器没有活动部件，测量可靠，而且对流体流动几乎不产生阻碍作用，压力损耗非常小。

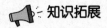 **知识拓展**

光纤传感器的应用领域

（1）光纤传感器在石油化工系统的应用。

在石油化工系统中，井下环境具有高温、高压、化学腐蚀及电磁干扰强等特点，使得常规传感器难以在井下很好地发挥作用。然而，光纤本身不带电，体小质轻，易弯曲，抗电磁干扰及抗辐射性能好，特别适合在易燃易爆、空间受严格限制及强电磁干扰等恶劣环境下使用，因此光纤传感器在油井参数测量中发挥着不可替代的作用，它将成为可应用于油气勘探及石油测井等领域的一项具有广阔市场前景的新技术。

（2）光纤传感器在电力系统光缆监测中的应用。

电力系统光缆种类繁多，加之我国地域广阔，各地环境差异很大，所以光缆的环境也很复杂，其中温度和应力是影响光缆性能的主要环境因素。因此，在监测光纤断点的同时也对光缆所处温度和应力情况进行监测，可见对光缆的故障预警及维护意义深远。通过测量沿光纤长度方向的布里渊散射光的频移和强度，可以得到光纤的温度和应变信息，且传感距离较远，所以有深远的工程研究价值。

（3）光纤传感器在医学方面的应用。

医用光纤传感器目前主要是传光型的，以其小巧、绝缘、不受射频和微波干扰、测量精度高及与生物体亲和性好等优点备受重视。

（4）光纤传感器在周界安防领域的应用。

在众多周界安防监控技术中，光纤传感技术脱颖而出，几乎可以实现传统传感器的所有功能，可以对位移、振动、压力、温度、速度、流量等各种物理量进行检测，具有灵敏度高、无电磁辐射、动态范围大、适应范围大等优点，是安防技术发展的主流方向。在光纤传感安防应用领域，各种类型和功能的光纤探测器相继问世，成功应用于各国政府、军队、银行、机场、港口、石油公司、核电站等场所，涉及周界、管线、通信、市政、监狱安全监控等多个领域。

【项目小结】

通过本项目的学习，掌握光栅的莫尔条纹现象及光栅传感器的基本工作原理。重点掌握光电效应的概念及其分类，掌握光电管、光敏电阻、光电池等常用光电元件的工作原理、光电特性及一些典型应用。掌握光纤传感器的结构类型、光纤的结构和传光原理，重点掌握反射式光纤位移传感器的应用等。

1. 在玻璃（或金属）上进行刻画，可得到一系列密集刻线，这种具有周期性的刻线分布的光学元件称为光栅。

2. 利用光栅的莫尔条纹现象进行精密测量的技术称为计量光栅。计量光栅种类繁多，按基体材料的不同可分为金属光栅和玻璃光栅；按刻线的形式不同可分为振幅光栅（黑白光栅）和相位光栅（炫耀光栅）；按所用光是透射还是反射可分为透射光栅和反射光栅；按其用途不同可分为长光栅和圆光栅。

3. 光栅传感器的基本工作原理是利用光栅产生的莫尔条纹现象进行测量。光栅传感器一般由光源、标尺光栅、指示光栅和光电器件组成。光电器件接收到的信号经电路处理后可得到两块光栅的相对位移。光栅传感器有多种不同的光学系统，其中，最常见的有透射式光栅传感器和反射式光栅传感器。

4．在光栅条纹移动的方向上安放两个光电池，两个光电池的垂直距离等于 $B/4$ 或$[n+(1/4)]B$，其中 n 为正整数。这样，两个光电池的输出信号间的相位差正好等于 $\pi/2$，若将这两个信号送到辨向电路，则能测出光栅的移动方向和移动的栅距数。

5．当与被测对象连为一体的主光栅每移动一个光栅栅距 W 时，莫尔条纹信号就相应地变化一个周期。若莫尔条纹信号每变化一个周期计一个数，则其分辨率就是一个光栅栅距。为了提高分辨率，就要采用细分技术，在一个周期内给出若干个计数脉冲。由于细分后的脉冲当量减小，计数脉冲的频率提高，因此又称倍频。常用的电子细分方法有直接细分、电阻链细分、鉴相法细分、锁相法细分。

6．用光照射某个物体时，可以看作物体受到一连串能量为 hv 的光子轰击，组成这个物体的材料吸收光子能量而发生相应电效应的物理现象称为光电效应。这是光电式传感器的工作理论基础。光电测量一般具有结构简单、非接触、高精度、高分辨率、高可靠性和响应快等优点。

7．光电效应可分为光电导效应（内光电效应）、外光电效应和光生伏特效应等。本项目还详细介绍了光电管、光敏电阻、光电池等光电元件的基本结构、工作原理、基本特性及一些典型应用。

8．光电式传感器属于非接触式测量传感器，它通常由光源、光学通路和光电元件 3 部分组成。按照被测物体、光源、光电元件三者之间的关系，通常有 4 种工作类型：光源本身是被测物体、恒定光源发出的光通量穿过被测物体、恒定光源发出的光通量投射到被测物体上和被测物体处于恒定光源与光电元件的中间。

9．光导纤维简称光纤，其导光原理是基于光的全内反射。光纤的导光能力取决于纤芯和包层的性质，而光纤的机械强度由保护套维持。

10．光纤传感器可以分为两大类，一类是功能型（传感型）光纤传感器，另一类是非功能型（传光型）光纤传感器。功能型光纤传感器利用光纤本身的特性将其作为敏感元件，通过被测量对光纤内传输的光进行调制，再对调制过的信号进行解调，从而得出被测信号。而非功能型传感器则利用其他敏感元件感受被测量的变化，光纤仅作为信息传输的介质。本项目要求重点掌握非功能型光纤传感器。

11．反射式光纤位移传感器由光源发出的光经发射光纤束照射到被测目标表面，被测目标表面的反射光由与发射光纤束扎在一起的接收光纤束传输至光敏元件。根据被测目标表面的光反射系接收光纤束的光强度的变化来测量被测目标表面距离的变化。反射式光纤位移传感器结构简单，设计灵活，性能稳定，造价低廉，能适应恶劣环境，在实际工作中得到了广泛应用。

【项目实施】

实验一　光敏电阻实验

● 实验目的

了解光敏电阻的光敏特性。

● 实验设备

1．-STIM13-光纤、光电式传感器模块。

2．光照读头。

3．光源。

4．导线若干。

● 实验步骤及记录

1．接上各模块的电源，按图 9-38 连接电路。

2．调节 RP_4，改变光源的照度。

3．在 RP_1 不变的情况下，每调节 50lx，将光源对准光敏电阻，测出 OUT 端电压并填写表 9-1。

表 9-1　照度大小变化对应的电压输出变化 1

照度（lx）	100	150	200	250	300	350	400	450	500
电压（mV）									

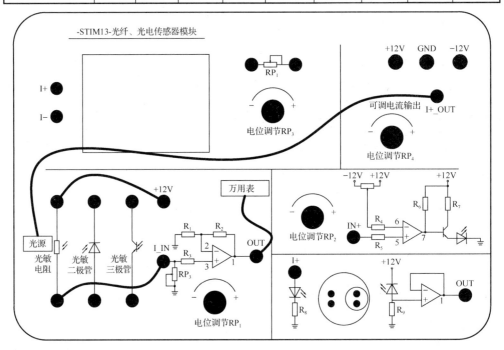

图 9-38　光敏电阻的实验接线图

实验二　光敏二极管实验

● 实验目的

了解光敏二极管的光敏特性。

● 实验设备

1．-STIM13-光纤、光电式传感器模块。

2．光照读头。

3．光源。

4．导线若干。

● 实验步骤及记录

1．接上各模块的电源，按图 9-39 连接电路。

2．调节 RP_4，改变光源的照度。

3．在 RP_1 不变的情况下，每调节 50lx，将光源对准光敏二极管，测出 OUT 端电压并填写表 9-2。

表 9-2 照度大小变化对应的电压输出变化 2

照度（lx）	100	150	200	250	300	350	400	450	500
电压（mV）									

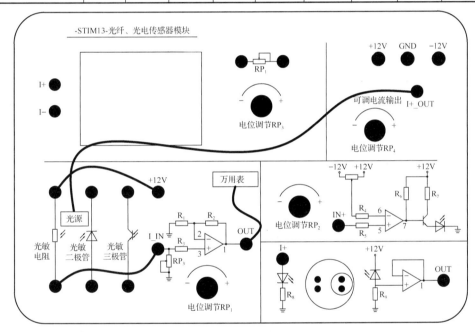

图 9-39　光敏二极管的实验接线图

实验三　光敏三极管实验

● 实验目的

了解光敏三极管的光敏特性。

● 实验设备

1．-STIM13-光纤、光电式传感器模块。

2．光照读头。

3．光源。

4．导线若干。

● 实验步骤及记录

1．接上各模块的电源，按图 9-40 连接电路。

2．调节 RP_4，改变光源的照度。

3．在 RP_1 不变的情况下，每调节 50lx，将光源对准光敏三极管一次，测出 OUT 端电压并填写表 9-3。

表 9-3　照度大小变化对应的电压输出变化 3

照度（lx）	100	150	200	250	300	350	400	450	500
电压（mV）									

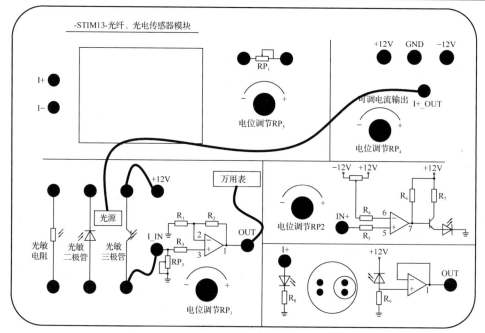

图 9-40　光敏三极管的实验接线图

实验四　光纤传感器的位移特性实验

● 实验目的

了解光纤传感器的传光原理，了解光纤传感器的位移性能。

● 实验设备

1．-STIM08-差动变压器及支架模块，-STIM13-光纤、光电传感器模块。

2．光纤传感器。

3．铝圆片。

4．万用表。

5．电子连线若干。

● **实验步骤及记录**

1. 接上-STIM13-模块的电源，按图 9-41 连接电路。

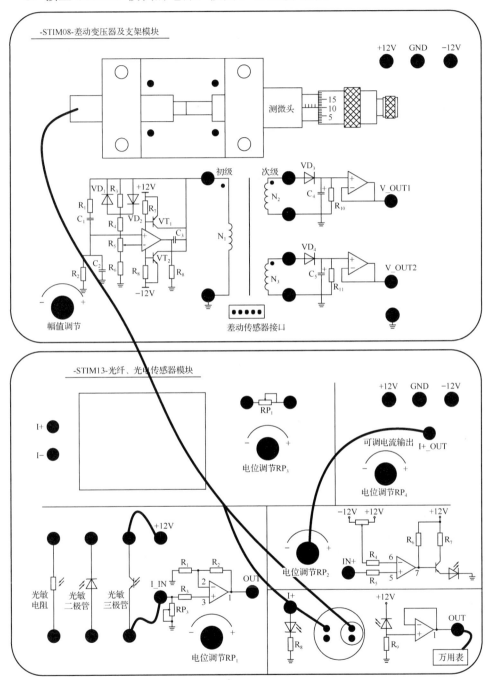

图 9-41　光纤传感器的位移特性实验接线图

2. 将铝圆片接到测微头上作为反射体，将光纤探头与铝圆片表面紧贴，固定探头和测微头。

3. 调节测微头与光纤探头之间的距离，每增加 0.2mm 记录一个电压值，并将数据记录在表 9-4 中。

表 9-4　位移大小变化对应的电压输出变化

位移（mm）	0	0.2	0.4	0.6	0.8	1.0	1.2	1.4	1.6	1.8	2.0
电压（V）											
位移（mm）	2.2	2.4	2.6	2.8	3.0	3.2	3.4	3.6	3.8	4.0	
电压（V）											

【项目训练】

一、单项选择题

1. 采用 50 线/mm 的计量光栅测量线位移，若指示光栅上的莫尔条纹移动了 12 条，则被测线位移为（　　）mm。

A．0.02　　　　B．0.12　　　　C．0.24　　　　D．0.48

2. 下列光电器件是根据外光电效应制作的是（　　）。

A．光电管　　　B．光电池　　　C．光敏电阻　　　D．光敏二极管

3. 当光电管的阳极和阴极之间所加电压一定时，光通量与光电流之间的关系称为光电管的（　　）。

A．伏安特性　　　B．光照特性　　　C．光谱特性　　　D．频率特性

4. 下列光电器件是基于光导效应的是（　　）。

A．光电管　　　B．光电池　　　C．光敏电阻　　　D．光敏二极管

5. 按照调制方式分类，光调制可以分为强度调制、相位调制、频率调制、波长调制及（　　）等，所有这些调制过程都可以归结为将一个携带信息的信号叠加到载波光波上。

A．偏振调制　　　B．共振调制　　　C．角度调制　　　D．振幅调制

6. 下列关于光敏二极管和光敏三极管的对比不正确的是（　　）。

A．光敏二极管的光电流很小，光敏三极管的光电流则较大

B．光敏二极管与光敏三极管的暗电流相差不大

C．工作频率较高时，应选用光敏二极管；工作频率较低时，应选用光敏三极管

D．光敏二极管的线性特性较差，而光敏三极管有很好的线性特性

7. 光电式传感器是利用（　　）将光信号转换为电信号的装置。

A．被测量　　　B．光电效应　　　C．光电管　　　D．光电器件

8. 光敏电阻的特性是（　　）。

A．有光照时亮电阻很大　　　　　　B．无光照时暗电阻很小

C．无光照时暗电流很大　　　　　　D．受一定波长范围的光照时亮电流很大

9. 基于光生伏特效应工作的光电器件是（　　）。

A．光电管　　　B．光敏电阻　　　C．光电池　　　D．光电倍增管

10. 数值孔径（NA）是光纤的一个重要参数，以下说法不正确的是（　　）。

A．数值孔径反映了光纤的集光能力

B．光纤的数值孔径与其几何尺寸有关

C．数值孔径越大，光纤与光源的耦合越容易

D．数值孔径越大，光信号的畸变也越大

二、填空题

1．光电式传感器由_____及_____两大部分组成。

2．光敏电阻_____与_____之差称为光电流。

3．光电池与光敏二极管、光敏三极管都是 PN 结，主要区别在于后者的 PN 结_____。

4．光电式传感器的理论基础是光电效应。通常将光线照射到物体表面后产生的光电效应分为三类。第一类是利用在光线作用下光电子逸出物体表面的_____效应，这类元件有_____；第二类是利用在光线作用下使材料内部电阻率改变的_____效应，这类元件有_____；第三类是利用在光线作用下使物体内部产生一定方向电动势的光生伏特效应，这类元件有光电池、光电仪表。

5．莫尔条纹有_____、_____和_____这 3 个重要特点。

6．计量光栅主要由_____和_____两部分组成。

7．计量光栅中的光电转换装置包括主光栅、_____、_____和光电元件。

8．为了提高光栅的分辨率，测量比栅距更小的位移量，光栅采用细分技术，常用的细分技术有直接细分、_____和_____。

三、简答题

1．简述计量光栅的结构和基本原理。

2．什么是光电式传感器？

3．典型的光电器件有哪些？

4．什么是全反射？

5．光纤的数值孔径有何意义？

6．对光纤及入射光的入射角有什么要求？

7．简述什么是光生伏特效应。

8．简述光纤传感器的组成。

9．简述光纤传感器的工作原理。

10．简述光栅读数头的组成和工作原理。

11．细分的基本原理是什么？

12．计量光栅是如何实现测量位移的？

四、计算题

1．试计算 $n_1=1.46$，$n_2=1.45$ 的阶跃折射率光纤的数值孔径。如光纤外部介质的 $n_0=1$，求最大入射角 θ_c 的值。

2．若某光栅的栅线密度为 50 线/mm，主光栅与指标光栅之间的夹角 $\theta=0.01\text{rad}$。求：

（1）其形成的莫尔条纹间距 B_H 是多少？

（2）若采用四个光敏二极管接收莫尔条纹信号，并且光敏二极管响应时间为 10^{-6}s，则此时光栅允许最快的运动速度 v 是多少？

项目十

现代新型传感器

项目引入

现代新型传感器借助先进的科学技术，利用现代科学原理、功能材料和制造技术制作而成。近年来，世界发达国家对传感器技术的发展给予了高度重视，推动了传感技术的迅速发展。新原理、新材料和新技术的研究更加深入、广泛，使得传感器在品种、结构和应用方面的创新层出不穷。

本项目主要围绕光电编码器、CCD 图像传感器、超声波传感器、红外传感器进行学习。

项目目标

（一）知识目标

1. 熟悉光电码盘的结构和工作原理。
2. 了解码盘和码制。
3. 熟悉 CCD 图像传感器的结构和工作原理。
4. 掌握超声波的概念和基本特性，了解超声波探头产生和接收超声波的工作原理。
5. 了解红外辐射基本物理特性，熟悉红外探测器的种类和特点。
6. 掌握热释电红外探测器的结构和工作原理。

（二）技能目标

1. 掌握二进制码和循环码的转换。
2. 熟悉光电编码器的应用。
3. 掌握 CCD 图像传感器的工作过程及其应用。
4. 掌握超声波探头的结构及使用方法，了解超声波探头耦合剂的作用。
5. 能正确安装、调试和应用热释电红外探测器。

（三）思政目标

1. 培养学生爱岗敬业的工匠精神。
2. 让学生体会传感器在现代科技中的作用及重要性。

知识准备

10.1 光电编码器

光电编码器是用光电方法将被测位移、角度的变化转换为光电脉冲或数字信号的传感器。图 10-1 所示为光电编码器的工作原理示意图。由光源发出的光线，经柱面镜变换成一束平行光或汇聚光，照射到码盘上。码盘由光学玻璃制成，其上刻有许多同心码道，每位码道上都有按一定规律排列的若干透光和不透光部分，即亮区和暗区。通过亮区的光线经狭缝后形成一束很窄的光束照射在光敏元件上。光敏元件的排列与码道一一对应。当有光照射时，处于亮区和暗区的光敏元件的输出相反，如前者为"1"，后者为"0"。光敏元件的各种信号组合，反映出按一定规律编码的数字量，代表了码盘转角的大小。由此可见，码盘在传感器中是将轴的转角转换成代码输出的主要元件。

学习笔记

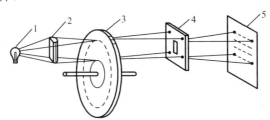

1—光源；2—柱面镜；3—码盘；4—狭缝；5—光敏元件。

图 10-1　光电编码器的工作原理示意图

光电编码器分为绝对式和增量式两种类型。绝对式光电编码器能直接给出对应每个转角的数字信息，便于计算机处理。增量式光电编码器具有结构简单、体积小、价格低、精度高、响应速度快、性能稳定等优点，应用更为广泛。

10.1.1 绝对式编码器

绝对式编码器是将被测转角通过读取码盘上的图案信息直接转换成相应代码的检测元件。码盘有光电式、接触式和电磁式 3 种。

光电式码盘是目前应用较多的一种。它是在透明材料的圆盘上精确地印制上二进制编码制成的。图 10-2 所示为 4 位二进制码盘，码盘上的各圈圆环分别代表一位二进制的数字码道，在同一个码道上印制黑白等间隔的图案，形成一套编码。最内圈称为 C_4 码道，最外圈称为 C_1 码道，一共分成 $2^4(=16)$ 个黑白

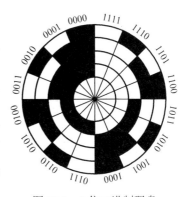

图 10-2　4 位二进制码盘

间隔。

　　工作时，码盘的一侧放置电源，另一侧放置光电接收装置，每个码道都对应一个光电管及放大、整形电路。码盘转到不同位置时，光敏元件接收光信号，并将其转成相应的电信号，经放大整形后，成为相应的数码电信号。但制造和安装精度的影响使码盘回转在两个码段交替过程中产生读数误差。例如，当码盘顺时针方向旋转，由位置"0111"变为位置"1000"时，这4位数同时产生变化，可能将数码误读成16种代码中的任意一种，如读成1111，1011，1101，…，0001等，产生了无法估计的数值误差，这种数值误差称非单值性误差。

　　为了消除非单值性误差，可采用循环码盘和带判位光电装置的二进制循环码盘。

　　（1）循环码盘（或称格雷码盘）。循环码又称格雷码，它也是一种二进制编码，只有"0"和"1"两个数。图10-3所示为4位二进制循环码盘，这种编码的特点是任意相邻的两个代码间只有一位代码有变化，即"0"变为"1"或"1"变为"0"。因此，在两数变换过程中，所产生的读数误差最多不超过"1"，只可能读成相邻两个数中的一个数。因此，它是消除非单值性误差的一种有效方法。

　　（2）带判位光电装置的二进制循环码盘。这种码盘是在4位二进制循环码盘的最外圈增加一圈信号位。图10-4所示为带判位光电装置的二进制循环码盘。该码盘最外圈上的信号位的位置正好与状态交线错开，只有当信号位处的光敏元件有信号时才读数，这样就不会产生非单值性误差。

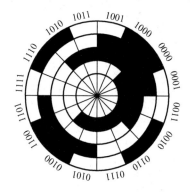

图10-3　4位二进制循环码盘

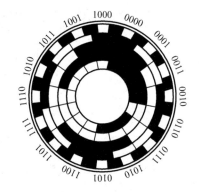

图10-4　带判位光电装置的二进制循环码盘

10.1.2　增量式编码器

1．增量式编码器的结构

　　增量式编码器又称脉冲式编码盘，是指随转轴旋转的码盘给出一系列脉冲，根据旋转方向用计数器对这些脉冲进行加减计数，以此来表示转过的角位移量。增量式编码器的结构示意图如图10-5所示。

　　码盘与转轴连在一起。码盘可用玻璃材料制成，表面镀上一层不透光的金属铬，在边缘制成向心的透光狭缝。透光狭缝在码盘圆周上等分，数量从几百条到几千条。这样，整个码盘就被等分成 n 个透光的槽。码盘也可用不锈钢薄板制成，并在圆周边缘切割出均匀分布的透光槽。

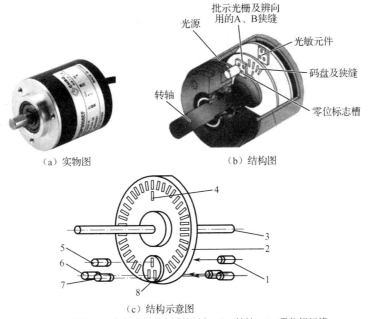

（a）实物图　　　　　　　　　　（b）结构图

（c）结构示意图

1—LED 光源；2—均匀分布透光槽的码盘；3—转轴；4—零位标记槽；

5—零位读出光敏元件；6—余弦信号接收器；7—正弦信号接收器；8—狭缝。

图 10-5　增量式编码器的结构示意图

2. 增量式编码器的工作原理

增量式编码器的工作原理如图 10-6 所示。它由主码盘、鉴向盘、光源、透镜和光电变换器组成。在主码盘（光电盘）周边上刻有节距相等的辐射状窄缝，形成均匀分布的透明区和不透明区。鉴向盘与主码盘平行，并刻有 a、b 两组透明检测窄缝，它们彼此错开 1/4 节距，以使 A、B 两个光电变换器的输出信号在相位上相差 90°。工作时，鉴向盘静止不动，主码盘与转轴一起转动，光源发出的光投射到主码盘与鉴向盘上。当主码盘上的不透明区正好与鉴向盘上的透明窄缝对齐时，光线被全部遮住，光电变换器输出电压为最小；当主码盘上的透明区正好与鉴向盘上的透明窄缝对齐时，光线全部通过，光电变换器输出电压为最大。主码盘每转过一个刻线周期，光电变换器将输出一个近似的正弦波电压，且光电变换器 A、B 输出电压相位差为 90°。

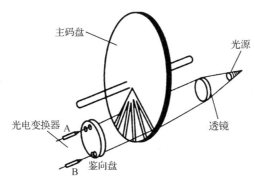

图 10-6　增量式编码器的工作原理

光电编码器的光源最常用的是自身有聚光效果的发光二极管。当光电码盘随工作轴一起转动时，光线透过光电码盘和光栏板狭缝，形成忽明忽暗的光信号。光敏元件将此光信号转换成电脉冲信号，通过信号处理电路后，向数控系统输出脉冲信号，也可由数码管直接显示位移量。

光电编码器的测量准确度与码盘圆周上的狭缝条纹数 n 有关，能分辨的角度 $\alpha = 360°/n$，分辨率 $= 1/n$。例如，码盘边缘的透光槽数为1024个，则能分辨的最小角度 $\alpha = 360°/1024 \approx 0.352°$。

3. 旋转方向的判别

为了判断码盘的旋转方向，必须在光栅板上设置两个狭缝，其距离是码盘上的两个狭缝距离的 $(m+1/4)$ 倍，m 为正整数，并设置了两组对应的光敏元件，如图10-6中的光敏元件光电变换器 A、B。当检测对象旋转时，同轴或关联安装的光电编码器便会输出 A、B 两路相位相差90°的数字脉冲信号。光电编码器的输出波形如图10-7所示。为了得到码盘旋转的绝对位置，必须设置一个基准点，如图10-5中的"零位标记槽"。码盘每旋转一圈，零位标记槽对应的光敏元件产生一个脉冲，称为"一转脉冲"，如图10-7中的 C_0 脉冲。

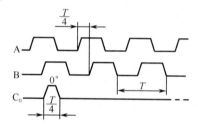

图10-7　光电编码器的输出波形

辨别码盘旋转方向的电路如图10-8所示，它利用 A、B 两相脉冲来实现，光敏元件 A、B 输出信号经放大整形后，产生 P_1 和 P_2 脉冲。将它们分别接到 D 触发器的 D 端和 CP 端，由于 A、B 两相脉冲（P_1 和 P_2）相差90°，因此 D 触发器在 CP 脉冲（P_2）的上升沿触发。辨别码盘正转时，P_1 脉冲超前 P_2 脉冲，D 触发器的 Q="1"表示正转；辨别码盘反转时，P_2 脉冲超前 P_1 脉冲，D 触发器的 Q="0"表示反转。可以用 Q 来控制可逆计数器是正向计数还是反向计数，即可将光电脉冲变成编码输出。C 相脉冲（零位脉冲）接至计数器的复位端，实现码盘旋转一圈复位一次计数器的目的。辨别码盘无论是正转还是反转，计数器每次反映的都是它相对上次角度的增量，故这种测量称为增量法。

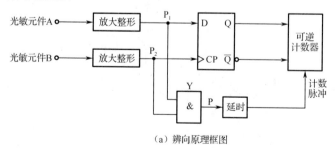

（a）辨向原理框图

图10-8　辨别码盘旋转方向的电路

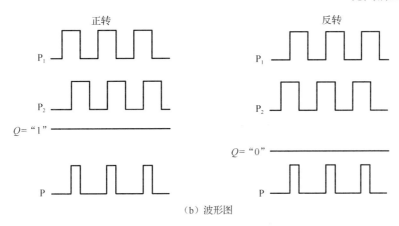

（b）波形图

图 10-8　辨别码盘旋转方向的电路（续）

10.1.3　光电编码器的应用

光电编码器常用于测量角位移、直线位移、转速、工位编码等，在自动测量和自动控制技术中得到广泛应用。

图 10-9 所示为光电编码器测量机床转速的示意图。将光电编码器安装在机床主轴上，当主轴旋转时，光电编码器随主轴一起旋转，输出脉冲经脉冲分配器和数控逻辑运算，输出进给速度指令控制丝杠进给电动机，达到控制机床的纵向进给速度的目的。

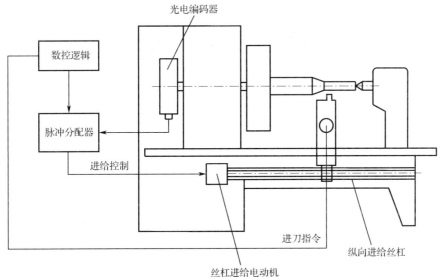

图 10-9　光电编码器测量机床转速的示意图

10.2　CCD 图像传感器

CCD（Charge Coupled Devices，电荷耦合器件）图像传感器是高度集成的半导体光敏传感器，以电荷转移为核心，可以完成光电信号转换、存储、传输、处理，具有体积小、质量小、功耗小、成本低等优点,可探测可见光、紫外线、X射线、红外线、微光和电子轰击等,广泛用于图像识别和传送,如摄像系统、扫描仪、复印机、机器人的眼睛等。

固态图像传感器按其结构可分为3种:第一种是CCD图像传感器;第二种是CMOS(Complementary Metal Oxide Semiconductor,互补金属氧化物半导体)图像传感器;第三种是CID(Charge Injection Device,电荷注入器件)图像传感器。

目前,前两者用得最多。CCD图像传感器噪声低,在很暗的环境条件下性能仍旧良好;CMOS图像传感器质量很高,可用低压电源驱动,且外围电路简单。本节主要介绍CCD图像传感器。

10.2.1　CCD的结构

CCD是一种以电荷包的形式存储和传递信息的半导体表面器件,它是在MOS结构电荷存储器的基础上发展起来的,是由按一定规律排列的MOS(金属-氧化物-半导体)电容器组成的阵列,所以有人将其称为"排列起来的MOS电容阵列"。

在P型或N型硅衬底上生长一层很薄(约120nm)的二氧化硅薄膜,再在其上依次沉积金属或掺杂多晶硅电极(栅极),从而形成规则的MOS电容阵列,通过在阵列的两端设置输入及输出二极管,就构成了CCD芯片,CCD内部结构示意图如图10-10所示。

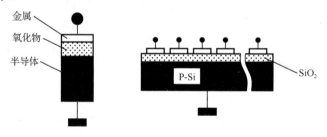

图10-10　CCD内部结构示意图

10.2.2　CCD的工作原理

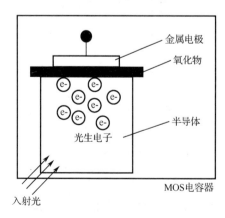

图10-11　信号电荷的产生示意图

CCD的工作过程可分为4个步骤:信号电荷的产生、信号电荷的存储、信号电荷的传输、信号电荷的检测。

1.信号电荷的产生

CCD中的信号是电荷,那么信号电荷是怎样产生的呢?信号电荷的产生有两种方式,即光信号注入和电信号注入。

当将CCD用作固态图像传感器时,接收的是光信号,将入射光信号转换为电荷输出,依据的是半导体的内光电效应(也就是光生伏特效应),信号电荷的产生示意图如图10-11所示。

当光信号照射到 CCD 硅片表面时，在栅极附近的半导体内产生电子-空穴对，其多数载流子（空穴）被排斥进入衬底，而少数载流子（电子）则被收集在势阱中，形成信号电荷，并被存储起来。存储信号电荷的多少正比于照射的光强。

当将 CCD 用作信号处理或存储器件时，电荷输入采用电信号注入方式，也就是 CCD 通过输入结构对信号电压或电流进行采样，将信号电压或电流转换为信号电荷。

2. 信号电荷的存储

CCD 的工作过程的第二步是信号电荷的存储，就是将入射光子激励出的电荷收集起来成为信号电荷包的过程。

当金属电极上加正电压时，电场作用使电极下的 P 型硅区中的空穴被排斥进入衬底，形成耗尽区。这对电子而言，是个势能很低的区域，称为"势阱"。有光线入射到硅片上时，硅片在光子作用下产生电子-空穴对，空穴被电场作用排斥出耗尽区，而电子被附近的势阱俘获，此时势阱内吸收的光子数与光强度成正比。

图 10-12 所示为 P 型半导体 MOS 光敏单元的结构图，制备时先在 P-Si 片上氧化一层 SiO_2 介质层，再在其上沉积一层金属作为栅极，在 P-Si 半导体上制作下电极。

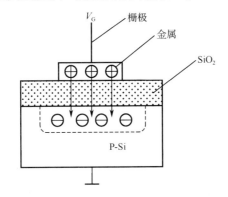

图 10-12 P 型半导体 MOS 光敏单元的结构图

在栅极上突然加一个 V_G 正脉冲（$V_G > V_T$ 阈值电压），金属电极板上就会充上一些正电荷，电场将 P-Si 中靠近 SiO_2 界面的空穴排斥走，在少数电子还未移动到此区时，在 SiO_2 附近出现耗尽层，耗尽区中的电离物质为负离子。此时半导体表面处于非平衡状态，表面区有表面电势 ϕ_s，若衬底电位为 0，则表面处电子的静电位能为 $-q\phi_s$。

因为 ϕ_s 大于 0，电子位能 $-q\phi_s$ 小于 0，则表面处有储存电荷的能力，所以一旦有电子，这些电子就会向耗尽层的表面处运动，表面的这种状态称为电子势阱或表面势阱。若 V_G 增加，则栅极上充的正电荷数目也增加，在 SiO_2 附近的 P-Si 中形成的负离子数目相应增加，耗尽区的宽度增加，表面势阱加深。另外，若形成 MOS 电容的半导体材料是 N-Si，则 V_G 为负电压时，会在 SiO_2 附近的 N-Si 中形成空穴势阱。

当光照射到 MOS 电容上时，半导体吸收光子能量，产生电子-空穴对，少数电子会被吸收到势阱中。光强越大，产生的电子-空穴对越多，势阱中收集的电子数就越多；反之，光强越弱，收集的电子数越少。因此，势阱中电子数目的多少可以反映光的强弱，从而说明图像的明暗程度。于是，这种 MOS 电容实现了光信号向电信号的转变。若给光敏元阵列同时加上 V_G，则整个图像的光信号将同时变为电荷包阵列。当有部分电子填充到势阱中时，耗尽层深度和表面势将随着电荷的增加而减小（由于电子具有屏蔽作用，因此在一定光强下、一定时间内势阱会被电子充满），收集电子的量要适当调整。

在栅极 G 电压为零时，P 型半导体中的空穴（多数载流子）的分布是均匀的。当施加正偏压 V_G（此时 $V_G < V_T$）时，空穴被排斥，产生耗尽区。电压继续增加，则耗尽区将进一步向半导体内延伸，信号电荷的存储示意图如图 10-13 所示。

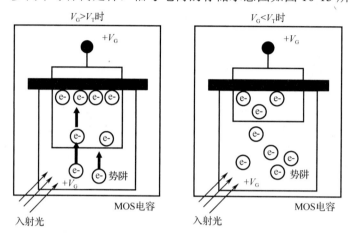

图 10-13　信号电荷的存储示意图

3. 信号电荷包的传输（耦合）

CCD 工作过程的第三步是信号电荷包的转移，就是将存储起来的信号电荷包从一个像元转移到下一个像元，直到全部信号电荷包输出完成的过程。CCD 的 MOS 结构如图 10-14 所示。为了实现信号电荷包的转移，必须使 MOS 电容阵列的排列足够紧密，以致相邻的 MOS 电容的势阱相互沟通，即相互耦合；通过控制相邻 MOS 电容栅极的电压高低来调节势阱深浅，使信号电荷包由势阱浅的地方流向势阱深的地方；在 CCD 中，信号电荷包的转移必须按照确定的方向进行。

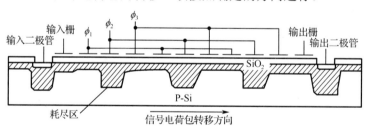

图 10-14　CCD 的 MOS 结构

在 CCD 的 MOS 阵列上划分出几个相邻 MOS 电容作为一个单元的无限循环结构。每个单元称为一位，将每一位中对应位置上的电容栅极分别连接到共同的电极上，此共同电极称为相线。

一位 CCD 中含有的电容个数即 CCD 的相数。每相电极连接的电容个数一般来说为 CCD 的位数。通常 CCD 有二相、三相、四相等几种结构，它们所施加的时钟脉冲也分别为二相、三相、四相。当这种时钟脉冲加到 CCD 的无限循环结构上时，将实现信号电荷包的定向转移。

图 10-15 所示为 3 个时钟脉冲的时序。当电压从 ϕ_1 相移到 ϕ_2 相时，在 ϕ_1 相电极下势阱消失，在 ϕ_2 相电极下形成势阱。这样，存储于 ϕ_1 相电极下势阱中的信号电荷包将转移到邻近的 ϕ_2 相电极下势阱中，从而实现信号电荷包的耦合与转移。

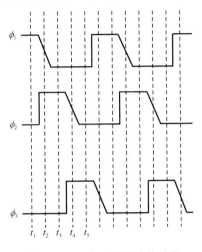

图 10-15　3 个时钟脉冲的时序

4．信号电荷包的检测

信号电荷包的检测是指将转移的信号电荷包转换为电信号的过程。常用的方法是在 CCD 输出端采用浮置扩散输出端和浮置栅极输出端两种形式，如图 10-16 所示，目前使用较多的是浮置扩散输出端。

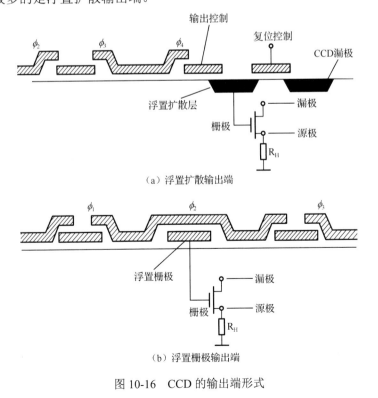

图 10-16　CCD 的输出端形式

浮置扩散输出端是指信号电荷包注入末级浮置扩散的 PN 结后所引起的电位改变作用于 MOSFET 的栅极。这个作用结果必然调制其源-漏极间电流,这个被调制的电流即可作为输出信号。当信号电荷包在浮置栅极下方通过时,浮置栅极输出端电位必然改变,检测出此改变值即可得到输出信号。

由 CCD 工作原理可以看出,CCD 器件具有存储/转移信号电荷包和逐一读出信号电荷包的功能。因此,CCD 器件是固体自扫描半导体摄像器件,常用于图像传感器中。

10.2.3　CCD 图像传感器的类型

CCD 图像传感器由感光部分和移位寄存器组成。感光部分是指在同一个半导体衬底上布设的若干光敏单元组成的阵列元件,光敏单元简称"像素"。CCD 图像传感器利用光敏单元的光电转换功能,将投射到光敏单元上的光学图像转换成电信号"图像",即将光强的空间分布转换为与光强成比例的、大小不等的信号电荷包空间分布,并利用移位寄存器的移位功能将电信号"图像"传送,经输出放大器输出。

根据光敏单元排列形式的不同,CCD 图像传感器可分为线型和面型两种。

（1）线型 CCD 图像传感器。CCD 图像传感器包括单行线型 CCD 图像传感器和双行线型 CCD 图像传感器。单行线型 CCD 图像传感器由一列光敏元件和一列电荷转移部件组成。双行线型 CCD 图像传感器由一列光敏元件和两列电荷转移部件组成,在它们之间设置一个转移控制栅,如图 10-17 所示。

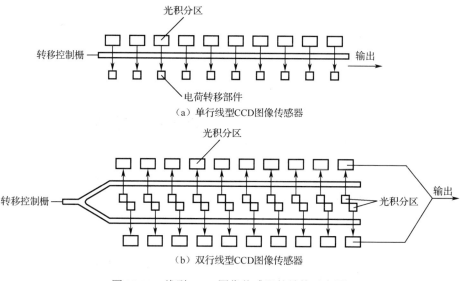

（a）单行线型CCD图像传感器

（b）双行线型CCD图像传感器

图 10-17　线型 CCD 图像传感器的结构示意图

图 10-17 中的光积分区用来感应输入光的强度,此区域均匀布置了多个光敏元件,光敏元件在光照情况下可以产生信号电荷包,光敏元件的数量就是传感器能够达到的灵敏度,一般光敏元件的数量越多,传感器对光照的敏感度就越高,能够更准确地捕捉和测量光照的变化。

转移控制栅将控制脉冲分配到光敏元件和电荷转移部件,控制信号电荷包转移到输出寄存器。若光敏元件按从左到右的顺序编号,则奇数号元件的信号电荷包转移到上面一列电荷转移部件，偶数号元件的信号电荷包转移到下面一列电荷转移部件。对传递到电荷转移部件中的信号电荷包进行放大和量化处理后，通过寄存器可以输出代表各像素光照强度的数字信号。

在 CCD 移位寄存器上加上时钟脉冲，将信号电荷包从 CCD 中转移，由输出端逐行输出。线型 CCD 图像传感器只能用于一维检测系统，主要用于测试、传真和光学文字识别等方面。为了传送平面图像信息，必须增加自动扫描机构。

（2）面型 CCD 图像传感器。按一定的方式将一维线型光敏单元及移位寄存器排列成二维阵列，即可构成面型 CCD 图像传感器。面型 CCD 图像传感型有 3 种基本类型，即线转移型、帧转移型和隔离转移型，如图 10-18 所示。

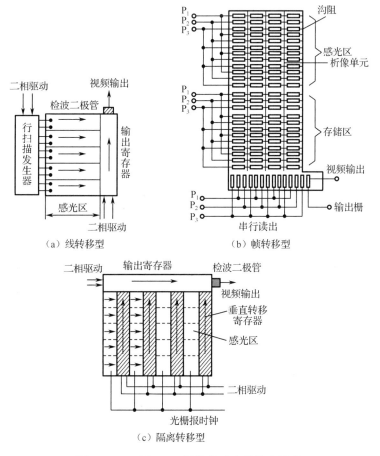

图 10-18　面型 CCD 图像传感器的基本类型

图 10-18（a）所示为线转移型面型 CCD 图像传感器的结构图。它由行扫描发生器、感光区和输出寄存器组成。行扫描发生器将光敏元件内的信息转移到水平（行）方向上；驱动脉冲将信号电荷包逐位地按箭头方向转移并移入输出寄存器；输出寄存器也在驱动脉冲的作用下使信号电荷包经输出端输出。这种转移方式具有有效光敏面积大、转移速度快、转移率高等特点，但电路比较复杂，易引起图像模糊。

图 10-18（b）所示为帧转移型面型 CCD 图像传感器的结构图。它由光敏区（感光区）、存储区和水平读出寄存器（视频输出）3 部分构成。图像成像到感光区，当感光区的某一相电极（如 P）加有适当的偏压时，光生电荷将被收集到这些光敏单元

学习笔记

的势阱里，光学图像变成信号电荷包图像。当光积分周期结束时，信号电荷包迅速转移到存储区中，经输出端输出一帧信息。当整帧视频信号自存储区移出后，就开始下一帧信号的形成。这种面型 CCD 图像传感器的特点是结构简单、光敏单元密度高，但增加了存储区。

图 10-18（c）所示的结构是用得最多的一种结构形式。它将一列光敏单元与一列存储单元交替排列。在光积分进行时，光生电荷存储在感光区光敏单元的势阱中；当光积分结束时，转移控制栅的电位由低变高，电荷信号进入存储区。在每个水平回扫周期内，存储区中整个信号电荷包图像逐行地向上移到输出寄存器中，然后移位到输出端，在输出端得到与光学图像对应的逐行的视频信号。这种结构的特点是感光单元面积减小、图像清晰，但单元设计复杂。

面型 CCD 图像传感器主要用于摄像机及测试技术。

10.2.4 CCD 图像传感器的应用

学习笔记

CCD 图像传感器具有高灵敏度、高分辨率和低噪声的特点。它在许多领域中都有广泛的应用，如医疗、安防、食品检测、数码摄影、军事、工业等领域。

1．医学影像诊断

CCD 图像传感器在医学影像诊断中被广泛应用。例如，CCD 检测可以用于 X 射线、CT、MRI 等医学影像设备中，采集和处理影像数据，以帮助医生进行疾病的诊断和治疗。此外，CCD 检测还可以用于医学实验室中的细胞分析和病理学研究等领域。

2．安防监控

CCD 图像传感器在安防监控领域也发挥了重要作用。例如，可以利用 CCD 摄像机对公共场所、商业建筑、住宅小区等进行监控，以提供安全保障。CCD 检测可以实时采集视频图像，并进行目标检测、人脸识别等分析，以实现对异常行为的监测和报警。

10.3 超声波传感器

10.3.1 认识超声波及其物理性质

1．超声波的概念和波形

机械振动在弹性介质内的传播称为波动，简称波。人能听见的声音的频率为 20Hz～20kHz，即声波，超出此频率范围的声音，即 20Hz 以下的声音称为次声波，20kHz 以上的声音称为超声波，一般说话的频率范围为 100Hz～8kHz。声波频率的界限划分图如图 10-19 所示。

超声波为直线传播方式，其频率越高，绕射能力越弱，但反射能力越强，为此，利用超声波的这种性质就可制成超声波传感器。

由于声源在介质中的施力方向与波在介质中传播方向的不同，因此超声波的传播波型也不同，通常有以下 3 种类型。

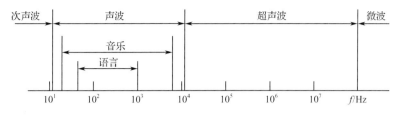

图 10-19　声波频率的界限划分图

（1）纵波——质点振动方向与波的传播方向一致的波。

（2）横波——质点振动方向垂直于传播方向的波，横波也称"凹凸波"，是介质粒子振动方向和波行进方向垂直的一种波，也称 S 波。

（3）表面波——质点的振动介于横波与纵波之间且沿着表面传播的波，主要用于地震学、天文学、雷达通信及广播电视中的信号处理、航空航天、石油勘探和无损检测等。

横波只能在固体中传播，而纵波则能在固体、液体和气体中传播。表面波的特点是随传播深度的增加，其强度衰减较快。为了测量各种状态下的物理量，多采用纵波。

2．声速、波长与指向性

（1）声速。纵波、横波及表面波的传播速度取决于介质的弹性系数、介质的密度及声阻抗。这里，声阻抗是描述介质传播声波特性的一个物理量。介质的声阻抗 Z 等于介质的密度 ρ 和声速 c 的乘积，即

$$Z = \rho c \tag{10-1}$$

由于气体和液体的剪切模量为零，因此超声波在气体和液体中没有横波，只能传播纵波。气体中的声速为 344m/s，液体中的声速在 900～1900m/s 范围内。在固体中，纵波、横波和表面波的声速有一定的关系，通常可认为横波声速为纵波声速的一半，表面波声速约为横波声速的 90%。常用材料的密度、声阻抗与声速（环境温度为 0℃）如表 10-1 所示。

表 10-1　常用材料的密度、声阻抗与声速（环境温度为 0℃）

材料	密度 $\rho(10^3 kg \cdot m^{-1})$	声阻抗 $Z(10^3 MPa \cdot s^{-1})$	纵波声速 c_L（km/s）	横波声速 c_s（km/s）
钢	7.8	46	5.9	3.23
铝	2.7	17	6.32	3.08
铜	8.9	42	4.7	2.05
有机玻璃	1.18	3.2	2.73	1.43
甘油	1.26	2.4	1.92	—
水（20℃）	1.0	1.48	1.48	—
油	0.9	1.28	1.4	—
空气	0.0013	0.0004	0.34	—

（2）波长。超声波的波长 λ 与频率 f 的乘积恒等于声速 c，即

$$\lambda f = c \tag{10-2}$$

例如，将一束频率为 5 MHz 的超声波（纵波）射入钢板，查表 10-1 可知，纵波在钢中的声速 c=5.9km/s，所以此时的波长 λ=1.18mm，如果是可闻声波，那么其波

学习笔记

长将达上千倍。

（3）指向性。超声源发出的超声波束以一定的角度逐渐向外扩散，如图 10-20 所示。在超声波束横截面的中心轴线上，超声波最强，且随着扩散角度的增大而减小。指向角 θ 与超声源的直径 D，以及波长 λ 之间的关系为

$$\sin\theta = 1.22\lambda/D \qquad (10\text{-}3)$$

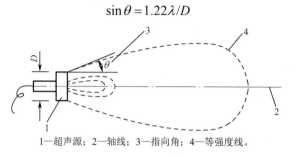

1—超声源；2—轴线；3—指向角；4—等强度线。

图 10-20 声扬指向性及指向角

设超声源的直径 D 为 20mm，射入钢板的超声波（纵波）的频率为 5MHz，则根据式（10-3）可得 $\theta = 4°$，可见该超声波的指向性是十分尖锐的。

人声的频率（约为几百赫兹）比超声波的频率低很多，波长 λ 很长，指向角就非常大，所以以可闻声波不太适合用于检测领域。

3. 超声波的反射和折射

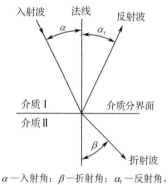

α—入射角；β—折射角；α_r—反射角。

图 10-21 超声波的反射和折射

超声波在传播过程中，当从一种介质传播到另一种介质时，在两种介质的分界面上，有一部分能量被反射回原介质，这部分能量叫作反射波；另一部分能量透射过该分界面，在另一种介质内部继续传播，这部分能量叫作折射波。这两种情况分别称为超声波的反射和折射，如图 10-21 所示。

当纵波以某个角度入射到两种介质（固体）的分界面上时，除发生纵波的反射与折射以外，还发生横波的反射与折射。在某种情况下，还能产生表面波。各种波形都符合反射及折射定律。

（1）反射定律。入射角 α 的正弦与反射角 α_r 的正弦之比等于超声波在入射波所处介质的波速与反射波在同一介质中的波速之比。当入射波和反射波的波形相同、波速相等时，入射角 α 等于反射角 α_r。

（2）折射定律。入射角 α 的正弦与折射角 β 的正弦之比等于超声波在入射波所处介质的波速 c_1 与在折射波所处介质的波速 c_2 之比，即

$$\sin\alpha/\sin\beta = c_1/c_2 \qquad (10\text{-}4)$$

4. 超声波的衰减

超声波在介质中传播时，随着传播距离的增加，能量逐渐衰减，其衰减的程度与超声波的扩散、散射及吸收等因素有关。其声压和声强的衰减规律如下。

$$P_x = P_0 e^{-\alpha x} \qquad (10\text{-}5)$$

$$I_x = I_0 e^{-2\alpha x} \qquad (10\text{-}6)$$

学习笔记

式中　P_x、I_x——距声源 x 处超声波的声压和声强；

　　　P_0、I_0——$x=0$ 处超声波的声压和声强；

　　　α——衰减系数；

　　　x——声波与声源间的距离。

超声波在介质中传播时，能量的衰减决定于声波的扩散、散射和吸收，在理想介质中，声波的衰减仅来自声波的扩散，即随声波传播距离增加而引起声能的减弱。散射衰减是指固体介质中的颗粒界面或流体介质中的悬浮粒子使声波散射。吸收衰减是由介质的导热性、黏滞性及弹性滞后造成的，介质吸收声能并将其转换为热能。

10.3.2　超声波探头及耦合技术

为了以超声波作为检测手段，必须产生超声波和接收超声波。完成这种功能的装置就是超声波传感器，习惯上称之为超声波换能器或超声波探头。

1. 超声波探头的工作原理

超声波探头的工作原理有压电式、磁致伸缩式、电磁式等方式。在检测技术中主要采用压电式，超声波探头常用的材料是压电晶体和压电陶瓷，这种探头统称为压电式超声波探头。它是利用压电材料的压电效应来工作的。逆压电效应将高频电振动转换为高频机械振动，以产生超声波，这种效应常用于超声波发射探头中。而利用压电效应则将接收的超声波振动转换成电信号，这种效应常用于超声波接收探头中。

（1）超声波发生器的原理。

电致伸缩效应：在压电材料切片上施加交变电压，使它产生电致伸缩振动，而产生超声波，如图 10-22 所示。

压电材料的固有频率与晶片厚度 d 有关，即

$$f = n\frac{c}{2d} \tag{10-7}$$

式中　n——谐波的级数，表示振动的阶数为1，2，3，$\cdots$，n；

　　　c——超声波在压电材料中的传播速度，$c = \sqrt{\dfrac{E}{\rho}}$，其中 E 为杨氏模量，ρ 为压电材料的密度。

外加交变电压频率等于晶片的固有频率时，产生共振，这时产生的超声波最强。共振压电效应换能器可以产生几十千赫兹至几十兆赫兹的高频超声波。

（2）超声波接收器的原理。

超声波接收器是利用正压电效应工作的，如图 10-23 所示。它的结构和超声波发生器基本相同，有时就用同一个换能器兼作发生器和接收器两种用途。

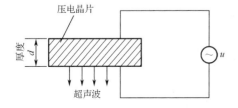

图 10-22　超声波发生器的原理

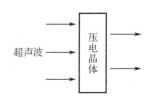

图 10-23　超声波接收器的原理

2．超声波探头的分类

由于其结构不同，因此超声波探头又分为直探头、斜探头、双探头、表面波探头、聚焦探头、冲水探头、水浸探头、空气传导探头及其他专用探头等，如图 10-24 所示。

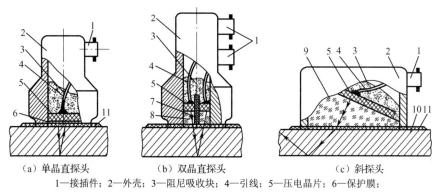

（a）单晶直探头　　　　　（b）双晶直探头　　　　　（c）斜探头

1—接插件；2—外壳；3—阻尼吸收块；4—引线；5—压电晶片；6—保护膜；

7—隔离层；8—延迟块；9—有机玻璃斜楔块；10—试件；11—耦合剂。

图 10-24　超声波探头结构示意图

学习笔记

（1）单晶直探头。

用于固体介质的单晶直探头（俗称直探头）的结构如图 10-24（a）所示。压电晶片采用 PZT 压电陶瓷材料制作，外壳用金属制作，保护膜用于防止压电晶片磨损。保护膜可以用氧化铝（俗称刚玉）、碳化硼等硬度很高的耐磨材料制作。阻尼吸收块用于吸收压电晶片背面的超声波脉冲能量，防止杂乱反射波产生，提高分辨率。阻尼吸收块用钨粉、环氧树脂等浇注而成。

发射超声波时，将 500V 以上的高压电脉冲加到图 10-24（a）中的压电晶片上，利用逆压电效应，使压电晶片发射出一束频率在超声范围内、持续时间很短的超声振动波。向上发射的超声振动波被阻尼块所吸收，而向下发射的超声波垂直透射到图 10-24（a）中的试件内。假设该试件为钢板，而其底面与空气交界，在这种情况下，到达钢板底部的超声波的绝大部分能量被底部界面反射。反射波经过一个短暂的传播时间回到图 10-24（a）中的压电晶片。利用压电效应，压电晶片将机械振动波转换成同频率的交变电荷和电压。衰减等原因使该电压通常只有几十毫伏，还要加以放大，才能在显示器上显示出该脉冲的波形和幅值。

由以上分析可知，超声波的发射和接收虽然均是利用同一块压电晶片，但时间上有先后之分，所以必须用电子开关来切换这两种不同的状态。

（2）双晶直探头。

双晶直探头的结构如图 10-24（b）所示。它是由两个单晶探头组合而成的，装配在同一个壳体内。其中一个晶片发射超声波，另一个晶片接收超声波。两个晶片之间用一个吸声性能强、绝缘性能好的薄片加以隔离，使超声波的发射和接收互不干扰。略有倾斜的晶片下方还设置延迟块，它用有机玻璃或环氧树脂制作，能使超声波延迟一段时间后才入射到试件中，可减小试件接近表面处的盲区，从而提高分辨能力。双晶直探头的结构虽然复杂，但检测精度比单晶直探头高，且超声波信号的反射和接收的控制电路较单晶直探头简单。

（3）斜探头。

有时为了使超声波能倾斜入射到被测介质中，可选用斜探头，如图 10-24（c）所示。压电晶片粘贴在与底面呈一定角度（如 30°、45°等）的有机玻璃斜楔块上，压电晶片的上方用吸声性强的阻尼吸收块覆盖。当斜楔块与不同材料的被测介质（试件）接触时、超声波产生一定角度的折射，倾斜入射到试件中去，折射角可通过计算求得。

（4）聚焦探头。

由于超声波的波长很短（mm 数量级），因此它也像光波一样可以被聚焦成超细声束，其直径可小到 1mm 左右，可以分辨试件中细小的缺陷，这种探头称为聚焦探头，是一种很有发展前途的新型探头。

聚焦探头采用曲面晶片来发出聚焦的超声波，也可以采用两种不同声速的塑料来制作声透镜，还可以利用类似光学反射镜的原理制作声凹面镜来聚焦超声波。如果将双晶直探头的延迟块按上述方法加工，那么它也可具有聚焦功能。

（5）箔式探头。

利用压电材料聚偏二氟乙烯（PVDF）高分子薄膜制作出的薄膜式探头称为箔式探头，利用箔式探头可以获得 0.2mm 直径的超细声束，将箔式探头用在医用 CT 诊断仪器上可以获得很高清晰度的图像。

（6）空气传导型探头。

由于空气的声阻抗是固体声阻抗的几千分之一，因此空气超声探头的结构与固体传导探头有很大的差别。此类超声探头的发射换能器和接收换能器一般是分开设置的，两者的结构也略有不同，图 10-25 所示为空气传导型超声波发射换能器和接收换能器（简称发射器和接收器或超声探头）的结构示意图。发射器的压电晶片上粘贴了一个锥形共振盘，以提高发射效率和方向性。在接收器的共振盘上还增加了一个阻抗匹配器，以滤除噪声，提高接收效率。空气传导的超声发射器和接收器的有效工作范围可达几米至几十米。

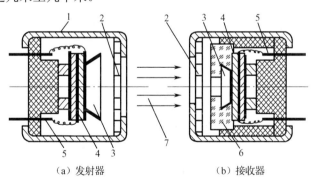

（a）发射器 （b）接收器

1—外壳；2—金属丝网罩；3—锥形共振盘；4—压电晶片；5—引脚；6—阻抗匹配器；7—超声波束。

图 10-25 空气传导型超声波发射换能器和接收换能器的结构示意图

10.3.3 超声波探头耦合剂

无论是直探头还是斜探头，一般不能直接将其放在被测介质（特别是粗糙金属)表面来回移动，以防磨损。更重要的是，超声探头与被测物体接触时，若被测物体表面不平整，则探头与被测物体表面间必然存在一层空气薄层。空气的密度很小，这会导致 3 个界面间产生强烈的杂乱反射波，从而造成干扰，同时也会使超声波经历很大的衰减。因此，必须将接触面之间的空气排挤掉，使超声波能顺利地入射到被测介质中。在工业中，经常使用一种称为耦合剂的液体物质，将其填充在接触层中，起到传递超声波的作用。常用的耦合剂有水、机油、甘油、硅酸钠、胶水等。耦合剂的厚度应尽量薄一些，以减小耦合损耗。

有时为了降低耦合剂的成本，还可以在单晶直探头、双晶直探头或斜探头的侧面加工一个自来水接口。在使用时，自来水通过此孔压入保护膜和试件之间的空隙中。使用完毕，将水迹擦干即可，这种探头称为水冲探头。

10.3.4　超声波传感器的应用

1. 超声波测厚

超声波测量金属零件的厚度，具有测量精度高、测试仪器轻便、操作安全简单、易于读数及实行连续自动检测等优点。但是对于声波衰减很大的材料，以及表面凹凸不平或形状不规则的零件，利用超声波检测厚度比较困难。超声波检测厚度常用脉冲回波法。图 10-26 所示为脉冲回波法检测厚度的工作原理，超声波探头与被测物体表面接触，主控制器产生一定频率的脉冲信号并将其送往发射电路，经电流放大后激励压电式探头，以产生重复的超声波脉冲，脉冲波传到被测零件另一面被反射回来，被同一个探头接收。如果超声波在零件中的声速 v 是已知的，设零件厚度为 δ，脉冲波从发射到接收的时间间隔 t 可以测量，那么可求出零件厚度为

$$\delta = \frac{vt}{2} \tag{10-8}$$

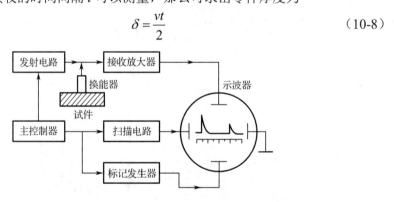

图 10-26　脉冲回波法检测厚度的工作原理

为测量时间间隔 t，可用如图 10-26 所示的方法将发射和回波反射脉冲加至示波器的垂直偏转板上。标记发生器输出已知时间间隔的脉冲，也加在示波器垂直偏转板上。线性扫描电压加在水平偏转板上，因此可以从显示器上直接观察发射和回波反射脉冲，并求出时间间隔 t。当然也可用稳频晶振产生的时间标准信号来测量时间间隔 t，从而做成厚度数字显示仪表。

2. 超声波探伤

超声波探伤是目前应用十分广泛的无损探伤手段。它既可检测材料表面的缺陷，又可检测内部几米深的缺陷。超声波探伤是利用材料及其缺陷的声学性能差异对超

声波传播的影响来检验材料内部缺陷的。现在广泛应用的是观测声脉冲在材料中反射情况的超声波脉冲反射法，此外还有观测穿过材料后的入射声波振幅变化的穿透法等，常用的频率在 0.5～5MHz 范围内。

常用的检验仪器为超声波探伤仪，其实物图和原理如图 10-27 所示。超声波探伤仪首先产生一个短暂的电信号（通常是脉冲信号，超声波探伤仪发射超声波时产生的第一个脉冲信号称为始脉冲），通过电缆传输给探头，激发探头产生超声波脉冲。当超声波束从零件表面通过探头传入金属内部时，如果遇到缺陷或零件的底面，超声波会在这些界面上发生反射，形成脉冲波形。其中，超声波在检测过程中遇到材料中的缺陷（如裂纹、孔洞等）时反射回来的信号称为伤脉冲；超声波在材料中传播到底面时反射回来的信号称为"低脉冲"，有时也称底脉冲。这些反射信号通常较弱，需要通过接收放大器放大，然后被探伤仪接收并显示在荧光屏上，显示器的横坐标是超声波在被检测材料中的传播时间或者传播距离，纵坐标是超声波反射波的幅值。通过分析显示器上的反射信号和入射信号的时间间隔、反射信号的高度，可确定反射面有无缺陷，并确定其所在位置及相对大小。

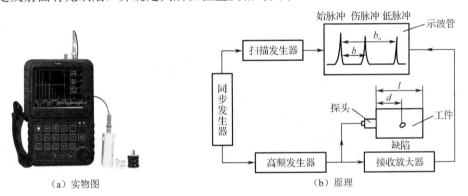

（a）实物图　　　　　　　（b）原理

图 10-27　超声波探伤仪的实物图和原理

10.4　红外传感器

红外技术是最近几十年发展起来的一门新兴技术。它已在科技、国防和工农业生产等领域获得了广泛的应用。红外传感器按其应用可分为以下几方面。

（1）红外辐射计：用于辐射和光谱辐射测量。

（2）搜索和跟踪系统：用于搜索和跟踪红外目标，确定其空间位置并对它的运动进行跟踪。

（3）热成像系统：可产生整个目标红外辐射的分布图像，如红外图像仪、多光谱扫描仪等。

（4）红外测距和通信系统。

（5）混合系统：是指以上各类系统中的两个或多个的组合。

10.4.1　红外辐射

红外辐射俗称红外线，它是一种不可见光，由于是位于可见光中红色光以外的光线，因此称为红外线。它的波长范围为 0.76～1000μm，红外线在电磁波谱中的位置见图 10-28。工程上又将红外线占据的波段分为 4 部分，即近红外、中红外、远红外和极远红外。

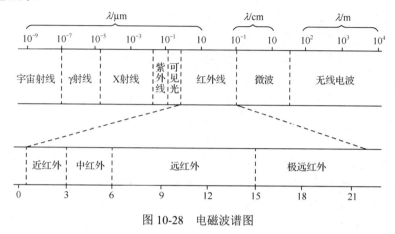

图 10-28　电磁波谱图

红外辐射的物理本质是热辐射。一个炽热物体向外辐射的能量大部分是通过红外线辐射出来的。物体的温度越高，辐射出来的红外线越多，辐射的能量就越强。而且红外线被物体吸收时，可以显著地转变为热能。

红外辐射和所有电磁波一样，是以波的形式在空间中直线传播的。它在大气中传播时，大气层对不同波长的红外线存在不同的吸收带，红外线气体分析器就是利用该特性工作的，空气中对称的双原子气体，如 N_2、O_2、H_2 等不吸收红外线。而红外线在通过大气层时，有 3 个波段透过率高，它们是 2～2.6μm、3～5μm 和 8～14μm，统称它们为"大气窗口"。这 3 个波段对红外探测技术特别重要，因为红外探测器一般都工作在这 3 个波段之内。

红外传感器一般由光学系统探测器、信号调理电路及显示系统等组成。红外探测器是红外传感器的核心。红外探测器种类很多，常见的有两大类：光子探测器和热探测器。

1．光子探测器

光子探测器利用入射红外辐射的光子流与探测器材料中电子的相互作用来改变电子的能量状态，从而引起各种电学现象，这种现象称光子效应。通过测量材料电子性质的变化，可以知道红外辐射的强弱。利用光子效应制成的红外探测器统称光子探测器。光子探测器有内光电探测器和外光电探测器两种，后者又分为光电导探测器、光生伏特探测器和光磁电探测器 3 种。光子探测器的主要特点是灵敏度高，响应速度快，具有较高的响应频率，但探测波段较窄，一般需要在低温下工作。

2．热探测器

热探测器利用红外辐射的热效应工作。热探测器的敏感元件吸收来自目标物体的红外辐射能量，导致其温度升高，从而引起相关物理参数的变化。通过测量物理参数的变化，可以确定探测器所接收的红外辐射能量。与光子探测器相比，热探测器的探测率比光子探测器的峰值探测率低，响应时间长。热探测器的主要优点是响应波段宽，响应范围可扩展到整个红外区域，可以在室温下工作，使用方便，应用相当广泛。

热探测器的主要类型有热释电型、热敏电阻型、热电偶型和气体型，其中热释电探测器在热探测器中的探测率最高，频率响应最宽，所以这种探测器备受重视，发展很快。

10.4.2　热释电红外探测器

1．热释电红外探测器的工作原理

热释电红外探测器由具有极化现象的热晶体或被称为"铁电体"的材料制成。"铁电体"的极化强度（单位面积上的电荷）与温度有关。当红外辐射照射到已经极化的铁电体薄片表面上时，将引起薄片温度升高，使其极化强度降低，表面电荷减少，这相当于释放一部分电荷，所以叫作热释电型红外传感器。如果将负载电阻与铁电体薄片相连，那么负载电阻上便产生一个电信号。输出信号的强弱取决于薄片温度变化的快慢，从而反映出入射的红外辐射的强弱，热释电型红外传感器的电压响应率正比于入射光辐射率变化的速率。

2．热释电红外探测器的结构

热释电红外探测器一般都采用差动平衡结构，由敏感元件、场效应管、高值电阻等组成，如图 10-29（b）所示。

学习笔记

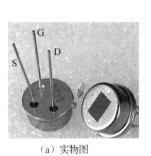
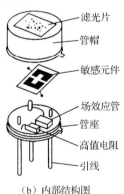
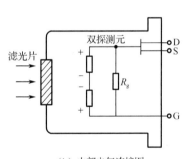

（a）实物图　　　　（b）内部结构图　　　　（b）内部电气连接图

图 10-29　热释电红外探测器的实物图、内部结构图及内部电气连接图

（1）敏感元件。

敏感元件是用热释电红外材料（通常是锆钛酸铅）制成的，先把热释电材料制成很小的薄片，再在薄片两面镶上电极，构成两个串联的有极性的小电容器。将极性相反的两个敏感元件做在同一个晶片上，是为了抑制由于环境与自身温度变化而产生热释电信号的干扰，如图 10-29（c）所示。而热释电红外探测器在实际使用时，前面要安装透镜，通过透镜的外来红外辐射只会聚焦在一个敏感元件上，以增强接收信号。热释电红外探测器的特点是，它只在感知到由外界辐射引起的自身温度变化时才输出电信号，一旦温度环境趋于稳定，传感器就不再输出信号，因此，热释电信号与传感器自身温度变化的速率成正比。换句话说，热释电红外探测器只对运动的人体敏感，广泛应用于当今的人体移动报警电路中。

（2）场效应管和高阻值电阻 R_g。

通常敏感元件材料阻值高达 $10^3\Omega$，因此，要用场效应管进行阻抗变换，场效应管常用 2SK303V3、2SK94X3 等来构成源极跟随器，高阻值电阻 R_g 的作用是释放栅极电荷，使场效应管正常工作。一般在源极输出接法下，源极电压为 0.4～1.0V。通过场效应管，传感器的输出信号可以方便地用普通放大器进行处理。

（3）滤光窗。

滤光窗是热释电红外探测器中的敏感元件，是一种光谱材料，能探测各种波长辐射。为了使传感器对人体最敏感，而对太阳、电灯光等有抗干扰性，传感器采用了滤光片作为窗口，即滤光窗。滤光片是在 S 基板上镀多层膜做成的。每个物体都发出红外辐射，其辐射最强的波长满足维恩位移定律：

$$\lambda m \cdot T = 2989(\mu m \cdot K) \tag{10-9}$$

式中　　λ_m——最大波长；

　　　　T——绝对温度。

人体温度为 36～37℃，即 309～310K，其辐射的红外波长 λ_m 的范围为 2989/309～2989/310μm 即 9.67～9.64μm。可见，人体辐射的红外线最强的波长正好在滤光片的响应波长 7.5～14mm 的中心处。故滤光窗能有效地使人体辐射的红外线通过，而阻止太阳光、灯光等可见光中的红外线通过，免除干扰。所以，热释电红外探测器只对人体和近似人体体温的动物有敏感作用。

（4）菲涅耳透镜。

菲涅耳透镜是红外线探头的"眼镜"，它就像人的眼镜一样，配用得当与否直接影响到使用的功效，配用不当容易产生误动作和漏动作，致使用户或者开发者对其失去信心；若配用得当，则会充分发挥人体感应的作用，使其应用领域不断扩大。

菲涅耳透镜的作用有两个：一是聚焦作用，即将探测空间的红外线有效地集中到传感器上。不使用菲涅耳透镜时，传感器的探测半径不足 2m，只有配合菲涅耳透镜使用才能发挥最大作用。使用菲涅耳透镜时，传感器的探测半径可达到 10m。二是将探测区域内分为若干个明区和暗区，使进入探测区域的移动物体能以温度变化的形式在敏感元件上产生变化的热释电红外信号。

菲涅耳透镜是用普遍的聚乙烯制成的，如图 10-30（a）所示，其安装在传感器的前面。透镜的水平方向上分成 3 部分，每个部分在竖直方向上又分成若干个不同的区域，所以菲涅耳透镜实际是一个透镜组，如图 10-30（b）所示。当光线通过透镜单元后，在其反面则形成明暗相间的可见区和盲区。每个透镜单元只有一个很小的视场角，视场角内为可见区，视场角外为盲区。而相邻的两个单元透镜的视场既不连续，又不交叠，却都相隔一个盲区。当人体在这个监视范围中运动时，依次进入和离开单元透镜的视场。热释电传感器会间歇性地感知到人体的红外线辐射，导致其输出一系列信号。人体的红外线辐射不断改变热释电体的温度，这些变化使传感器能够生成相应的输出信号。输出信号的频率为 0.1～10Hz，这个频率范围由菲涅耳透镜、人体运动速度和热释电红外探测器本身的特性决定。

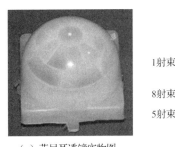
（a）菲尼耳透镜实物图

（b）透镜组形状

（c）透镜圆弧与敏感元件位置

图 10-30　菲涅耳透镜

10.4.3　红外传感器的应用

图 10-31 所示为由 RD8702 构成的人体感应自动灯开关电路，它特别适合家庭、楼道、公共厕所、公共走道等需要照明的场所。

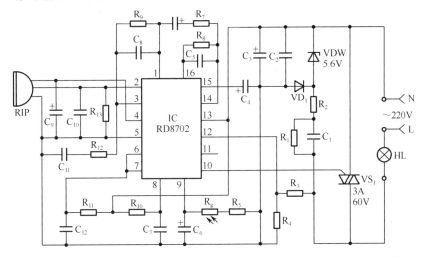

图 10-31　由 RD8702 构成的人体感应自动灯开关电路

图 10-31 所示的电路主要由人体红外线检测、信号放大及控制信号输出、晶闸管开关及光控等单元电路组成。由于灯泡串联在电路中，因此若不接灯泡，则电路不工作。

当红外感应传感器检测不到人体感应信号时，电路处于守候状态，RD8702 的 10 脚和 11 脚（未使用）无输出，双向晶闸管 VS_1 截止，灯泡 HL 处于关闭状态。当有人进入检测范围时，红外感应传感器中产生的交变信号通过 RD8702 的 2 脚输入 IC 内。经 IC 处理后从 10 脚输出晶闸管过零触发信号，使双向晶闸管 VS_1 导通，HL 得电被点亮，11 脚输出继电器驱动信号（未使用）供执行电路使用。

光敏电阻 R_g 连接在 RD802 的 9 脚。有光照时，R_g 的阻值较小，9 脚内电路抑制 10 脚和 11 脚输出控制信号。晚上光线较暗时，R_g 的阻值较大，9 脚内电路解除对输出控制信号的抑制作用。

10.5 现代传感器的发展方向

当今，传感器技术的主要发展动向包括以下几个方面：首先，开展基础研究，重点研究传感器的新材料和新工艺；其次，实现传感器的智能化；最后，向集成化方向发展，传感器集成化的一个方向是具有同样功能的传感器集成化。

1. 开发新型传感器

基于新材料和新发现的生物、物理、化学效应，开发新型传感器的紧迫性日益增加。当前，国际上对新材料、新元件或新工艺的快速应用促使了各种传感器的问世。例如，半导体材料与工艺的发展催生了多种能测量很多参数的半导体传感器；大规模集成电路的发展使得智能传感器具备了测量、运算、补偿等功能；生物技术的发展促进了传感器技术的发展，出现了利用生物功能的生物传感器。这说明各个学科技术的发展促进了传感器技术的不断发展，而各种新型传感器又为各领域的科学技术服务，进一步促进现代科学技术的进步。它们是相互依存、相互促进的。例如，利用某些材料的化学反应制成的"电子鼻"能识别气体，生物酶血样分析传感器利用生物效应进行检测。

2. 逐渐向集成化、组合式、数字化方向发展

传感器与信号调理电路分离，导致微弱的传感器信号在通过传输过程中容易受到电磁干扰。此外传感器输出信号的多样性使得检测仪器与传感器的接口电路无法统一和标准化，实施起来颇为不便。然而，随着大规模集成电路技术与产业的迅猛发展，采用贴片封装方式、体积大大缩小的通用和专用集成电路越来越普遍，因此，目前已有不少传感器实现了敏感元件与信号调理电路的集成和一体化，对外直接输出标准的 4~20mA 电流信号，成为名副其实的变送器。这为检测仪器整机研发与系统集成提供了很大的方便，从而使得这类传感器身价倍增。其次，一些厂商将两种或两种以上的敏感元件集成在一起，而成为可实现多种新型的组合式传感器。例如，将热敏元件、湿敏元件和信号调理电路集成在一起，使得一个传感器可同时完成温度和湿度的测量。

3. 发展智能型传感器

智能型传感器是一种带有微处理器并兼有检测和信息处理功能的传感器。智能型传感器被称为第四代传感器。智能型传感器能够实现感觉、辨别、判断、自诊断等功能，是传感器发展的主要方向。

实践证明，传感器技术与计算机技术在现代科学技术的发展中有着密切的关系。目前，计算机在很多方面已具有大脑的思维功能，甚至在有些方面的功能已超过了大脑。与此相比，传感器就显得比较落后。也就是说，现代科学技术在某些方面因电子计算机技术与传感器技术未能取得协调发展而面临着许多问题。正因为如此，世界上许多国家都在努力研究各种新型传感器，改进传统的传感器。开发和利用各种新型传感器已成为当前发展科学技术的重要课题。

学习笔记

【项目小结】

1. 光电编码器分为绝对式和增量式两种类型。增量式编码器具有结构简单、价格低、精度高、响应速度快、性能稳定等优点，应用更为广泛。绝对式编码器能直接给出对应于每个转角的数字信息，便于计算机处理，但当进给数大于一转时，须作特别处理，而且必须用减速齿轮将两个以上的编码器连接起来，组成多级检测装置，使其结构复杂、成本高。

2. CCD 图像传感器的工作过程包括信号电荷包的产生、信号电荷包的存储、信号电荷包的传输、信号电荷包的检测。

3. 机械振动在弹性介质内的传播称为波动，简称波。人能听见的声音的频率为 20Hz～20kHz，即声波，20Hz 以下的声音称为次声波，20kHz 以上的声音称为超声波。超声波具有反射和折射特性。

4. 产生和接收超声波的装置叫作超声波传感器，习惯上称之为超声波换能器或超声波探头。逆压电效应将高频电振动转换成高频机械振动，以产生超声波，可作为发射探头。而利用压电效应则将接收的超声波振动转换成电信号，可作为接收探头。超声波探头又分为直探头、斜探头、双探头、表面波探头、聚焦探头、冲水探头、水浸探头、空气传导探头及其他专用探头等，这些探头可以入射到被测介质中。在工业中，经常使用一种称为耦合剂的液体物质，使之充满在接触层中，起到传递超声波的作用。

5. 红外辐射的物理本质是热辐射。一个炽热物体向外辐射的能量大部分是通过红外线辐射出来的。物体的温度越高，辐射出来的红外线越多，辐射的能量就越强。

6. 红外传感器一般由光学系统、探测器、信号调理电路及显示系统等组成。红外探测器是红外传感器的核心。红外探测器的种类有很多，常见的有两大类：热探测器和光子探测器。

热探测器的主要类型有热释电型、热敏电阻型、热电偶型和气体型探测器。而热释电探测器在热探测器中的探测率最高，频率响应最宽，所以这种探测器备受重视，发展很快。

7. 热释电人体红外传感器一般都采用差动平衡结构，由敏感元件、场效应管、高值电阻等组成，另外还附有滤光窗和菲涅耳透镜。滤光窗能有效地使人体辐射的红外线通过，而阻止太阳光、灯光等可见光中的红外线通过，免除干扰。菲涅耳透镜的作用有两个：一个是聚焦作用，即将探测空间的红外线有效地集中到传感器上；另一个是将探测区域分为若干个明区和暗区，使进入探测区域的移动物体能以温度变化的形式在敏感元件上产生变化的热释红外信号。

【项目训练】

一、单项选择

1. 当红外辐射照射在某些半导体材料表面上时，半导体材料中有些电子和空穴可以从原来不导电的束缚状态变为能导电的自由状态，使半导体的导电率增加，这种现象叫作（　　　）。

    A．光电效应   B．光电导效应   C．热电效应   D．光生伏特效应

2．下列材料中声速最低的是（　　　）。

    A．空气   B．水   C．铝   D．不锈钢

3．超过人耳听觉范围的声波称为超声波，它属于（　　　）。

    A．电磁波   B．光波   C．机械波   D．微波

4．波长λ、声速c、频率f之间的关系是（　　　）。

    A．$\lambda = c/f$ B．$\lambda = f/c$ C．$c = f/\lambda$

5．下列对红外传感器的描述错误的是（　　　）。

    A．红外辐射是一种人眼不可见的光线

    B．红外线的波长范围为 0.76～1000μm

    C．红外线是电磁波的一种形式，但不具备反射、折射特性

    D．红外传感器是利用红外辐射实现相关物理量测量的一种传感器

6．可在液体中传播的超声波波形是（　　　）。

    A．纵波   B．横波   C．表面波   D．以上都可以

7．在红外技术中，一般将红外辐射分为 4 个区域，即近红外区、中红外区、远红外区和（　　　）。这里所说的"远近"是相对红外辐射在电磁波谱中与可见光的距离而言的。

    A．微波区   B．微红外区   C．X 射线区   D．极远红外区

8．同一介质中，超声波反射角（　　　）入射角。

    A．等于   B．大于

    C．小于   D．同一波形的情况下相等

9．晶片厚度和探头频率是相关的，晶片越厚，则（　　　）。

    A．频率越低   B．频率越高   C．无明显影响

10．对于工业上常用的红外线气体分析仪，下列说法中正确的是（　　　）。

    A．参比气室内装被分析气体

    B．参比气室中的气体不吸收红外线

    C．测量气室内装 N_2

    D．红外探测器工作在"大气窗口"之外

11．红外辐射的物理本质是（　　　）。

    A．核辐射   B．微波辐射   C．热辐射   D．无线电波

12．红外线是位于可见光中红色光以外的光线，故称红外线。它的波长范围大致在（　　　）到 1000μm 的频谱范围之内。

    A．0.76nm   B．1.76nm   C．0.76μm   D．1.76μm

13．红外辐射在通过大气层时，有 3 个波段透过率高，它们是 0.2～2.6μm、3～5μm 和（　　　），统称它们为"大气窗口"。

    A．8～14μm   B．7～15μm   C．8～18μm   D．7～14.5μm

14．光子传感器利用某些半导体材料在入射光的照下，产生（　　　），使材料的电学性质发生变化。通过测量电学性质的变化，可以知道红外辐射的强弱。

    A．光子效应   B．霍尔效应   C．热电效应   D．压电效应

15．研究发现，太阳光谱各种单色光的热效应从紫色光到红色光是逐渐增大的，而且最大的热效应出现在（　　）的频率范围内。

A．紫外线区域　　　　　　　　　　B．X 射线区域

C．红外辐射区域　　　　　　　　　D．可见光区域

16．关于红外传感器，下列说法不正确的是（　　）。

A．红外传感器是利用红外辐射实现相关物理量的一种传感器

B．红外传感器的核心器件是红外探测器

C．光子探测器在吸收红外能量后，将直接产生电效应

D．为保持高灵敏度，热探测器一般需要低温冷却

二、简答题

1．简述脉冲盘式编码器的辨向原理。

2．简述脉冲盘式编码器和码盘式编码器的区别。

3．简述 CCD 的工作原理。

4．什么是次声波、声波和超声波？

5．简述超声波的反射定律和折射定律。

6．超声波有哪些特点？超声波传感器有哪些用途？

7．什么是热释电效应？

8．什么是红外辐射？

反侵权盗版声明

  电子工业出版社依法对本作品享有专有出版权。任何未经权利人书面许可，复制、销售或通过信息网络传播本作品的行为，歪曲、篡改、剽窃本作品的行为，均违反《中华人民共和国著作权法》，其行为人应承担相应的民事责任和行政责任，构成犯罪的，将被依法追究刑事责任。

  为了维护市场秩序，保护权利人的合法权益，我社将依法查处和打击侵权盗版的单位和个人。欢迎社会各界人士积极举报侵权盗版行为，本社将奖励举报有功人员，并保证举报人的信息不被泄露。

举报电话：（010）88254396；（010）88258888

传　　真：（010）88254397

E-mail：　dbqq@phei.com.cn

通信地址：北京市海淀区万寿路 173 信箱

     电子工业出版社总编办公室

邮　　编：100036